U0169684

普通高等教育物联网工程专业系列教材

无线可充电传感器网络

林志贵　著

西安电子科技大学出版社

内 容 简 介

本书从网络基础、一对一和一对多充电方式三个层面系统地介绍磁耦合谐振无线传能基本原理、无线可充电传感器网络结构及充电调度算法,具体包括磁耦合谐振无线传能原理、节点互感对能量传输的影响、无线可充电传感器网络的构建、节点充放电方式、充电簇和网络节点剩余能量模型、充电簇划分模型、单因素或多因素对能量分配的影响、一对一方式下的能量调度算法、一对多方式下的能量调度算法等。本书概念清晰,基础与前沿相结合,系统性与新颖性相结合,是一本比较全面、系统的无线可充电传感器网络技术专著。

本书可作为电子信息类专业的大学本科高年级学生和研究生教材,也可供无线传感器网络研究和工程应用专业技术人员与研究人员参考。

图书在版编目(CIP)数据

无线可充电传感器网络/林志贵著. —西安:·西安电子科技大学出版社,2021.2
ISBN 978 - 7 - 5606 - 5912 - 1

Ⅰ. ①无⋯ Ⅱ. ①林⋯ Ⅲ. ①无线电通信—传感器—高等学校—教材 Ⅳ. ①TP212

中国版本图书馆 CIP 数据核字(2020)第 228968 号

策划编辑　刘玉芳
责任编辑　吴晓莉　刘玉芳
出版发行　西安电子科技大学出版社(西安市太白南路 2 号)
电　　话　(029)88242885　88201467　　　邮　编　710071
网　　址　www.xduph.com　　　　　　　电子邮箱　xdupfxb001@163.com
经　　销　新华书店
印刷单位　陕西天意印务有限责任公司
版　　次　2021 年 2 月第 1 版　2021 年 2 月第 1 次印刷
开　　本　787 毫米×1092 毫米　1/16　印张 15
字　　数　353 千字
印　　数　1~2000 册
定　　价　39.00 元
ISBN 978 - 7 - 5606 - 5912 - 1/TP
XDUP 6214001 - 1

前　言

无线传感器网络（Wireless Sensor Networks，WSN）综合了传感器技术、嵌入式计算技术、分布式信息处理技术和通信技术，能够协作地实时监测、感知、采集网络分布区域内的各种环境或监测对象信息，并对这些信息进行处理，获得详尽准确的信息，最后传送给用户。互联网和4G/5G网络的广泛应用，极大地丰富了人类的感知能力和范围。作为物联网的重要组成部分，无线传感器网络实现了感知数据的采集、处理和传输功能，直接推动了物联网的发展。

传感器节点成本低廉，组网方便，在无线传感器网络中得到广泛应用。随着无线传感器网络应用领域的扩大，应用环境日趋复杂，网络规模越来越大，而传感器节点能量有限，降低了网络的可靠性，甚至阻碍了无线传感器网络的应用。无线传能技术的发展，为解决无线传感器网络能量瓶颈问题提供了一个新途径：将无线传感器网络与无线传能技术结合，构成了无线可充电传感器网络（Wireless Rechargeable Sensor Networks，WRSN）。无线可充电传感器网络具有无线传感器网络的功能以及独特的能量补充功能，保证了网络能量的稳定性，进而保障了网络的稳健性。

无线可充电传感器网络（WRSN）虽然脱胎于无线传感器网络，但不是无线传感器网络与能量传输的简单叠加。能量补充带来了一些问题（如当多个节点需求能量补充时，携带有限能量的可移动节点如何为节点补充能量），关系到能量补充的及时性以及网络能量的均衡性。能量补充涉及传统无线传感器网络节点部署、路由协议、拓扑结构变化等问题，因此，无线可充电传感器网络的理论基础、网络架构及能量传输和调度具有自身特点。

本书从网络基础、一对一充电网络和一对多充电网络3个方面系统地介绍无线可充电传感器网络。网络基础部分（第2~6章）主要阐述磁耦合谐振无线传能的理论基础，搭建基于磁耦合谐振的无线可充电传感器网络，分析网络充放电方式及特点，构建网络的剩余能量模型以及充电簇模型，为后续的充电调度打下基础。一对一充电网络部分（第7~9章）主要分析网络在一对一充电方式下如何进行可充电能量分配问题，通过划分充电簇，规划设计能量分配算法。一对多充电网络部分（第10~15章）分析影响能量无线传输效率的因素，根据影响因素将待充电节点划分为充电组，组内实现一对多充电。当多个充电组需要补充能量时，应根据充电组能量需求、充电组与携带能量移动节点间距离等因素，设计充电组能量调度算法。当网络规模巨大时，通常一个携带能量移动节点很难满足网络能量需求，需要多个携带能量移动节点协同完成，这就涉及确定携带能量移动节点数目，设计相应的充电调度算法。

全书共分为15章。第1章介绍无线可充电传感器网络基本概念、研究现状、关键技术以及存在的问题和进一步研究展望；第2章分析磁耦合谐振无线传能电路模型及其特点；第3章阐述基于磁耦合谐振的无线可充电传感器网络体系结构以及各个组成部分；第4章分析传感器节点充放电方式，为选择合理的充放电结构提供理论实验依据；第5章对充电调度的基本单元充电组和充电簇进行建模；第 6 章从网络节点能量消耗和预测两个角度构建网络剩余能量模型；第 7 章依据网络节点分布，构建充电簇模型；第 8 章分析周期性充电需求特点，设计按需充电分配算法；第 9 章依据网络节点剩余能量、位置等信息，确定节点、充电簇充电需求等级，设计充电次序调度算法；第 10 章在单因素对无线传能影响基础上，分析节点间距离、角度、高度对节点能量传输效率的影响；第 11 章在一对多充电方式下，分析双因素对网络节点能量分配的影响；第 12 章依据节点能量需求，构建充电组能量分配算法；第 13 章以充电组为单元，构建网络充电簇能量调度算法；第 14 章从网络全局能量和局部能量平衡角度出发，确定网络携带能量移动节点数目，分析多个携带能量移动节点的无线可充电传感器网络；第 15 章基于模拟退火思想，构建充电调度算法。

　　本书力图由简单到复杂、由基础到前沿，系统地阐述无线可充电传感器网络的组成、结构、特点以及研究方向。对于无线可充电传感器网络中的能量补充，从基础的磁耦合谐振无线传能原理、结构到影响传能因素（充电组、充电簇），以及从一对一到一对多充电方式进行全面系统的分析，为研究无线可充电传感器网络提供全方位和多视角的支持，也为进一步研究无线可充电传感器网络提供方向指导。

　　在此谨向帮助和参与本书相关研究工作的所有同仁表示感谢。刘英平老师和孟德军老师曾对书中的研究内容提出中肯的意见，使得有关问题研究得到了满意结果。刘英平老师审阅了全书全稿，研究生王凤茹、程晓伟、周轶恒、杜春辉、刘晓峰、张晓峰、张国泰等参与了部分研究工作。在本书著述过程中参阅了大量研究资料，在此向书中已列出和未列出所有文献资料的作者表示敬意，同时，向长期以来一直默默支持我们研究工作的亲友表示深深的感谢。

　　本书理论体系完整，材料取舍得当，适合于电子信息类的大学本科高年级学生和研究生学习参考，也可供从事无线传感器网络研究和工程应用的专业技术人员参考。

　　尽管我们作出了最大努力，但是由于撰写水平有限，本书的疏漏和不妥之处在所难免，敬请广大读者批评指正，我们将深表谢意。

作　者

2020 年 5 月于天津工业大学

目　　录

下篇 一对多充电网络

第1章 绪 论

1.1 无线传感器网络

随着通信技术、嵌入式计算技术和传感器技术的飞速发展和日益成熟，人们研制出了各种具有感知能力、计算能力和通信能力的微型传感器。由许多微型传感器构成的无线传感器网络（Wireless Sensor Network，WSN）引起了人们极大关注。WSN 综合了传感器技术、嵌入式计算技术、分布式信息处理技术和通信技术，能够协作实现实时监测、感知和采集网络分布区域内的各种环境或监测对象信息，并对这些信息进行处理，获得详尽准确的信息，传给用户。WSN 可以使人们在任何时间、地点和环境下获取大量翔实可靠的物理世界信息，被广泛应用于国防军事、环境监测、交通管理、医疗卫生、制造业、抗灾等领域。WSN 将带来信息感知和采集的革命，在新一代网络中起关键作用。美国《商业周刊》认为 WSN 是全球未来四大高新技术产业之一，是 21 世纪最具影响力的 21 项技术之一。MIT 新技术评论认为，WSN 是改变世界的十大新技术之一。

WSN 作为一种新计算模式正在推动科技发展和社会进步，关系国家经济和社会安全，已成为国际竞争的制高点，引起了世界各国军事部门、工业界和学术界的极大关注。美国国防部和各军事部门都对 WSN 给予高度重视，把 WSN 作为一个重要研究领域，设立了一系列有关军事 WSN 研究项目。英特尔公司、微软公司等信息工业界巨头也纷纷设立或启动相应的行动计划，世界很多国家都纷纷展开了 WSN 领域的研究工作。我国最近几年也开始重视 WSN 技术研究，在《中国未来 20 年技术预见研究》报告中，有 7 项技术课题直接论述了传感器网络。2006 年初发布的《国家中长期科学和技术发展规划纲要（2006—2020 年）》中为信息技术确定了 3 个前沿方向，其中有两个与 WSN 研究直接相关[1]。国务院在 2015 年发布的《中国制造 2025》十年行动纲领文件中，强调加快推动新一代信息技术与制造技术融合发展，为 WSN 发展提供了新机遇。

WSN 以传感器为网络节点，节点之间能够协作地实时监测、感知和采集各自监测对象的信息并对其处理，以自组多跳的网络方式将信息无线传送到用户端，实现物理世界、计算世界以及人类社会三元世界的连通[2]。WSN 包含传感器节点、观察者、感知对象和无线通信四个基本要素。传感器节点是传感器网络的主要硬件，具有信息感知、数据处理、信息通信等功能。观察者是传感器网络的用户，是感知信息的接收者和应用者。感知对象是观察者感兴趣的监测目标，即传感器网络的感知对象。一个传感器网络可以感知网络分布区域内的多个对象，一个对象也可以被多个传感器感知。无线通信是传感器之间、传感器与观察者之间的通信，用于在传感器与观察者之间建立通信路径。

传感器网络体系结构如图 1-1 所示。传感器网络通常包括传感器节点(Sensor Node)、网关节点(Sink Node)和管理节点(或监控中心)。大量传感器节点随机部署在监测区域内部或附近,通过自组织方式构成网络。传感器节点监测数据沿着节点逐跳地进行传输。传输过程中监测数据可能被多个节点处理,经过多跳后到网关节点,最后通过互联网或卫星到达管理节点(监控中心)。用户通过监控中心对传感器网络进行配置和管理,发布监测任务及收集监测数据。

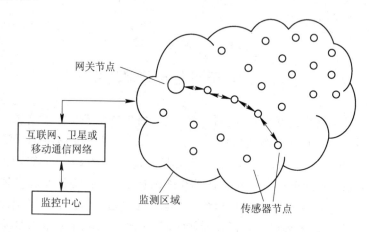

图 1-1 传感器网络体系结构

传感器节点通常是一个微型的嵌入式系统,它的处理能力、存储能力和通信能力相对较弱,通过能量有限的电池供电。从网络功能角度,每个传感器节点都兼顾了传统网络节点的终端和路由器双重功能,除了进行本地信息收集和数据处理外,还要对其他节点转发来的数据进行存储、管理和融合等处理,同时与其他节点协作完成一些特定任务。

网关节点的处理能力、存储能力和通信能力相对比较强,它连接传感器网络与 Internet 等外部网络,实现两种协议栈之间的通信协议转换,同时发布管理节点的监测任务,把收集的数据转发到外部网络上。网关节点既可以是一个具有增强功能的传感器节点,有足够能量供给和更多内存与计算资源,也可以是没有监测功能仅带有无线通信接口的特殊网关设备[3]。

监控中心对接收数据进行分析、存储及决策,是整个监测网的指挥中心。监控中心也可对网络进行配置、管理和分析,准确、实时、快速地与远程基站通信,发布监测任务及收集数据监测命令。

传感器节点具有数据采集、处理及通信能力,但其能量及通信、计算和存储能力有限。无线通信能量消耗与通信距离呈指数关系,随着通信距离的增加,能耗将急剧增加。因此,在满足通信连通度的前提下应尽量减少单跳通信距离。传感器节点是一种微型嵌入式设备,要求价格低、功耗小,这些限制必然导致其携带的处理器能力比较弱、存储器容量比较小。传感器节点需要完成监测数据的采集和转换、数据管理和处理、应答汇聚节点的任务请求和节点控制等多种工作,因而传感器节点需要利用有限的计算和存储资源完成诸多协同任务,这是传感器网络设计面临的挑战。传感器节点体积微小,通常携带能量十分有限的电池。由于要求传感器节点的节点数多、成本低廉、分布区域广,而且其部署区域环境复杂,有些区域甚至人员不能到达,因此传感器节点通过更换电池的方式来补充能量是不现实的。因此,传感器节点能量问题是 WSN 应用的一个瓶颈。

1.2　无线传能技术

因电池能量有限，传感器节点工作时间受限，影响 WSN 的服务质量和生命周期[4]。为了解决 WSN 能量受限问题，研究人员进行了大量研究工作，提出了一系列解决方法[5-7]，按照研究内容可划分为节能技术、能量收集技术和无线充电技术[8]三个方面。

节能技术一般是指通过有效设计节点充放电电路、路由结构、定位算法等方法，尽可能地降低节点能耗，延长网络生命周期的技术。节能技术虽能减缓能量消耗，但节点携带能量是一定的，总有耗完时刻，因此节能方案不能彻底解决节点能量受限问题。

能量收集技术[9]一般是指节点利用自身携带的能量收集模块，从环境中获取可利用能源，如太阳能[10]、风能[11]、热能[12]以及振动能[13]，延长网络生命周期的技术。为了从能量密度较低的环境中获取足够能量，通常情况下，节点携带模块体积较大的，能量转换装置的体积较大，能量转换效率低；另外，这些能源转换装置易受环境影响，稳定性差，造成节点获取能量过程不能人为控制和准确预测，很难保证网络能量的稳定性。

无线充电技术[14]一般是指通过携带高密度能量的移动节点，以无线传输方式，及时高效地为传感器节点补充能量的技术。该技术避免了能量收集技术因环境能量不稳定导致节点能量补充的不稳定性。无线充电技术属于无线电能传输技术（Wireless Power Transfer，WPT），以电磁波作为能量载体，能量发送单元将自身电能转换成电磁波发送出去；能量接收单元接收电磁波能量并转换成电能，实现电能的无线传输。根据传能原理，WPT 可分为电磁感应耦合式、磁耦合谐振式和电磁辐射式[15]三种方式，具体特点如表 1-1 所示[16]。

表 1-1　无线电能传输技术对照

类型	传输距离	传输效率	传输功率	工作频率	应用领域
电磁感应耦合式	数毫米	高	几瓦至几十瓦	10 kHz 至几百千赫兹	电动牙刷、手机等
磁耦合谐振式	数厘米至数米	较高	几瓦至数千瓦	几百千赫兹至几十兆赫兹	电动汽车、植入式医疗设备等
电磁辐射式	数厘米至数千米	较低	<1 W	300 MHz 至几百吉赫兹	超低功耗设备

电磁感应耦合式无线传能技术[17]利用电磁感应原理，采用松耦合变压器或者可分离变压器方式，实现近距离无接触电能传输。电磁感应耦合传能系统发送端有一个发送线圈，接收端有一个接收线圈，电流经过发送线圈产生电磁信号，接收线圈感应到电磁信号，转化成电流为设备供电。电磁感应耦合技术能够以较大功率、较高效率进行无线传输，但受限于传输原理，传输距离范围在毫米级。

电磁辐射式无线传能技术[18]通过天线，采用微波波段（300 MHz～300 GHz）进行电磁波的发送和接收，实现电能传输。但因辐射式原理，能量在介质中传输损耗较大，效率低。

磁耦合谐振式无线传能技术[19]（Magnetically-Coupled Resonant Wireless Power Transfer，MCR-WPT）采用两个相同频率的谐振电路，通过强谐振耦合，实现能量传输。

MCR-WPT 技术具有传输距离中等、传输功率较大以及传输效率较高等优点。

无线传感器网络(WSN)与无线充电技术(WPT)的结合,诞生了无线可充电传感器网络(Wireless Rechargeable Sensor Network,WRSN)。

1.3 无线可充电传感器网络

2007 年,Kurs 等[20]提出电磁耦合谐振能量传输技术,采用两个直径为 60 cm 的发射线圈和接收线圈进行能量传输,并对 2 m 之外的 60 W 电灯进行供电,充电效率达到 40%。在一对一传能方式基础上,他们提出了一对多能量传输方式。针对单个节点来说,一对多传输方式没有一对一能量传输效率高,但从整体能量角度,一对多传能方式的传输效率高于一对一传能方式。鉴于此,本书基于电磁耦合谐振传能方式为 WSN 节点补充能量,构成基于磁耦合谐振式的无线可充电传感器网络。

基于磁耦合谐振式的无线可充电传感器网络是由多个传感器节点、汇聚节点、SenCar 节点(又称为 Mobile Charger,MC)、基站(即 Sink 节点)等组成的,如图 1-2 所示。SenCar 节点为携带能量节点,基于磁耦合技术,给网络中其他节点充电。WRSN 网络通过无线传能实现节点能量可持续。对比图 1-2 和图 1-1 发现,WRSN 与 WSN 结构基本相同,不同点在于前者中有携带能量的 SenCar 节点,SenCar 节点通过磁耦合谐振方式为网络节点充电。当 WRSN 中有多个节点需要补充能量时,需要解决 SenCar 节点首先给哪个节点补充能量,即能量调度问题。在 SenCar 节点携带能量有限的情况下,对于大型 WRSN 来说,一个 SenCar 节点往往很难满足网络节点能量补充需求,需要多个 SenCar 节点协调完成能量补充,这里涉及如何确定 SenCar 节点数以及多个 SenCar 节点能量调度等问题。

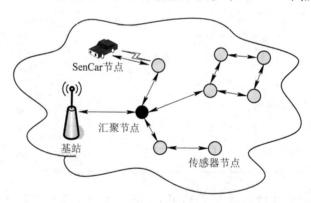

图 1-2　WRSN 网络系统组成

无线可充电传感器网络脱胎于无线传感器网络,因此无线传感器网络应用领域同样适合于无线可充电传感器网络。无线可充电传感器网络应用前景非常广阔,如军事、环境监测和预报、健康护理、智能家居、建筑物状态监控、复杂机械监控、城市交通、空间探索、大型车间和仓库管理,以及机场、大型工业园区的安全监测等领域。随着无线可充电传感器网络的深入研究和广泛应用,无线可充电传感器网络将逐渐深入到人类生活的各个领域。

1. 军事方面

无线可充电传感器网络的迅速部署、自组织、容错能力等，使其能够很好地满足军事领域的监视、侦察、定位、控制等各项功能的需求。传感器网络在军事领域的应用包括战场信息侦查、后勤物资与装备管理和反恐。利用传感器网络获取作战区域的温湿度、光照、地形地貌等环境信息，侦查友方、敌方部队的活动去向和武器、装备的部署，及早发现己方阵地上的核、生物、化学污染，为己方组织防护提供快速反应时间，从而降低人员伤亡[21]。

利用传感器网络对军事物资和装备进行管理和调配，实现军事物资的可视化管理，缩短物资的调配时间，提高战场保障效率。同时，利用传感器网络实时获取武器装备的状态，实时进行故障分析和诊断。另外，利用传感器网络测量枪声和爆破的声波信号以及子弹发射产生冲击波的到达时间、强度、角度等数据，可以精确地定位射击者的位置，为反恐提供信息支持。

2. 环境方面

传感器网络在地球环境方面也有着广泛应用，如跟踪鸟类、昆虫或小型动物的迁移，监测影响农作物、家禽家畜的环境条件，以及进行灌溉监测，化学品、生物检测，精确农业、海洋、大气、泥土环境监测，森林火灾监测，食品监测，气象、地球物理学、污染研究等。传感器节点可以随机、密集地部署在森林区域，节点间通过相互配合来克服树木、岩石等障碍，采取分布式的感知策略，在火灾刚出现而没有大面积扩展前，把火灾源头准确传送到森林火灾监控中心或控制台，以利于快速控制火势并组织扑灭火灾。美国20世纪70年代发展起来的ALERT系统(本地自动实时评估系统)就是一个利用网络传感器进行洪水监测的例子，系统通过分布在远端监测区域的传感器节点感知并传回环境数据到中央计算机，实现洪水预警。传感器网络可以通过监测杀虫剂、土壤侵蚀程度、空气污染程度实现精确农业控制。

3. 医疗健康领域方面

传感器网络在医疗健康领域有着广泛应用，包括监视患者、诊断病情、管理医院药物、远程监控人类生理数据、跟踪和监测医院内医生和患者之间的活动等，形成体域网(Body Sensor Network，BSN)。BSN收集的生理数据可以被长期保存，用于医学研究。BSN可以在不限制中老年人活动自由的情况下，监视和检测他们的行为，医生可以辨识患者病理的早期症状，提高他们的生活质量。医生可以通过传感器节点辨识出患者的过敏药物和需要药物，降低开错处方或用错药物的可能性，也可以通过BSN了解患者病情，提高工作效率。患者身上可以携带不同功能的传感器节点，完成不同任务，比如检测心跳速率或测量血压等；医生可以携带传感器节点，让其他医生及时了解他们在医院中所处的位置，方便协同工作。

4. 智能家居方面

在家电和家具中嵌入传感器节点，通过无线网络或与Internet连接在一起，为人们提供更加舒适、方便和人性化的智能家居环境。智能家居环境有两个不同的设计理念：即以人为中心和以技术为中心。以人为中心要求智能家居环境在输入/输出能力方面要适应最终用户需求；以技术为中心就需要开发新的硬件技术、网络解决方案和中间件服务。传感器节点嵌入居家设备中，节点之间可互相通信，也可与居家人员进行通信，居家人员也可互相通信，学习智能家居提供的服务。居家人员、传感器节点与嵌入式设备相结合，成为一个自组织、自协调和自适应系统，为人们提供更加舒适、方便和更具人性化的居家环境[3]。

5. 建筑物状态监控方面

结构健康监测（Structural Health Monitoring，SHM）是指利用现场的无损传感技术，对包括结构响应在内的结构系统特性进行分析，达到检测结构损伤或退化、制定延长结构寿命策略的目的。结构健康监测技术主要应用于一些造价昂贵、对可靠性要求高的设施中，如空间飞行器、桥梁、大坝、隧道、核电站等，在提高可靠性、降低维护费用、灾害预警等方面有着重要的作用[22]。

6. 其他方面

传感器网络在商业方面的应用包括疲劳监测、产品质量监测、库存管理、智能办公场所构建、办公大楼环境控制、工厂过程控制和自动化、博物馆互动、机器诊断、灾区监测、交通运输监测、车辆跟踪、车辆防盗监测等。很多办公大楼需要安装烟雾报警系统，采用分布式传感器网络对大楼不同区域的气流、温度等进行全分散监测与控制。与传统报警系统相比，采用分布式传感器网络技术可以对大楼实现更准确的监控，同时减少能源消耗。在博物馆互动场景中，人们可以通过触摸或讲话与博物馆陈列物品进行互动，参与因果实验，从而了解相关科学知识。在库存管理中，仓库中的每件物品都携带一个传感器节点，管理人员通过传感器网络掌握每个物品的准确位置及每一类型物品的数量。

总之，传感器网络无论是在军事领域还是在民用领域都具有广阔的应用前景，通过无线充电技术构成的无线可充电传感器网络，解决了传感器网络能量的瓶颈问题，其应用可涉及人类日常生活和社会生产活动的所有领域，完全融入人们的生产生活，必将对人类生活产生重大影响。

1.4 无线可充电传感器网络研究进展

1.4.1 网络剩余能量研究现状

WRSN 中，为了更好地进行能量调度，需要确定网络节点的剩余能量。当网络节点的剩余能量信息传输给 SenCar 节点时，消耗了能量，为了减少这部分能量消耗，需要构建合适的传感器节点剩余能量模型。目前国内外学者做了大量工作。

刘波等[23]通过电池最大电量和电极表面活动载流子被补偿速率，建立网络节点的能量模型，准确描述节点的充电过程，为建立节点的剩余能量模型提供依据。

刘创等[24]从时变（单位时间内节点能量消耗随时间变化）和时不变（单位时间内节点能耗不随时间变化）两个角度分析节点能量消耗，更接近实际应用中的节点能耗情况。

徐新黎等[25]采用一阶无线电模型（即两节点间距离小于通信距离时，采用自由空间模型，反之，采用多径衰落模型）统计节点能量消耗。刘海洋等[26]基于一阶无线电模型分析WSN 中采用 Leach 路由协议时传感器节点的能量消耗。

在此基础上，一些学者结合节点能量消耗特点，构建剩余能量预测模型，预测节点的剩余能量值，调整节点工作状态，延长网络生命周期。如，Abd-El-Barr 等[27]分析了传感器节点各个工作模块，其中数据传输模块能耗最大。为了减少网络中能量信息读取和传输，建立剩余能量预测模型，预测节点的剩余能量值，调整节点工作状态。

魏锐[28]和李伟[29]根据马尔科夫链理论建立节点能耗模型，进一步依据节点在不同状态下功率与网络流量关系建立节点能量模型，同时，结合节点能耗模型和流量模型，得出 WSN 中的节点能耗表达式，预测节点能耗。

刘俊辰等[30]和林恺等[31]在马尔科夫链理论的基础上，根据节点 t 步状态转移概率计算节点能耗，得到节点剩余能量，建立剩余能量预测模型，为 WRSN 中节点充电调度提供依据。

1.4.2 充电簇研究现状

通常根据节点剩余能量对 WRSN 中节点划分充电簇，通过充电簇进行充电调度。对于充电簇划分方法，网络节点分布不同其划分方法也不同。

1. 节点均匀分布网络

Chen X H 等[32]将传感器节点进行分簇充电，具体分簇方法为：选取一圆形网络区域，将圆形区域划分成多个等宽的同心圆环，圆环宽度与节点的通信距离相等；将每一圆环确定为顶级簇，每个顶级簇再均分成多个块，每一块作为一个子簇，多个 MC 协同给全部簇充电。在划分充电簇时考虑了节点总能耗、节点的通信范围等因素。

陈雪寒等[33]在无线可充电传感器网络中运用了多个既可以充电又可以收集数据的小车，通过分簇为节点充电，具体分簇方法是：首先将网络划分为 n 层边长为 r 的正六边形，每个 MC 负责一个正六边形，然后再将每个正六边形划分为 n_1 层边长为 r_1（与节点通信距离有关）的子正六边形。但是仅给每个子正六边形的路由簇头充电，且靠近路由簇头充电。

Chen ZH G 等[34]研究了在大规模网络中使用充电小车协作方式给传感器节点充电。将传感器节点分簇充电，各节点产生的数据通过多跳传给 Sink 节点，具体分簇方法为：选择一圆形网络区域，首先将圆形区域分成多个等宽的圆环形区域，再将每个圆环形区域分成多个等大小的网络块，每个圆环分成多少块主要与 MC 携带能量有关。每个簇内分配一个 MC，在划分充电簇时具体考虑了 MC 充电范围、节点通信范围等因素。

Han G J 等[35]提出一种基于节点能量消耗率的区域划分方法，即根据节点能量消耗率将网络划分为多个同心正方形，构成相应充电簇。该分簇方法根据节点能耗划分网络区域，但划分为同心正方形簇结构不利于充电调度。

2. 节点随机分布网络

Angelopoulos C M 等[36]在研究无线传感器能量传输过程中，将网络全部节点进行分簇。分簇方法为：将网络圆形区域分成多个等宽的圆环，再将圆形区域分成多个等大小的扇形，圆环和扇形交叉形成多个扇区。圆环宽度等于通信距离，每个扇区的节点均匀分布，不同扇区的节点密度不同。从整体来看，节点呈随机分布。该方法主要考虑了分区后每个区域的节点数量及节点总能量能够计算，需求能量也可以预估。这种划分方法考虑了节点分布情况、通信距离等因素。

Khelladi L 等[37]提出一种最少充电停留位置算法，通过以节点为圆心、充电距离为半径的相交圆寻找 MC 最小停留位置数。这些圆可形成多个相交区域，根据相交于这些区域的节点数量，确定哪些作为 MC 停留区域。根据节点的接收范围对网络中节点进行分簇，有利于确定 MC 停留区域，缩短 MC 行驶路径。但没有明确指出 MC 具体停留位置，只是确定了充电节点的停留区域，当网络中的节点密度增加时，难以区分和确定相交区域。

Zhong P 等[38]针对无线可充电传感器网络中同时使用数据收集节点和充电节点两种移动节点。划分传感器节点充电簇方法为：选择一正方形网络区域，首先将正方形网络区域等大小划分成多个小正方形网络区域，然后选取每个小正方形区域的中心节点；综合考虑网络中节点到各中心节点的距离和数据路由跳数计算权值情况，重新划分充电区域，将正方形网络区域划分为多个不规则的网络区域；不规则区域的数量等于已知的各类充电节点数量，每个区域分配一个充电节点和数据收集节点。这种充电簇划分方法适合于较大规模网络，网络节点能全部被充电覆盖，保障了节点充电的及时性。

Xie L 等[39]将二维平面划分为相邻的正六边形，提出一种通用正六边形覆盖的分簇算法，节点均匀分布和随机分布的网络都适用。每个正六边形为一个充电簇，根据充电节点的充电范围，确定正六边形外接圆半径。该方法实现较为简单，但仅考虑了充电范围，没有考虑节点本身特点，如节点接收线圈角度、与充电位置的距离等因素，仅是通过规则图形对网络进行覆盖分簇。

Li X 等[40]将 K 均值聚类算法应用在划分充电簇中，提出一种基于 K 均值聚类的充电组划分算法。分簇过程中，仅根据节点坐标确定 K 值，没有考虑 MC 发射线圈和节点接收线圈间的角度。Wang P 等[41]提出基于贪婪的充电簇划分算法，先将节点随机分布的网络区域划分为多个子区域，分别组成多个集合，再根据节点横坐标和所属集合确定最终充电簇，直至完成全部节点充电簇的划分。划分过程未考虑节点接收线圈角度对分簇影响，另外当网络中的节点密度增加时，确定属于同一充电簇的节点愈加困难。

1.4.3 充电调度研究现状

1. 一对一充电情况

WRSN 中，SenCar 节点（又称 MC 节点）通过一对一方式对网络节点进行能量补充。当网络中有多个节点需要补充能量时，SenCar 节点需要根据自身携带的能量、移动距离以及网络节点剩余能量等因素，合理调度能量，具体研究情况如下。

1）单 SenCar 节点情况

Xie L 等[42]通过构造汉密尔顿最短充电回路，减少 SenCar 节点在充电过程中的移动能耗，同时周期遍历全部网络节点，每次为节点补满能量。

Peng Y 等[43]利用贪心算法选出最短充电路径，且补满传感器节点能量。

胡诚[44]通过按需贪心最短旅行商问题(TSP)回路算法，确定基站统计能量低于设定阈值节点的充电顺序。Fu L 等[45]优化了 SenCar 节点的充电回路和传感器节点的充电延迟，将传感器节点按能耗高低组织成多个交织的 TSP 回路。为了使每个回路中传感器节点的能量均衡，提出能量同步措施，SenCar 节点为回路上的传感器节点能量补充至同步能量值。

Ren X J 等[46]针对网络中传感器节点能耗率不同的异构特性,提出了最大化充电吞吐量的算法。但在确定充电路径时未考虑节点的剩余能量,即剩余能量最少的节点可能未包含在最大充电吞吐量的路径中。胡雯等[47]基于马尔科夫链提出充电优先的线性自适应算法(LAPR)和选择性充电的电量感知传感器激活算法(BSR),算法结合节点的剩余能量以及目前是否工作,合理分配能量。

Guo S T 等[48]通过约束 SenCar 节点的充电时间和移动距离,计算节点间最优的数据传输路径,以及 SenCar 对每个节点充电的最佳时长。

Zhang Y 等[49]将传感器节点采集数据的对数之和作为系统效用函数,假设传感器节点能够精确预知自己未来的能量收益,设计一个迭代方法,预测节点每一时刻的最优能量,分布式求解网络效用最大化的优化方程。

Zhao M 等[50]提出一种能量补充和数据收集联合规划方案,目的是获取能量补充延迟和数据采集延迟之间的均衡。

丁煦等[51]提出一种无线可充电传感器网络时变动态拓扑模型,SenCar 节点具有能量补充和数据采集的双重任务,即 SenCar 节点对节点补充能量时,也可以采集节点的数据信息。

2)多 SenCar 节点情况

Chen X H 等[32]考虑一个 SenCar 节点无法保证大规模网络中节点的能量需求,提出了一种基于分簇的多 SenCar 节点协同充电策略。综合考虑充电簇的剩余能量、簇头与SenCar 节点间距离以及 SenCar 节点的可用性,提高了 SenCar 节点的充电效率。

刘创等[52]根据节点的最大充电周期划分节点充电簇。SenCar 节点为每个充电簇内节点进行一对一充电,SenCar 节点到达最近的节点进行充电,直至给充电簇内所有节点充完电。

陈雪寒等[33]在文献[32]的基础上提出了一种基于移动数据收集和移动充电相结合的全网能量均衡机制。移动 Sink 节点对 SenCar 节点充电的同时,SenCar 节点将收集的数据信息发送给 Sink 节点,达到了均衡网络能量消耗的目的。

Xu W 等[53]采用多 SenCar 节点对网络节点进行一对一充电,构建多 SenCar 节点充电调度方案,缩短了 SenCar 节点在充电周期内的移动距离,降低了 SenCar 节点移动能耗和节点充电等待时间。

Madhja A 等[54]在给定 SenCar 节点的工作时间(充电时间和移动时间)情况下,采用贪心方式为各个传感器节点分配充电时间,达到了网络总效用最高。

Madhja A 等[54]根据网络中节点的数据信息量,提出基于局部信息的分布式和基于全局信息的集中式多 SenCar 节点协同充电策略。

2. 一对多充电情况

1)单 SenCar 节点情况

Khelladi L 等[37]定义每个节点有一个圆形的能量接收区域,当 SenCar 节点到达一节点集合时,根据集合内节点距离计算出节点圆形能量接收区域的相交区域,并在相交区域停留对区内节点充电。

Shi Y 等[55]将网络区域划分成多个均匀的正六边形单元,每个正六边形作为一个充电单位，构建 SenCar 节点充电的哈密尔顿回路。

Xie L 等[39]将网络划分成连续的正六边形充电簇结构，簇内 SenCar 节点为多个节点同时充电，目标是规划 MC 充电路径，使 MC 休息时间比率最大。

2）多 SenCar 节点情况

Wu M 等[56]设定网络节点能量阈值，通过分布式聚类算法选择多个组头，依据组头对网络节点分组，每组分配一个 SenCar 节点，组内进行一对多充电。当分组较多时，网络就需要部署多个 SenCar 节点，造成了浪费。

Wang C 等[57]针对节点均匀分布网络，在 MC 和节点充电电路中加入了嵌入式谐振中继器，调整节点谐振频率使其与 SenCar 节点频率相同。这些节点在 SenCar 节点的停止位置形成一个充电集合，SenCar 节点为集合内节点一对多充电。通过共振中继器实现多跳无线充电，缩短了充电时间，提高了 SenCar 节点充电效率。

3）SenCar 节点数确定

受移动速度、携带能量等因素限制，单 SenCar 节点充电能力有限，即使采用一对多充电方案，也可能无法完成中大规模或者节点部署相对密集的 WRSN 充电任务。多 SenCar 节点方案主要适用于中大规模或节点部署相对密集的网络，优点是每个 SenCar 节点成本可以降低，多个 SenCar 节点能够并行协作完成充电任务，减少充电延迟，充电规划的可扩展性好。但是过多 SenCar 节点又带来浪费、充电规划复杂等问题[44]。因此如何用最少数量的 MC 维持网络正常工作是 WRSN 中一项重要研究课题，目前有些学者做了一些研究，具体如下：

Wang C 等[58]给出网络在时间周期内最大能量消耗和多 MC 补充能量，保证了 MC 补充能量能够维持网络能耗；将能耗平衡条件转化成正态分布函数，利用中心极限定理进行分析，得到 MC 最小数的一个边界值。Zhao J D 等[59]提出将 MC 的多充电路径问题转化为单充电路径问题，计算单路径下 MC 的移动能耗和充电能耗，将网络总能耗小于多 MC 补充能量作为约束条件。文献[58，59]从保证网络全局能耗平衡角度考虑，没有针对单个MC 提出能耗约束。

Dai H P 等[60]在移动距离约束下寻找覆盖网络节点的最少充电路径，每个 MC 沿着一条规划好的充电路径为节点补充能量，充电路径数即为 MC 数。Hu CH 等[61]对其进行改进，构建最小数量的行程调度，将每个行程分成多个子行程，再将所有子行程分配给最少的 MC，保证网络节点在能量耗尽之前得到能量补充。这两个方案是从充电路径构建和分配角度分析 MC 数，没有考虑网络能耗平衡约束，也未针对单个 MC 提出约束条件。

Wu M 等[56]将网络划分成多个充电组，每个 MC 负责多个充电组的充电任务，保证MC 在监测时间内能耗不能超过 MC 携带最大能量。这个方案依据对单个节点和 MC 提出的约束条件，给出了 MC 数的一个近似边界值。

1.5　WRSN 关键技术

无线可充电传感器网络(WRSN)是当今信息领域一个新的研究热点，其关键技术具有跨学科交叉、多技术融合等特点，相关技术和系统具有特殊的复杂性与综合性，涉及众多的关键技术都亟待突破。WRSN 关键技术主要体现在理论和应用两大方面，理论方面有拓扑控制、路由协议、MAC 协议、定位技术、时间同步技术、安全技术和数据融合管理等，应用方面有磁耦合传能技术、系统平台以及节点设计标准化等。

1. 理论方面

1) 拓扑控制

网络拓扑控制主要研究的是通过节点发射功率调节和骨干节点选择，减少节点间冗余的通信链路，形成一个优化结构。拓扑控制与覆盖和连通问题紧密相关，一般在保证一定的网络连通性和覆盖度的前提下，进行网络拓扑控制。

拓扑控制主要考虑网络生命周期、吞吐能力、传输延迟等目标，此外，拓扑控制还要考虑诸如负载均衡、可靠性、可扩展性等因素。研究网络拓扑控制的主要目的是最大限度地延长网络生命周期，这在无线传感器网络领域研究比较深入，可以借鉴。

2) MAC 协议

介质访问控制(MAC)协议决定了无线信道的使用方式，用来在传感器节点之间分配有限的无线通信资源，构建网络系统的底层基础结构。MAC 协议处于传感器网络协议的底层部分，对传感器网络性能有较大影响，是保证无线传感器网络高效通信的关键网络协议之一。

3) 路由协议

路由协议负责将数据分组，从源节点转发到目的节点，它主要包括两方面功能：寻找源节点和目的节点间的优化路径，将数据分组沿着优化路径正确转发。WRSN 是以数据为中心的，这在路由协议中表现得最为突出，每个节点没有必要采用全网统一编址，选择路径可以不用根据节点编址，更多的是根据感兴趣的数据建立数据源到汇聚节点之间的转发路径。目前在无线传感器网络领域提出了多种类型的传感器网络路由协议，如多个能量感知的路由协议，定向扩散和谣传路由等基于查询的路由协议，GEAR 和 GEM 等基于地理位置的路由协议，SPEED 和 ReInForM 等支持 QoS 的路由协议。这些路由协议是否适合WRSN 需要进一步验证。

4) 定位技术

对于大多数应用，不知道传感器位置而感知数据是没有意义的。确定事件发生的位置或采集数据的节点位置是传感器网络最基本的功能之一。为了提供有效的位置信息，随机部署的传感器节点必须能够在部署后确定自身位置。传感器节点存在资源有限、随机部署、通信易受环境干扰甚至节点失效等缺点，因此定位机制必须满足自组织性、健壮性、能量高效、分布式计算等要求。

最简单的定位方法是为每个节点配装 GPS 接收器，用以确定节点位置。但是 GPS 存在成本高、能耗大、体积大、无法室内定位等缺陷，通常不予以采用。传感器网络一般只用少量节点通过 GPS 或预先部署在特定位置的方式获取位置，这类节点称为信标节点。节点定位技术是通过少数信标节点按照某种定位机制确定未知节点位置。此外，还有不是通过这些信标节点，而是参照节点相对位置进行定位的。无论采用哪种方法，定位技术涉及定位精度、网络规模、网络容错性和鲁棒性等问题。

5) 时间同步技术

传感器网络应用中，精确的时间同步是协议交互、定位、多传感器数据融合、移动目标跟踪、信道时分复用，以及基于睡眠/侦听模式的节能调度等技术的基础。受节点成本、体积、能耗等因素限制，以及网络可扩展性、动态自适应性等要求，在传感器网络中实现时间同步有着很大困难，而且传统的时间同步方案不适合传感器网络。传统的时间同步机制往往关注于时间同步精度的最大化，较少考虑计算和通信开销，也不考虑能量消耗，这对于传感器网络来说是很难满足的。

另外，传感器网络应用的多样化也给时间同步提出了诸多不同的要求，体现在对时间同步的精确度、范围、可用性以及能量消耗等方面的差异。局部协作只需要相邻节点间的时间同步，全局协作则需要全网络的时间同步。事件触发可能仅需要瞬时同步，数据记录或调试经常需要长期的时间同步。因此，时间同步技术是无线可充电传感器网络的一项基础支撑技术。

6）安全技术

无线可充电传感器网络作为任务型网络，不仅要进行数据传输，而且要进行数据采集和融合以及任务的协同控制等。相对于传统网络，WRSN更易受到各种安全威胁和攻击，包括被动窃听、数据窜改和重发、伪造身份、拒绝服务等，还有WRSN特有的虫洞攻击、空洞攻击等。如何保证任务执行的机密性、数据产生的可靠性、数据融合的高效性以及数据传输的安全性，是无线可充电传感器网络安全问题需要全面考虑的内容。

为了保证任务的机密配置和任务执行结果的安全传递及融合，传感器网络需要实现一些最基本的安全机制：机密性、点到点的消息认证、完整性鉴别、新鲜性、认证广播和安全管理。除此之外，为了确保数据融合后数据源信息的保留，水印技术也成为无线可充电传感器网络安全的研究内容。

传感器网络节点的各方面能力都不能与传统网络终端相比，所以必然存在算法计算强度和安全强度之间的权衡问题，如何通过更简单的算法实现尽量坚固的安全外壳是传感器网络安全的主要挑战；其次，有限的计算资源和能量资源往往需要综合考虑系统的各种技术，以减少系统代码数量，如安全路由技术等；另外，传感器网络任务的协作特性和路由的局部特性使节点之间存在安全耦合，单个节点的安全泄漏必然威胁网络的安全，在考虑安全算法的时候要尽量减小这种耦合性。因此，无线可充电传感器网络的一些技术方案中也融合了安全技术措施，与安全技术联合研究，如安全数据融合、安全路由、安全定位等，不仅强化了网络功能的安全性保障，也提升了网络的安全性能。

7）数据融合与管理

数据收集研究如何通过传感器网络从部署网络的监测区域收集感知数据，是无线可充电传感器网络的一项基本功能。传感器节点大量密集部署，同一区域被多节点覆盖，对同一事件产生的感知数据存在一定的冗余性，这种冗余可提高数据的可靠性，但过量的冗余数据也会造成计算和传输资源的浪费，消耗节点的能量资源。

数据融合是将不同时间、不同空间感知数据在一定规则下进行分析、综合、支配和使用，不但提高了信息的准确度和可信度，还可以在收集数据过程中减少数据传输量，提高网络收集数据效率。数据融合可以与传感器网络的多个协议层次进行结合。在应用层设计中，可以利用分布式数据库技术，对采集到的数据进行逐步筛选，达到融合效果；在网络层中，路由协议结合数据融合机制，以期减少数据传输量。此外，还有研究者提出了独立于其他协议层的数据融合协议层，通过减少 MAC 层的发送冲突和头部开销达到节省能量的同时又不损失时间性能和信息完整性的目的。

数据融合技术在节省能量、提高信息准确度的同时，以牺牲其他方面的性能为代价。首先是延迟的代价，在数据传送过程中寻找易于数据融合的路由、操作、为融合而等待其他数据的到来，这三个方面都可能增加网络的平均延迟。其次是鲁棒性的代价，传感器网络相对于传统网络有更高的节点失效率以及数据丢失率，数据融合可以大幅度降低数据的冗余性，但丢失相同的数据量可能损失更多的信息，因此相对而言也降低了网络的鲁棒性。

从数据存储的角度来看，传感器网络可被视为一种分布式数据库。以数据库方法在传感器网络中进行数据管理，可以将存储在网络中的数据逻辑视图与网络中的实现分离，使得传感器网络的用户只需要关心数据查询的逻辑结构，无需关心实现细节。

传感器网络的数据管理与传统的分布式数据库有很大差别。传感器节点能量受限且容易失效，数据管理系统必须在尽量减少能量消耗的同时提供有效的数据服务。同时，传感器网络中节点数量庞大，且传感器节点产生的是无限数据流，无法通过传统分布式数据库的数据管理技术进行分析处理。此外，对传感器网络数据查询是连续的查询或随机抽样的查询，这也使得传统分布式数据库的数据管理技术不适用于传感器网络。因此，数据融合与管理技术是无线可充电传感器网络的一项基础支撑技术。

2. 应用方面

1）磁耦合传能技术

自从 Kurs 等[20]基于磁耦合谐振式无线传能技术实现对 2 m 之外的 60 W 电灯供电以来，一些学者对充放电结构、频率选择、耦合状态分析、充放电线圈结构及位置等进行研究，提出一些改良措施，使得传能效率得到一定提高。但总的来说，磁耦合谐振式充电效率不高，且传能效率随传输距离呈指数下降。另外，磁耦合谐振无线传能时间较长，通常给电池容量不大于 1 000 mAh 的节点充满电需要 7～8 h。无线可充电传感器网络长时间充电将造成网络节点补充能量不及时甚至失效。因此急需新材料、新技术缩短充电时间，为无线可充电传感器网络应用提供能量保障。

2）系统平台

无线可充电传感器网络系统平台包括软件和硬件部分。从硬件角度看，包括图 1-2 中显示的普通节点、汇聚节点、SenCar 节点及基站等各个模块和电源部分的电路。硬件设计除实现各自功能外，需要考虑低能耗要求，通常采用小体积、低能耗等参数作为网络节点设计指标。

传感器节点除了感测数据外，还要与邻近节点通信，以及对数据进行处理、融合、转发，这些功能主要通过算法、协议、应用软件来实现。传感器节点可通过专用的嵌入式操作系统对节点各类资源和处理任务进行管理，为节点的通信协议、安全加密、应用处理等提供基础支持。节点软件设计可采用构件化设计思想，由底层构件、中间件构件和应用层构件组成。中间件构件通过对底层构件异构性的屏蔽，为开发人员提供了一个统一的运行平台和友好的开发环境。

软硬件协同设计将系统划分、硬件设计、软件设计紧密地联系起来。在软硬件协同设计方法中，软件设计和硬件设计不再是两个独立的部分，而是在设计之初便交织在一起，相互提供设计平台，相互作用，真正实现了二者的并行性。

3）节点设计标准化

为了便于扩大无线可充电传感器网络应用领域，节点设计过程中除了采用模块化、构件化外，还需要标准化。物联网虽说近期发展较快，但不尽如人意，主要原因之一是标准化做得不够。当然这是有原因的，因为物联网技术基础是无线传感器网络，无线传感器应用范围广泛，各自为政，开始没有考虑标准化，造成现在再进行标准化比较困难。无线可充电传感器网络刚开始发展，进行标准化比较容易。节点标准化可大大节约成本，缩短产品升级换代周期。节点标准化应包括机械、电接口、通信协议等方面的标准化。

4）测试与评估

建立传感器网络测试和评估平台，可以在实际应用中验证测试协议和算法，不仅能够全面地测试影响网络运行的各种因素，还可以避免因理论模型简化导致的误差，弥补和避免理论分析和数学模拟的缺陷，对于传感器网络的研究和规模应用具有重要的现实意义。

一般来说，传感器网络测试和评估平台需要解决三个关键问题[21]：一是如何准确地对节点及网络的各种状态信息进行量化评估，即如何进行网络测试；二是如何实时地获得节点及网络状态数据，在此基础上调整和改变节点运行参数和网络行为，即如何进行网络监控；三是如何模拟大规模网络部署和实际应用环境的特征，即如何搭建测试平台。

传感器网络测试需要评估节点和网络的状态。节点状态主要包括节点的剩余能量、缓冲区使用情况以及节点间链路质量等本地状态；网络状态包括网络能量分布、链路质量分布和网络拓扑分布等，是对节点状态的全局性描述。网络运行状态监控，一方面准确实时地获取节点及网络的各种状态信息及其变化，对网络中运行的各种协议和算法性能进行测试评估；另一方面不断地改变网络行为甚至是节点系统结构，模拟不同应用环境中的网络运行状态，以配合测试。

受传感器网络节点运算和存储资料限制，如果测试数据由节点自身收集，不仅会对节点的运行和能量消耗有一定影响，测试数据的精度也会受限于节点的硬件配置水平。通常，传感器网络的带宽资源极为有限，如果测试数据经由节点间的无线链路逐跳传输，将会对网络行为产生干扰。如果测试活动对传感器网络自身的运行产生了较大干扰，或者测试数据的精度较低，则观测到的网络行为将偏离于正常运行时的行为，导致传感器网络测试和评估结论不正确。

目前，国内外已经提出多种传感器网络测试方式和相应的测试平台与工具，其中比较有代表性的是瑞士联邦理工大学的 DSN 测试系统[67]、中科院软件研究所开发的 HINT 测试系统[68]。但针对无线可充电传感器网络的测试平台还尚未见报道。

1.6　WRSN 问题与展望

1. 面临问题

1）可扩展性问题

传感器网络的可扩展性表现在节点数量、网络覆盖区域、生命周期、时间延迟、感知精度等方面的可扩展极限，同时也表现为系统在负载改变时的修正能力。

传感器网络具有自组织、多跳传输、监测数据多元时空关联、一经部署很难更改等特点。当网络节点数量增多时，分布式的时钟同步积累误差变大，而且节点密度较大时也会加大无线碰撞概率，增加重传次数和传输时延。另外，由覆盖度扩大等原因而进行增量部署，新节点加入会引发网络在运行过程中进行调整，相应地产生数据存储和查询等问题。

2）可靠性问题

因部署环境恶劣、节点易失效、无线链路易受干扰等影响，可靠性成为传感器网络设计中所面临的重大挑战。可靠性通常是指在规定条件下，在规定时间内，完成规定功能的概率。传感器网络的可靠性主要体现在节点、网络和系统三个层面：① 节点层面，传感器节点的能量、计算、存储和通信能力有限，应用环境通常恶劣、易损坏、电量耗尽、丢失以及遭到人为破坏等；② 网络层面，数据在网络路径传输过程中，因路径上的节点失效或链路故障导致网络传输中断，或通信过程中受环境影响造成数据丢包、传输延迟等；③ 系统层面，大规模部署增加了系统故障的发生概率，节点或链路故障不及时处理而导致系统瘫痪。

因此，传感器网络的可靠性要求节点的软硬件必须具有很强的容错性，以保证系统具有较高的鲁棒性。

3）安全性问题

传感器节点通常部署在无人照看或敌方区域，因此安全问题比较突出。与传统网络相比，传感器网络的无线通信链路数据包更容易被截获，信道质量较差，易受干扰。传感器网络通常以数据为中心，没有全局编址；网络随机部署，节点没有全局拓扑信息，增加了传感器网络安全防护机制设计的复杂性。

4）自治性问题

传感器节点通常随机部署在没有基础网络设施的环境中，再加上节点数目巨大，难以对节点进行集中管理和维护，需要节点自身具备一定程度的自治性，满足自适应、自组织、自配置的需求，适应在无人工参与的情况下根据环境与系统的变化来改变自己的行为。

受到获取信息的不完整性、拓扑结构的变化以及网络环境的多样性和动态变化等因素的影响，系统的自组织趋于复杂。自配置能够在不需要人为干预（或最少化人为干预）的情况下以独立和自治的方式预测、诊断和解决网络中出现的问题，能够自适应网络规模、环境条件以及应用需求的动态变化。

5）实用化问题

到目前为止，尽管无线可充电传感器网络的研究取得了一些重要进展，但还是处于理论研究、演示实验阶段，没有解决实用性问题。这里涉及网络部署成本高、相关标准缺失、难以规模化、理论模型失用、模拟与测试工具失真、缺乏有效的开发工具、故障诊断困难等原因。

2. 发展展望

1）充电组划分

无线可充电传感器网络中，一对多充电方式下，单个节点充电效率比一对一充电方式低，但网络整体充电效率却大幅度提高。在一对多充电方式下，如何选择合适的充电节点，直接影响网络充电效率。充电效率通常受节点间距离、节点传能线圈间角度和高度等因素影响。因此，在分析这些因素对传能效率影响的基础上，选择合适的充电节点构建充电组，组内实行一对多充电，可提高网络充电效率，具有重要的现实意义。另外，充电组划分通常受网络节点分布、拓扑结构、路由结构等因素影响，需要系统地规划设计充电组。

2）移动过程中充电

节点充电调度研究中，SenCar 节点通常在静止位置为节点充电。实际上，SenCar 节点为网络节点充电是受二者距离影响的，距离不同其充电效率也不同，二者之间的关系见本书第 4 章。另外，充电过程是需要时间的，通常充满一个节点需要几个小时。因此，可以在SenCar 节点移动到待充节点时进行充电，也就是在 SenCar 移动过程中为节点充电，以缩短充电时间，如图 1-3 所示。

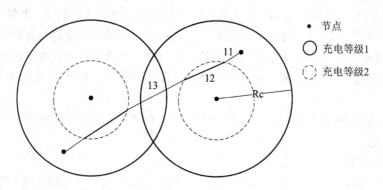

图 1-3　WRSN 网络运动充电结构示意图

根据节点间距离与传能效率之间的关系，将节点周围划分不同充电等级。如图 1-3 所示是划分 2 个充电等级。不同充电等级下，SenCar 节点移动速度不同。这里涉及充电等级划分、SenCar 节点移动速度控制等问题。

3）带能量补充的路由设计

传统的无线传感器网络路由设计没有考虑节点能量动态补充情况，因此传统 WSN 路由协议是否适合无线可充电传感器网络，需要进一步分析验证。在网络路由设计开始，考虑网络节点能量补充情况，从而增强网络能量的稳健性。这涉及网络结构、网络能量调度与路由之间的关系，具有一定的复杂性。

4）带能量补充的网络节点部署

无线传感器网络在节点部署时考虑到网络可扩展性、可靠性，通常采用冗余部署或多层覆盖，增加了网络部署成本以及网络结构的复杂性。在同等条件下，相比 WSN，无线可充电传感器网络中的节点可以动态补充能量，不需要部署太多的冗余节点；相应的传统WSN 节点部署算法不太适应 WRSN，需要深入研究 WRSN 中的节点部署，即带能量补充的网络节点部署问题，这涉及节点拓扑结构、网络能量调度、路由与节点部署之间的关系，研究难度较大。

上篇 网络基础

第2章 磁耦合谐振无线传能模型及其分析

磁耦合谐振充电方式为无线传感器网络提供了一种新能量补充方式。基于磁耦合谐振的无线传感器网络，称为无线可充电传感器网络，简称 WRSN。WRSN 中，能量补充是否及时和合理，直接影响网络的稳定性。分析网络能量补充是否及时、合理，首先应搞清楚磁耦合谐振无线传能的基本原理以及影响无线传能的基本因素。

基于电路理论，分析磁耦合谐振无线传能原理；将传能的 2 个线圈电路，即发送端电路和接收端电路进行电路等价变换；利用电路定理分析传能效率和输出功率与线圈阻值、负载、传输角频率等因素的关系；结合发送端 LC 电路和接收端 LC 电路的结构特点，以及二者之间 4 种组合形式，分析不同结构对传能效率和输出功率的影响。

线圈互感 M 直接影响传能效率和输出功率。互感 M 可以是发送端线圈与接收端线圈间互感，也可以是接收端线圈之间的互感。接收端线圈之间的互感存在一对多传能情况，即 1 个发送端、多个接收端。

本章从磁耦合谐振无线传能原理出发，分析影响传能效率和输出功率的因素，以及发送端和接收端电路结构对传能效率和输出功率的影响；结合一对一传能方式和一对多传能方式，分析互感 M 对传能效率和输出功率的影响。

2.1 磁耦合谐振无线传能原理

磁耦合谐振无线传能（MCR-WPT）原理可以用能量流动来分析，交流电源给发射端供电，通过固有谐振频率的谐振电路 LC 产生谐振；谐振时，发送线圈的变化电流产生变化磁场，与发送线圈同频率的接收线圈产生强磁耦合，耦合带来的变化磁场产生电流，实现能量从发送端到接收端传输。

为了便于分析 MCR-WPT 传输性能，对磁耦合谐振电路进行等效分析。磁耦合谐振无线传能等效模型如图 2-1 所示，U_S 为发送端电源，L_1、L_2 分别是发射线圈和接收线圈的等

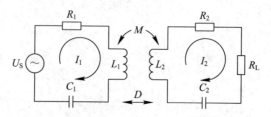

图 2-1 磁耦合谐振无线传能等效模型

效电感，R_1、C_1 分别是发射线圈 L_1 的等效电阻和电容，R_2、C_2 分别是接收线圈 L_2 的等效电阻和电容，R_L 为负载电阻，M 为互感，D 为两线圈之间的距离。

若传输角频率为 ω，则发送线圈和接收线圈的等效阻抗分别计算如下：

$$Z_1 = R_1 + j\omega L_1 + \frac{1}{j\omega C_1} \qquad (2-1)$$

$$Z_2 = R_2 + R_L + j\omega L_2 + \frac{1}{j\omega C_2} \qquad (2-2)$$

分别列出发送回路和接收回路的基尔霍夫电压回路（KVL）方程，求出线圈 L_1、L_2 等效回路电流 I_1 和 I_2：

$$I_1 = \frac{Z_2 U_S}{Z_1 Z_2 + (\omega M)^2} = \frac{U_S}{Z_1 + \frac{(\omega M)^2}{Z_2}} \qquad (2-3)$$

$$I_2 = \frac{-j\omega M U_S}{Z_1 Z_2 + (\omega M)^2} = \frac{\frac{-j\omega M U_S}{Z_1}}{Z_2 + \frac{(\omega M)^2}{Z_1}} \qquad (2-4)$$

线圈 L_1 的输入功率及负载电阻 R_L 的输出功率计算如下：

$$P_{in} = \frac{Z_2 U_S^2}{Z_1 Z_2 + (\omega M)^2} \qquad (2-5)$$

$$P_{out} = \frac{R_L U_S^2 (\omega M)^2}{[Z_1 Z_2 + (\omega M)^2]^2} \qquad (2-6)$$

从上两式可推导出两线圈间的传输效率：

$$\eta = \frac{R_L (\omega M)^2}{Z_2 [Z_1 Z_2 + (\omega M)^2]} \times 100\% \qquad (2-7)$$

当线圈 L_1、L_2 耦合谐振时，$Z_1 = R_1$，$Z_2 = R_2 + R_L$，则磁耦合谐振能量无线传输效率的计算公式变为

$$\eta = \frac{R_L (\omega M)^2}{(R_2 + R_L)[R_1(R_2 + R_L) + (\omega M)^2]} \times 100\% \qquad (2-8)$$

因此，磁耦合谐振无线传能的传输效率与发送线圈和接收线圈阻值、负载、互感 M、传输角频率等因素有关。通常发送线圈和接收线圈的阻值、负载、传输角频率等因素一旦确定，就很难改变，但可通过调整互感 M 来提高能量传输效率。

2.2 互感对磁耦合谐振式无线传能影响理论分析

2.2.1 发射线圈和接收线圈间互感对传能影响分析

磁耦合谐振无线能量传输中，当传能电路的线圈参数及负载 R_L 一定时，由式（2-6）和式（2-8）可知，发射线圈和接收线圈间的互感直接影响传输效率和传输功率。一定范围内，互感 M 越大，传输效率越高，如图 2-2 所示。

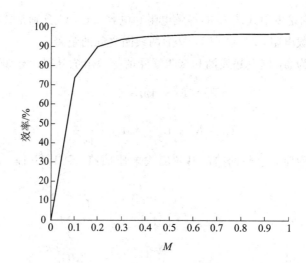

图 2-2　传输效率与互感关系

对于两个共轴圆形线圈，平均半径分别为 R_1、R_2，平行水平距离为 x，线圈匝数分别为 n_1、n_2，由毕奥-萨伐尔定律可证明其互感系数 M 为[69-72]

$$M = \mu_0 n_1 n_2 \sqrt{R_1 R_2} f(k) \qquad (2-9)$$

式中：

$$f(k) = \left(\frac{2}{k} - k\right)K - \frac{2}{k}E$$

$$k = \sqrt{\frac{4R_1 R_2}{x^2 + (R_1 + R_2)^2}}$$

$$K = \int_0^{\frac{\pi}{2}} \frac{1}{\sqrt{1 - k^2 \sin^2 \alpha}}\, \mathrm{d}\alpha \quad （第一类椭圆积分）$$

$$E = \int_0^{\frac{\pi}{2}} \sqrt{1 - k^2 \sin^2 \alpha}\, \mathrm{d}\alpha \quad （第二类椭圆积分）$$

互感现象是指两相邻线圈中，一个线圈的电流随时间变化时导致穿过另一线圈的磁通量发生变化，出现感应电动势现象。因线圈所围面积内的磁场不均匀，使得磁通量及互感系数的计算变得比较复杂[73]。在已有的相关文献研究中，皇甫国庆[74]、陈俊斌[75]等推导计算出任意两共轴圆线圈间互感系数的函数表达式，采用椭圆积分表示，虽准确但规律不明显，实际运用不方便。为了便于分析和应用，假定磁场恒定，磁通量均匀分布且无漏磁现象，当同匝数和半径的两线圈 L_1、L_2 的平行水平距离 $x=D$，同轴且重叠放置时，两线圈互感系数 M 简化为

$$M \approx \frac{\pi}{2} \cdot \frac{\mu_0 r^4 n^2}{D^3} \qquad (2-10)$$

式中，μ_0 为真空磁导率，r 为线圈半径，n 为线圈匝数，D 为传输距离。当 μ_0、r、n 参数均为定值时，互感系数 M 与传输距离 D 的三次方成反比。式（2-8）和式（2-10）表明当传输距离 D 逐渐增大时，互感 M 减小，传能效率逐渐变小。

当线圈 L_1、L_2 不同轴或不重叠放置时，互感 M 受线圈间的相对位置影响。不重叠即线圈之间存在角度差，不同轴即存在高度差。

接收线圈在发射线圈上的投影面积决定了接收磁通量，也就决定了互感 M。因此，当两个圆形线圈存在一定位置关系时，互感系数 M 应乘以投影面积比例系数。两个线圈同轴且重叠放置时，比例系数为 1。

当两个圆形线圈高度相同，但线圈轴线间夹角为 θ 时，投影面积比例系数为 $\cos\theta$，相应的圆形线圈互感系数为

$$M \approx \frac{\pi}{2} \cdot \frac{\mu_0 r^4 n^2}{D^3} \cdot \cos\theta \qquad (2-11)$$

式中，$\cos\theta$ 定义为角度比例系数。当 $\theta = 0$ 时，M 最大；当 $\theta = \pi/2$ 时，$M = 0$。

当两个圆形线圈平行（$\theta = 0$），且存在高度差 h 时，互感系数应乘以两圆重叠面积占发射线圈圆面积的比例。接收线圈在发射线圈平面上投影如图 2-3 所示，两个扇形面积减掉两个三角形面积即为两圆重叠面积 S，即

$$S = 2r^2 \arccos\left(\frac{h}{2r}\right) - \frac{1}{2}h\sqrt{4r^2 - h^2} \qquad (2-12)$$

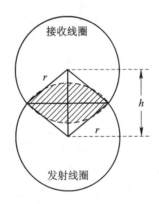

图 2-3　接收线圈在发射线圈上的投影

投影面积比例系数为 $\dfrac{S}{\pi r^2}$，因此相互平行但不同轴、存在一定高度差 h 的两圆形线圈的互感系数：

$$M \approx \frac{\pi}{2} \cdot \frac{\mu_0 r^4 n^2}{D^3} \cdot \frac{S}{\pi r^2} \qquad (2-13)$$

式中，$\dfrac{S}{\pi r^2}$ 定义为高度比例系数。当 $h = 0$ 时，M 最大；当 $h = 2r$ 时，$M = 0$。

当两个线圈水平距离为 D，且角度差为 θ 和高度差为 h 时，由式（2-11）和式（2-13）推导出任意两个不平行、不同轴圆形线圈的互感系数：

$$M \approx \frac{\pi}{2} \cdot \frac{\mu_0 r^4 n^2}{D^3} \cdot \frac{S}{\pi r^2} \cdot \cos\theta \qquad (2-14)$$

因此，距离、角度、高度等因素直接影响收发线圈间的互感。

2.2.2　接收线圈之间互感对传能影响分析

在一对二或一对多的能量传输中，不仅收发线圈间存在互感，多个接收端的接收线圈之间也存在互感。因此，接收线圈之间的互感对传能可能产生影响。

现以 1 个发送端和 2 个接收端构成的一对二磁耦合谐振传能电路为例，分析接收端线圈之间互感对传能的影响，具体等效电路如图 2-4 所示。其中，AC 为发送端电源，L_{TX}、L_{RX} 分别是发射线圈和接收线圈的等效电感，发送端等效电容为 C_1，2 个接收端电路参数相同，等效电容为 C_2；假定发射线圈与单个接收线圈的耦合系数为 k，2 个接收线圈的耦合系数为 k_{RX}。发送端固有频率 $\omega_{TX} = 1/\sqrt{L_{TX}C_1}$，接收端固有频率 $\omega_{RX} = 1/\sqrt{L_{RX}C_2}$。

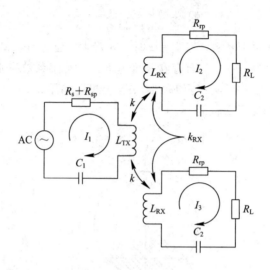

图 2-4 磁耦合单发送端双接收端电路图

受两接收线圈相互耦合影响，接收端达到最大功率和最大效率的驱动频率随接收线圈间耦合互感变化而变化。设电路发送端驱动频率为 ω，发送线圈 L_{TX} 的等效回路电流为 I_1，接收线圈 L_{RX} 的等效回路电流为 I_2 和 I_3，分别列出发射线圈和接收线圈的基尔霍夫电压回路(KVL)方程。

$$
\begin{cases}
\left(\dfrac{R_{TX}}{j\omega L_{TX}} + 1 - \dfrac{\omega_{TX}^2}{\omega^2}\right) I_1 + k I_2 \sqrt{\dfrac{L_{RX}}{L_{TX}}} + k I_3 \sqrt{\dfrac{L_{RX}}{L_{TX}}} = \dfrac{U_S}{j\omega L_{TX}} \\[3mm]
k I_1 \sqrt{\dfrac{L_{TX}}{L_{RX}}} + \left(\dfrac{R_{RX}}{j\omega L_{RX}} + 1 - \dfrac{\omega_{RX}^2}{\omega^2}\right) I_2 + k_{RX} I_3 = 0 \\[3mm]
k I_1 \sqrt{\dfrac{L_{TX}}{L_{RX}}} + \left(\dfrac{R_{RX}}{j\omega L_{RX}} + 1 - \dfrac{\omega_{RX}^2}{\omega^2}\right) I_3 + k_{RX} I_2 = 0
\end{cases} \tag{2-15}
$$

式中，U_S 是发送端交流电压有效值，$R_{TX} = R_s + R_{sp}$，$R_{RX} = R_L + R_{rp}$。

I_1 表示发送端电路中的电流，I_{RX} 表示接收端电路中的电流，相应地，$I_{RX} = I_2 = I_3$，I_{RX}/I_1 计算如下：

$$
\frac{I_{RX}}{I_1} = -\frac{k\sqrt{L_{TX}/L_{RX}}}{\dfrac{R_{RX}}{j\omega L_{RX}} + \left(1 + k_{RX} - \dfrac{\omega_{RX}^2}{\omega^2}\right)} \tag{2-16}
$$

$\left|\dfrac{I_{RX}}{I_1}\right|$ 决定传能效率，当传能效率最大时，$\left|\dfrac{I_{RX}}{I_1}\right|$ 最大，驱动频率为

$$
\omega = \frac{\sqrt{2} L_{RX} \omega_{RX}^2}{\sqrt{(1 + k_{RX}) 2 L_{RX}^2 \omega_{RX}^2 - R_{RX}^2}} \approx \frac{\omega_{RX}}{\sqrt{1 + k_{RX}}} \tag{2-17}
$$

因此，随着接收线圈之间的耦合互感系数 k_{RX} 增大，驱动频率 ω 随之降低。设品质因数 $Q_{RX} = \dfrac{\omega_{RX}}{R_{RX}}$，将式（2-17）代入式（2-16），得到

$$\frac{I_{RX}}{I_1} = -jk \frac{Q_{RX}}{\sqrt{1+k_{RX}}} \sqrt{\frac{L_{TX}}{L_{RX}}} \qquad (2-18)$$

式（2-18）表明接收线圈之间的高耦合降低了传输效率的峰值。在两个接收线圈情况下，单个节点接收端的接收功率为

$$P_{RX} = R_L |I_2|^2 = R_L |I_3|^2 \qquad (2-19)$$

发送端发送功率为

$$P_{TX} = (R_s + R_{sp}) |I_1|^2 \qquad (2-20)$$

因此，系统传能效率定义为

$$\eta = \frac{R_L |I_2|^2 + R_L |I_3|^2}{(R_s + R_{sp}) |I_1|^2} \qquad (2-21)$$

将式（2-18）代入式（2-21）得到接收端耦合互感系数 k_{RX} 与传能效率的关系：

$$\eta = \frac{2R_L (jkQ_{RX})^2 L_{TX}/L_{RX}}{(1+k_{RX})(R_s + R_{sp})} \qquad (2-22)$$

因此，磁耦合谐振无线传能的传输效率与接收端电感线圈之间的耦合互感系数 k_{RX} 有直接关系。当给定线圈参数及负载 R_L 时，线圈产生磁耦合谐振，接收线圈之间的耦合互感系数 k_{RX} 直接影响传能效率。当 k_{RX} 增大时，传能效率逐渐变小。

已知空间中，一对线圈的互感 M 和耦合互感系数 k_{RX} 的关系为

$$k_{RX} = \frac{M}{\sqrt{L_1 L_2}} \qquad (2-23)$$

式中，L_1、L_2 分别表示两个线圈的自感。当线圈是一对圆环形密绕线圈时，自感与线圈的线径、匝数、线圈半径等参数有关。传能模型中，各参数以及自感 L_1、L_2 固定，互感 M 与耦合互感系数 k_{RX} 呈正相关，将式（2-23）代入式（2-22），得到

$$\eta = \frac{2R_L (jkQ_{RX})^2 L_{TX} \sqrt{L_1 L_2}/L_{RX}}{(\sqrt{L_1 L_2} + M)(R_s + R_{sp})} \qquad (2-24)$$

总之，接收端电感线圈之间的互感 M 影响系统传能效率，并与之成反比，即接收端线圈之间互感越大，能量接收效率越低。

2.3　磁耦合谐振电路结构

磁耦合谐振无线传能除与互感等电路的参数有关外，还与磁耦合谐振电路的结构有关。磁耦合谐振无线传能系统中，发射端与接收端电路拓扑结构及其搭配关系直接影响系统传能效率和功率。根据发射端电路和接收端电路不同的连接方式，目前磁耦合谐振无线传能电路拓扑有串串（Series-Series，SS）、并串（Parallel-Series，PS）、串并（Series-Parallel，SP）和并并（Parallel-Parallel，PP）四种拓扑结构。文献[66]分析得出串并结构和并并结构最大传能效率表达式相同，证明了系统最大传能效率只与接收端电路结构有关，与发射端电路结构没有必然联系。因此，四种拓扑结构简化为串串（SS）和串并（SP）

两种，具体如图2-5所示。

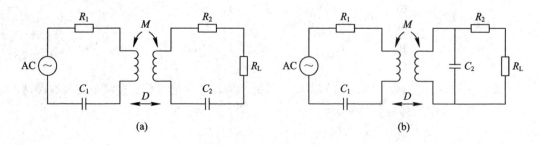

图2-5 两种磁耦合谐振无线传能电路拓扑结构图

　　从传输距离角度分析，文献[66]得出传能效率、输出功率与距离之间的关系分别如图2-6(a)、(b)所示。两种结构中，除了较近距离(20 mm以内)的传能效率和输出功率均较低之外，传能效率和输出功率都随距离增大而降低。从传输距离角度，串并结构在传能效率和输出功率方面优于串串结构。

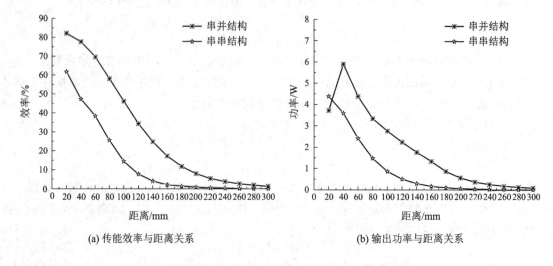

(a) 传能效率与距离关系　　　　　　　　(b) 输出功率与距离关系

图2-6 磁耦合两种拓扑电路的传能效果对比图

2.4　节点间互感对一对二能量分配影响分析

　　由磁耦合谐振无线传能原理可知，接收线圈间的互感受二者之间距离、角度、高度等因素影响。张波[76]等针对两个接收端分别研究接收线圈与发射线圈同轴时系统的输出功率和传输效率情况。当两个接收线圈位于发射线圈两侧且三个线圈同轴放置时，在固有谐振频率处，系统输出功率和效率最大，即不受接收线圈间的互感影响。当两个接收线圈位于发射线圈同侧同轴放置且重叠时，受接收线圈之间互感影响，系统频率产生漂移，效率最大点不是系统的固有谐振频率点。

　　基于磁耦合谐振无线传能技术，携带能量节点可为一个节点或多个节点同时充电。在给多个节点同时充电时，涉及接收能量节点互感对能量传输如何影响、影响程度如何，以及是否直接影响到后续能量补充和分配等问题。

2.4.1 测试平台

磁耦合谐振一对二传能实验模型（如图2-7所示）包括一个发射端和两个接收端，发射端电路采用串联结构，接收端电路采用并联结构，组成串并拓扑结构。

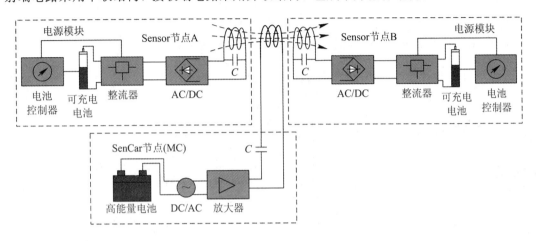

图2-7 磁耦合谐振一对二传能实验模型

两个接收端线圈与发射端线圈同轴，互感对磁耦合传能性能有何影响，我们通过如图2-8所示的一对多传能实验平台进行分析。具体参数如下：发射端和接收端电路的参数相同，线圈匝数为15圈，线圈电感为78 μH，线圈直径为19 cm，电容为470 nF，谐振频率为83 kHz。发射端采用 LC 串联结构，电源电压为＋8 V，电源电流为1 A。接收端采用 LC 并联结构，电池采用可充电锂离子电池，容量为840 mAh。

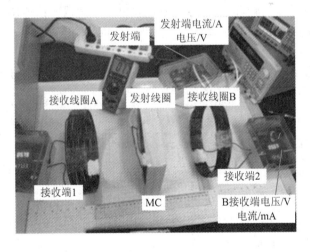

图2-8 基于磁耦合的一对多传能实验平台

数字电源为MC（携带能量节点），提供给发射端电路工作电压和发送电压，信号发生器产生两路PWM波驱动发射端 LC 谐振，发射端线圈发射能量，两个接收能量节点通过各自的线圈接收能量，实现无线能量传输。节点接收能量整流滤波为锂电池充电，实现一对多磁耦合无线能量传输。

2.4.2 单线圈参数变化情况下互感对节点传能影响

1. 线圈距离变化情况

固定 MC 位置及其发射线圈和节点 A 位置及其接收线圈，等间隔改变节点 B 与 MC 间的距离，如图 2-9 所示。移动过程中 2 个接收线圈间的互感发生改变，观察分析节点接收功率和效率变化，分析接收线圈间互感变化对节点传能的影响。

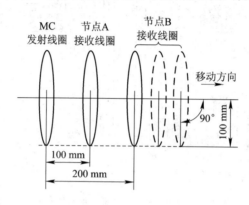

图 2-9 单线圈距离变化对互感影响实验模型

图 2-9 中，两接收线圈圆心与发射线圈圆心处于同一条水平线上，且所在平面互相平行。初始时三个线圈位置固定，节点 A 接收线圈与 MC 发射线圈的距离为 100 mm；节点 B 接收线圈与 MC 发射线圈的距离为 200 mm。实验过程中，每次节点 B 朝远离 MC 方向移动 20 mm，当 MC 同时为节点 A 和 B 充电时，记录节点 B 接收线圈与 MC 距离、MC 发送电压和发送电流、节点 A 和 B 的接收电压及接收电流等参数；根据这些参数计算 MC 发送功率、节点 A 和 B 的接收功率及传输效率，A、B 节点间的互感系数 $M=U_A/\omega I_B$[77]，如表 2-1 所示。

表 2-1 一对二节点 B 距离变化下节点 A、B 充电数据

距离 /mm	发送 电压/V	发送 电流/mA	A 接收 电压/V	A 接收 电流/mA	B 接收 电压/V	B 接收 电流/mA	A 功率 /W	B 功率 /W	A 效率 /%	B 效率 /%	互感 $\times10^{-3}$/mH
200	7.63	933	5.78	210	5.75	47.2	1.21	0.27	17.05	3.81	525
220	7.65	941	5.8	221	5.71	37.3	1.28	0.21	17.81	2.96	496
240	7.66	934	5.83	227	5.67	31.8	1.32	0.18	18.50	2.52	479
260	7.67	931	5.85	230	5.62	26.2	1.35	0.15	18.84	2.06	468
280	7.67	934	5.85	232	5.59	21.7	1.36	0.12	18.95	1.69	462
300	7.69	917	5.85	232	5.58	17.5	1.36	0.10	19.25	1.39	461
320	7.69	919	5.85	233	5.58	12.4	1.36	0.07	19.29	0.98	459
340	7.69	913	5.85	232	5.58	10.6	1.36	0.06	19.33	0.84	461
360	7.68	916	5.85	233	5.58	10.3	1.36	0.06	19.38	0.82	459

依据表2-1数据，以距离为横坐标，节点A、B间的互感系数M作为纵坐标，得出距离和M间的关系曲线。类似地，以距离为横坐标，传输效率和传输功率分别作为纵坐标，得出距离与传能性能间的关系曲线，如图2-10所示。

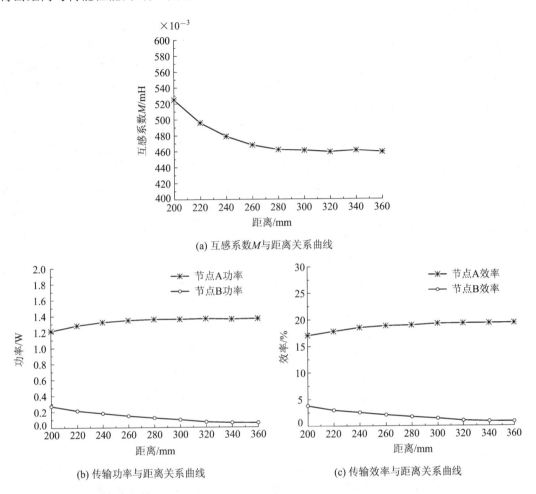

(a) 互感系数M与距离关系曲线

(b) 传输功率与距离关系曲线

(c) 传输效率与距离关系曲线

图2-10　单节点等间隔变化情况下互感变化与节点间传能关系

图2-10(b)、(c)中，节点B的接收效率和接收功率都呈逐渐降低趋势，这与MC距离增加有关系，距离增加使节点接收能量降低。节点A与MC间的距离在实验过程中是固定不变的，节点A的接收效率和接收功率曲线随节点B与MC间的距离增加（200～280 mm），呈渐渐升高的趋势，在280～360 mm时逐渐平稳，这与节点B移动有着直接关系。图2-10(a)中，随着节点B与MC间的距离增加，节点A、B间的互感系数M逐渐减小；当距离增加到280～360 mm时，逐渐平稳。因此，节点A、B间的互感变化对节点A的能量接收产生影响。

由磁耦合谐振互感理论可知，两线圈距离越近，互感越大，因而实验最初时，节点A、B接收线圈间的互感是最大的。图2-10(a)中，互感M在最初200 mm时取最大值为525 mH；随着节点A、B间的距离增加，互感随之减小，节点A的接收效率和接收功率却逐渐增大。说明节点A、B间的互感抑制节点A能量接收，互感是相互的。类似地，节点B

能量接收情况也与节点 A、B 间的互感抑制作用有关。

总之，节点接收线圈之间的互感抑制其能量接收。重叠的接收线圈间距离改变，两者间的互感系数随之改变，距离越近，互感对能量分配的抑制作用越明显。

2. 线圈角度变化情况

角度方面，我们分析单线圈角度变化下接收线圈之间互感对节点间传能的影响。实验中，首先固定 MC 位置及其发射线圈，同时固定节点 B 位置及其接收线圈，然后改变节点 A 接收线圈的角度，在线圈转动过程中 2 个接收线圈间的互感发生改变，进而分析接收线圈间互感变化对磁耦合谐振式能量传输的影响。

如图 2-11 所示，2 个接收线圈的圆心和发射线圈圆心处于同一条水平线上，3 个线圈位置固定，节点 A 接收线圈与 MC 发射线圈的距离为 150 mm，节点 B 接收线圈与 MC 发射线圈的距离为 300 mm。初始时节点 A 接收线圈与水平面间的角度为 0°，实验中转动节点 A 接收线圈，使其角度每次以 5°依次增大。当 MC 同时为节点 A 和 B 充电时，记录节点 A 接收线圈转动角度、MC 的发送电压和发送电流、节点 A 的接收电压及接收电流、节点 B 的接收电压及接收电流等参数。根据这些参数计算出 MC 发射功率、节点 A 和 B 的接收功率及传输效率，如表 2-2 所示。

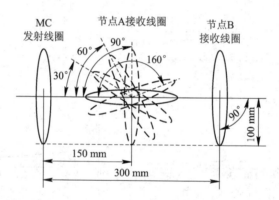

图 2-11　单线圈角度变化情况下互感影响实验模型

表 2-2　一对二 A 节点角度变化下，节点 A、B 充电数据

转动角度 /(°)	发送 电压/V	发送 电流/mA	A 接收 电压/V	A 接收 电流/mA	B 接收 电压/V	B 接收 电流/mA	A 功率 /W	B 功率 /W	A 效率 /%	B 效率 /%	互感 ×10⁻³/mH
0°	7.76	850	0.58	0.62	5.38	36.5	0.00	0.20	0.01	2.98	30.5
5°	7.76	870	3.49	19.5	5.38	37.1	0.07	0.20	1.01	2.96	180
10°	7.77	882	5.72	65.4	5.38	36.4	0.37	0.20	5.46	2.86	301
15°	7.78	875	5.79	106	5.38	32.5	0.61	0.17	8.98	2.57	342
20°	7.79	851	5.96	142	5.38	28.1	0.85	0.15	12.77	2.28	407
25°	7.8	849	5.98	170	5.38	25.1	1.02	0.14	15.35	2.04	457
30°	7.81	831	6.01	191	5.38	22.4	1.15	0.12	17.69	1.86	515
35°	7.81	812	6.1	206	5.38	20.6	1.26	0.11	19.81	1.75	568
40°	7.81	793	6.14	217	5.38	19.3	1.33	0.10	21.51	1.68	610
45°	7.82	801	6.17	224	5.38	18.5	1.38	0.10	22.06	1.59	640

转动角度 /(°)	发送电压/V	发送电流/mA	A接收电压/V	A接收电流/mA	B接收电压/V	B接收电流/mA	A功率/W	B功率/W	A效率/%	B效率/%	互感×10⁻³/mH
50°	7.82	802	6.18	228	5.37	18.1	1.41	0.10	22.47	1.55	655
55°	7.82	796	6.19	230	5.37	17.8	1.42	0.10	22.87	1.54	667
60°	7.82	801	6.19	231	5.37	17.8	1.43	0.10	22.83	1.53	667
65°	7.81	807	6.19	233	5.37	17.9	1.44	0.10	22.88	1.53	663
70°	7.81	810	6.19	231	5.37	18.1	1.43	0.10	22.60	1.54	656
75°	7.81	806	6.19	229	5.37	18.3	1.42	0.10	22.52	1.56	649
80°	7.81	807	6.17	229	5.37	18.4	1.41	0.10	22.42	1.57	643
85°	7.81	810	6.17	229	5.37	18.4	1.41	0.10	22.33	1.56	643
90°	7.81	809	6.19	229	5.37	18.4	1.42	0.10	22.34	1.56	645

表 2-2 中，当节点 A 接收线圈与水平面持平时，其接收效率和接收功率几乎为 0。随着角度的增加，传输效率和接收功率迅速上升。在角度 65°时，接收效率和接收功率同时达到最大，分别为 22.88％ 和 1.44 W。节点 B 由于位置及角度都未改变，其接收功率和接收效率变化较小。

以角度为横坐标，节点 A、B 之间的互感系数 M 以及节点 A、B 的接收功率和接收效率分别为纵坐标，将充电数据转化为曲线。如图 2-12 所示，节点 A 的接收效率和接收功率都呈陡坡上升趋势，这与其角度改变有关。节点 A 接收线圈与 MC 发射线圈最初时夹角为 90°，两者间的互感几乎为 0，所以节点 A 的接收效率和接收功率为 0，此时节点 A 与 B 间的互感也为 0。随着节点 A 接收线圈转动，它与 MC 发射线圈间的互感逐渐增加，图 2-12(b)(c)中节点 A 的接收效率和接收功率都迅速增加至最高点。

图 2-12 (a)中，节点 A 与 B 之间的互感随着节点 A 线圈角度增加而逐渐增加。在 0°～40° 范围内，节点 B 的接收效率和接收功率都呈缓坡下降趋势，节点 A、B 间的互感也随之升高，说明接收线圈之间互感抑制了节点 B 的能量接收。互感是相互的，节点 A 的能量接收也受到影响，在 0°～40° 范围内，角度增加使节点 A 接收线圈与 MC 发射线圈间的互感迅速增加，导致节点 A 的接收功率和接收效率迅速增加。说明在这个角度范围内，接收线圈间的互感也是存在的，只是远远小于收发线圈之间的互感，因而不易看出接收线圈间互感的影响。

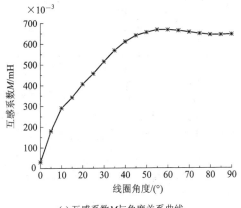

(a) 互感系数 M 与角度关系曲线

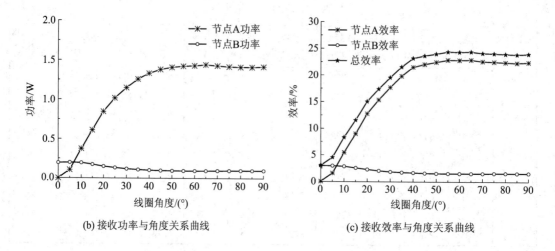

(b) 接收功率与角度关系曲线　　　　　　(c) 接收效率与角度关系曲线

图 2-12　单节点等角度变化情况下互感与节点间传能关系

因此，位于发射线圈同轴同侧的两个节点，接收线圈间的角度变化引起互感系数改变，抑制能量接收。当两接收线圈平行时，对系统能量接收性能的抑制作用最强。

3. 线圈高度变化情况

高度方面，分析单线圈高度变化情况下接收线圈之间互感对节点间传能影响。实验中，首先固定 MC 位置及其发射线圈，同时固定节点 A 位置及其接收线圈，等间隔升高节点 A 与水平底面之间的距离。移动过程中两个接收线圈间的互感会发生改变，分析接收线圈间的互感变化对节点传能的影响。

如图 2-13 所示，两接收线圈和发射线圈同轴且同时垂直于水平底面，三个线圈位置固定，且所在平面互相平行，节点 A 和 B 的接收线圈与 MC 发射线圈的距离分别为 150 mm 和 300 mm。实验中，节点 A（A 接收线圈）的高度每次增加 20 mm，当 MC 同时为节点 A 和 B 充电时，记录节点 A 的接收线圈与水平面高度、MC 的发送电压和发送电流、节点 A 的接收电压及接收电流、节点 B 的接收电压及接收电流等参数。根据这些参数计算 MC 发射功率、节点 A 和 B 的接收功率及传输效率，如表 2-3 所示。

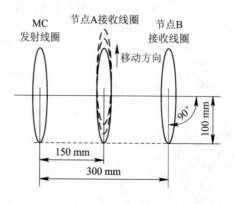

图 2-13　单线圈高度变化情况下互感影响实验模型

表 2 - 3   一对二 A 节点高度变化下节点 A、B 充电数据

高度/mm	发送电压/V	发送电流/mA	A 接收电压/V	A 接收电流/mA	B 接收电压/V	B 接收电流/mA	A 功率/W	B 功率/W	A 效率/%	B 效率/%	互感×10⁻³/mH
0	7.31	962	5.83	234	5.59	20.1	1.36	0.11	19.40	1.60	556
20	7.33	963	5.78	224	5.59	21	1.29	0.12	18.34	1.66	528
40	7.36	944	5.76	215	5.62	22.1	1.24	0.12	17.82	1.79	500
60	7.34	963	5.73	191	5.64	24.7	1.09	0.14	15.48	1.97	445
80	7.34	975	5.73	170	5.68	27.7	0.97	0.16	13.61	2.20	397
100	7.33	1000	5.7	148	5.73	31.6	0.84	0.18	11.51	2.47	346
120	7.22	1000	5.63	113	5.74	36.3	0.64	0.21	8.81	2.89	298
140	7.24	1000	5.62	79.3	5.75	39.5	0.45	0.23	6.16	3.14	273
160	7.07	1000	5.4	43.1	5.75	42.5	0.23	0.24	3.29	3.46	244
180	7.32	981	5.37	21.9	5.75	43.9	0.12	0.25	1.64	3.52	235
200	7.34	948	5.28	9.1	5.75	43	0.05	0.25	0.69	3.55	236

以距离为横坐标，节点 A、B 间互感系数 M 及 A、B 的传输效率和传输功率分别作为纵坐标，得到如图 2-14 所示的关系曲线。节点 A 的接收效率和接收功率都呈逐渐降低的趋势，这与节点 A 接收线圈的水平高度增加有关系。节点 B 接收线圈在实验过程中位置是

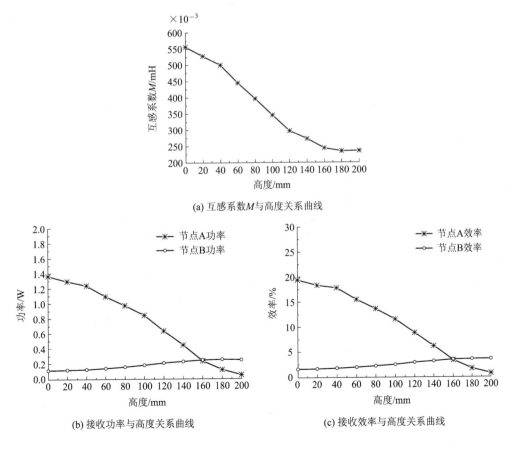

(a) 互感系数 M 与高度关系曲线

(b) 接收功率与高度关系曲线

(c) 接收效率与高度关系曲线

图 2-14   单节点等高度变化情况下互感变化和节点间传能关系

固定不变的。图 2-14(b)、(c)中,节点 B 的接收功率和接收效率曲线随节点 A 的高度增加,在 0～200 mm 却逐渐升高再趋于平稳,这与节点 A 的高度变化有关。图 2-14(a)中,随着节点 A 的高度从 0 增加至 180 mm,节点 A、B 间的互感系数 M 呈陡坡趋势下降,至高度 180～200 mm 才逐渐稳定。说明节点 A、B 间的互感变化对节点 B 的能量接收有影响。

由磁耦合谐振互感理论分析可知,两线圈重叠区域越大,互感越大,因而实验初始时,节点 A、B 接收线圈间的互感最大。图 2-14(a)中,节点 A 的高度为 0 时,线圈间的互感系数 M 最大,为 556 mH;伴随着节点 A 的高度增加,重叠面积逐渐减小,互感随之减小,节点 B 的接收效率和接收功率逐渐增大,说明节点 A、B 间的互感对节点 B 的能量接收有抑制作用。互感是相互的,类似地,节点 A 的能量接收情况也与节点 A、B 间互感的抑制作用有关。

节点接收线圈之间的互感抑制其能量接收性能。当两节点接收线圈同轴且平行放置,那么两个接收线圈相对距离越近,互感越大,对节点能量接收的抑制作用越强。同轴不平行放置的情况下,两接收线圈所在平面的夹角越小,互感越大,对节点能量接收的抑制作用越强。如果不同轴平行放置,那么两接收线圈的相对高度越小,互感越大,对节点能量接收的抑制作用越强。

第3章　基于磁耦合谐振的无线可充电传感器网络

磁耦合谐振方式可用来为传感器网络节点充电。基于磁耦合谐振构成的无线可充电传感器网络，简称 WRSN。网络组成、协议栈、拓扑结构、路由协议的特点，以及网络节点设计、节点间通信协议，关系到后续网络充电调度效率。

3.1　体系结构

1. 系统组成

WRSN 通常包括传感器节点、SenCar 节点（又称 MC 节点）和基站、卫星/Internet 以及用户（即监控者），如图 3-1 所示。网络中传感器节点通过无线通信方式，将自身采集数据转发给离 Sink 节点更近的邻节点，或者直接发送给 Sink 节点。基站通过卫星/Internet 发送给用户（即监控者），最终由监控者通过基站对 WRSN 中的传感器节点进行操作。当网络中传感器节点监测到自身能量低于一定阈值时，主动给 Sink 节点发送能量补充请求信息；Sink 节点对数据信息进行融合处理，并转发给 SenCar 节点；SenCar 节点用于接收信息进行处理并充电调度。

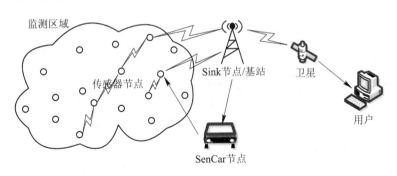

图 3-1　WRSN 网络系统

2. 协议栈

WRSN 协议栈由应用层、传输层、网络层、数据链路层和物理层五部分组成，体系结构如图 3-2 所示。

1）物理层

物理层，即数据信息以简单且健壮的二进制形式进行传输，通过消耗较少能量来获得较大的链路容量。

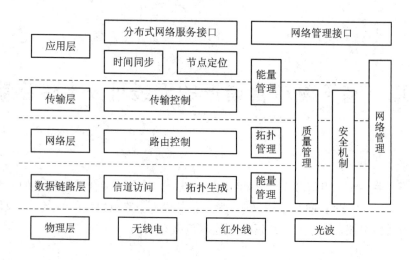

图 3-2　WRSN 的体系结构

2）数据链路层

数据链路层用来在单链路上进行数据传输，负责数据流的复用、数据帧的检测、媒介访问控制及差错控制，便于解决信道的多路传输问题，保证一对一或者一对多通信的可靠连接。

3）网络层

网络层用来对传输层提供的数据进行分组路由，即确定数据包发送给目的地的路径，将数据信息传送到网关节点。同时，为了提高数据通信的成功率，对信息进行融合处理。

4）传输层

传输层的典型协议是 TCP 和 UDP 协议，传感器网络通过这些协议连接到其他类型的网络上，确保高质量的通信服务[78]。

5）应用层

应用层用来定义传输器数据信息的显示格式，是协议栈中的最高层。针对无线网络开发，美国电气和电子工程师协会（Institute of Electrical and Electronics Engineers，IEEE）对五层协议是作了相应规定，其中，物理层和介质访问控制层符合 IEEE 802.15.4 规范，ZigBee 联盟设计网络层，用户可以根据需求功能对应用层进行开发设计，方便灵活，如图 3-3 所示。

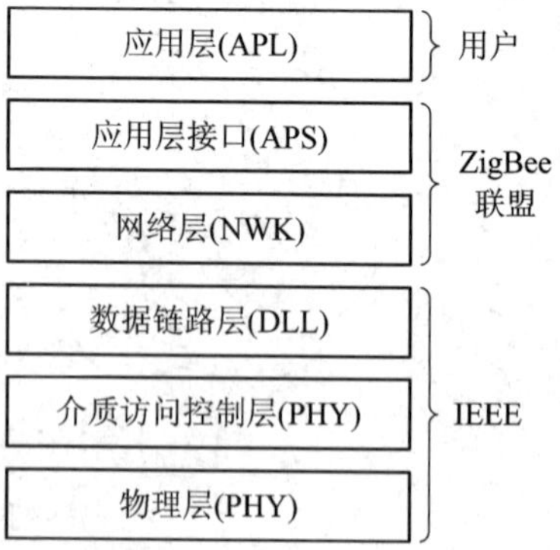

ZigBee 技术具有低功耗、低成本、近距离、短时延、高容量、高安全以及免执照频段等优点，被

图 3-3　IEEE 802.15.4 和 ZigBee 关系

广泛应用于无线传感器网络中，特别是 2.4 GHz 频带。ZigBee 协议[79]是一种符合 IEEE802.15.4 规范的低功耗、短距离无线通信协议，支持星形、树形和网状型网络拓扑结构，用户可以根据需要组建相应拓扑结构的网络，灵活方便。

3. 拓扑结构

网络拓扑结构是指网络中节点间的通信路径，通常有星形结构、网状结构和树形结构[80]3种类型。

星形结构是传统的拓扑结构之一，如图3-4(a)所示。星形结构中，网络中节点都采用单跳通信方式，即节点通过自身线路直接与Sink节点进行数据传输。若两个节点之间需要通信，则只有通过Sink节点进行中转才可以传输数据。尽管Sink节点能耗大，但是星形拓扑结构简单，易组网和管理。

网状结构又称作无规则结构，任意节点之间都可以进行链路连接，没有规律性，如图3-4(b)所示。网状拓扑结构具有系统可靠性高、容错能力强及易扩展特点，但结构复杂，必须采用路由算法和流量控制算法。

树形结构是一种分层结构，属于星形结构的一种扩展，如图3-4(c)所示。树形结构中，相邻节点或同层节点之间无法进行数据交换，上下层节点可以通信，具有连接简单、维护方便等特点；但树形结构的可靠性差，资源共享能力低，当某一层节点出现故障或生命周期结束时对网络正常运行将造成一定影响。

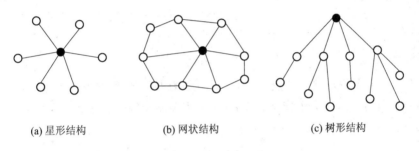

(a) 星形结构　　　　　(b) 网状结构　　　　　(c) 树形结构

图3-4　拓扑结构

实际网络节点部署过程中，可以根据网络规模、节点数量以及应用需求等，选择合适的网络拓扑结构。

3.2　路　由　协　议

3.2.1　Leach 路由协议

Leach路由协议是一种用于均衡网络能耗的分布式分簇路由算法[81]，采用"轮"循环方式，节点之间通过自主竞选产生簇头节点，使网络能耗均衡地分配到每个传感器节点上。Leach路由协议通过层次结构，减少了节点通信复杂性。通信过程中，Leach路由协议利用时分多址(TDMA)方式建立时隙表，一定程度上降低了簇内通信的阻塞率；但其存在选取簇头数限制、簇头节点分布不均匀、设定簇头选取阈值时未考虑传感器节点的剩余能量等缺陷。

Leach路由协议在选取簇头节点时没有将节点剩余能量以及到Sink节点(基站)的距离作为约束条件，本节提出了改进的Leach路由协议(LeachED)。LeachED执行过程中，将时间段分为若干"轮"，如图3-5所示。每"轮"都由初始化阶段(Set-up)和稳定数据传输阶段(Steady-state)两个阶段组成。初始化阶段负责网络分簇和簇调度，稳定阶段负责节点间的数据传输。

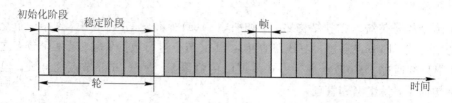

图 3-5 LeachED 的执行过程

1. 簇头节点选取的优化

簇头选取规则：每轮开始运行时，网络中节点产生一个介于 0 和 1 之间的随机数，与选取阈值 T_n 进行比较，若小于 T_n，则节点竞选为本轮簇头。定义阈值 T_n 时，将节点的剩余能量和节点到基站的距离作为约束条件，剩余能量多、距离基站近的节点当选为簇头的概率大。T_n 的计算公式如下：

$$T_n = \begin{cases} \dfrac{p}{1-p\left(r\bmod\dfrac{1}{p}\right)} \times W_b & n \in G \\ 0 & 其他 \end{cases} \tag{3-1}$$

式中，p 为簇头节点数与网络节点数的百分比；r 为当前循环的轮数；G 为 $1/p$ 轮中未当选为簇头节点的集合；mod 为求模运算符；W_b 为剩余能量因子和距离因子的关系式，具体计算公式如下：

$$W_b = A \times \frac{E_n(r)}{E_0} + (1-A) \times \frac{d_{\max} - d_n}{d_{\max} - d_{\min}} \tag{3-2}$$

式中，A 为控制因子；$E_n(r)$ 为 r 轮时节点 n 的剩余能量；E_0 为节点初始能量，即最人容纳能量；$d_{\max}$ 为网络中节点与 Sink 节点之间的最大距离；$d_{\min}$ 为网络中节点与 Sink 节点的最小距离；d_n 为节点 n 与 Sink 节点之间的距离。

W_b 与 d_n 成反比，与 $E_n(r)$ 成正比。当节点 n 的剩余能量越多，且离 Sink 节点越近时，当选为簇头的概率越大。

动态改变控制因子 A 选取方法（经验）：以 0.05 为步长，取值范围为 0.05～0.3，每 200 轮增加一个步长，则 1200 轮为 A 取值的一个轮转周期。当达到最大值 0.3 时，A 重新从 0.05 为起点计数增加。其中，A 值选取公式如下：

$$A = \begin{cases} \mathrm{fix}\left(\dfrac{\mathrm{rem}(r, 1200)}{200}\right) \times 0.05 & r \neq 1200n\,(n = 0, 1, 2, \cdots) \\ \mathrm{fix}\left(\dfrac{r}{200}\right) \times 0.05 & 其他 \end{cases} \tag{3-3}$$

式中，r 为当前循环的轮数，rem 为求余的运算符，fix 为取整的运算符。

2. 簇的建立

初始化过程中，当簇头节点通过发布公告消息（ADV）告知其他节点，自身已当选为簇头以及簇已建立的消息。网络中节点接收到此消息后，根据自身与簇头间的距离来决定所要加入的簇。同时，簇头利用 TDMA 方式建立时隙表，降低节点间数据传输的阻塞率。节点接收到 TDMA 调度策略后进入稳定数据传输阶段。簇建立的流程如图 3-6 所示。

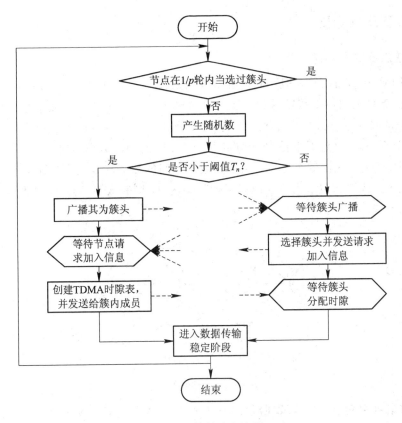

图 3-6 簇的建立流程

3. 数据传输过程

数据传输阶段，节点根据簇头发送的调度表，在分配时隙内，将采集数据发送给簇头。当簇头接收到簇内所有节点的数据后，进行融合处理，并转发给网络中的 Sink 节点。

TDMA 方式在簇内节点间与数据传输是没有冲突的，但在簇间通信时会造成一定干扰。为了尽可能地降低簇间通信干扰，网络中节点采用直接序列扩频（DSSS）技术，即网络中每个簇都有自己唯一的扩频序列。当簇头与 Sink 节点进行数据传输时，检测所在信道是否有相同的扩频码在通信。为了降低网络的控制开销，在一定程度上，每轮数据传输阶段的运行时间要比初始化节点的运行时间长。

4. 簇间通信

LeachED 采用簇内单跳、簇间多跳相结合的方式进行数据传输，如图 3-7 所示。簇内节点将采集数据和当前剩余能量数据发送给簇头；簇头接收数据并进行融合处理，转发离 Sink 节点最近的簇头或直接发送给 Sink 节点。

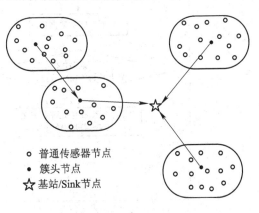

○ 普通传感器节点
● 簇头节点
☆ 基站/Sink节点

图 3-7 簇间通信方式

3.2.2　洪泛路由协议

1. 传统洪泛路由协议

洪泛(Flooding)路由算法是一种广播式路由协议[82-83]。如图3-8所示的拓扑图描述了节点A与节点D之间数据传输过程，节点间的连线表示两个节点在通信范围内可相互通信。节点A将数据包p_{data}发送给邻居节点B、E和G，它们继续转发数据包给各自的邻居节点(除去节点A)，节点F收到邻居节点B、E和G的相同数据包时，首次接收的数据包转发至其邻居节点，相同数据包则丢弃。其他节点间的数据转发过程类似，直至节点D接收到数据包p_{data}或数据包p_{data}的生命周期(TTL)为0，则完成与节点A的数据传输任务。

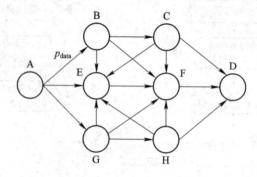

图3-8　网络拓扑结构

每个数据包都包含TTL(数据包存活时间)、DATA(节点采集数据)等内容。设置TTL可以限制数据包在网络中被转发的次数，避免被无限次转发。转发数据包时，当TTL-1=0或者接收节点就是数据汇聚节点时，停止转发，数据包将被丢弃。洪泛算法流程如图3-9所示。

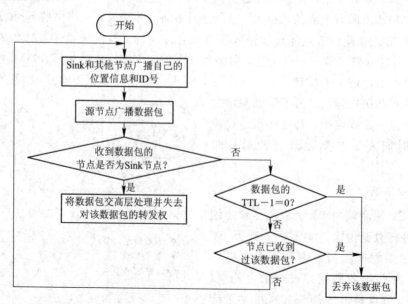

图3-9　洪泛算法流程

洪泛算法实现过程可分为以下几步:

第一步:数据汇聚节点(Sink)和其他节点广播自己的位置信息和 ID 号;

第二步:源节点广播数据包;

第三步:若收到数据包的节点为数据汇聚节点,则表示数据包转发至目的地,否则转第四步;

第四步:若数据包的 TTL-1=0 或节点已收到数据包,则转第五步,否则转第六步;

第五步:节点丢弃数据包;

第六步:节点接收数据包,转发给自身所有邻居节点。

2. 改进的洪泛路由协议

洪泛路由协议存在数据内爆(Implosion)问题[84],因为无论节点是否在最终的数据转发路径上,只要作为其他节点的邻居节点,都要接收和转发数据包,直到数据汇聚节点接收到此数据包。如果一个节点是多个节点的邻居节点,它可能收到来自多个节点的相同数据包,将会导致网络中充斥大量重复的数据包,浪费节点能量,影响网络的生存周期。

针对数据内爆问题,本节提出了一种改进的泛洪路由协议(HFImprove),其主要思想是节点选择性地转发数据包,即不是将数据包转发给所有的邻居节点,而是转发给指定路由区域内的节点,直至传输到基站完成数据传输。如图 3-10 所示,节点 A 是数据转发节点,R 表示节点 A 的邻居节点搜索半径,基站作为数据汇聚节点,节点 B、C、D、E、F、G 是 A 的邻居节点。假设节点 A 的坐标为 (x_A, y_A),则邻居节点的坐标 (x_i, y_i) 需满足以下关系:

$$(x_A - y_i)^2 + (y_A - y_i)^2 \leqslant R^2 \quad (i = B, C, D, E, F, G) \tag{3-4}$$

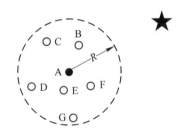

● 节点 ○ 邻居节点 ★ 基站(BS)

图 3-10 节点 A 的邻居节点

如图 3-11 所示,假设节点 A 要向基站传输数据,改进的泛洪路由协议建立过程如下:假设基站 BS 坐标为 (x_{BS}, y_{BS}),首先以节点 A 与 BS 间距离为直径,以 $O[(x_A + x_{BS})/2, (y_A + y_{BS})/2]$ 为圆心建立一个圆形区域,将这个圆形区域与节点 A 的邻居节点搜索范围交集作为新的路由区域,即图 3-11 中以节点 A 为圆心的圆和以 O 为圆心的圆之间的交集区域。当节点 A 转发数据包时,只有新的路由区域内的邻居节点才能接收节点 A 转发的数据,区域外的邻居节点无法接收数据,即节点 B 和 F 可以接收节点 A 转发的数据包,节点 C、D、E、G 被屏蔽。节点 B 和 F 数据转发时的路由建立过程类似上述过程,直到基站接收到数据或者节点能量低于阈值,这样数据传输被限制在通往基站的方向,避免了传统泛洪路由的无方向性和盲目性,减少了网络中的冗余数据包,降低了节点能耗[85-86]。改进的泛洪路由协议具体过程如表 3-1。

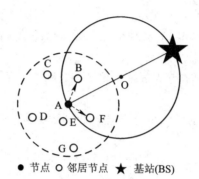

● 节点 ○ 邻居节点 ★ 基站(BS)

图 3-11 改进路由协议模型

表 3-1 改进的泛洪路由协议算法

算法 1 确定新的路由区域
输入：数据转发节点 A 坐标 (x_A, y_A)，任意节点坐标 (x_i, y_i)，邻居节点搜索半径 R，基站坐标 (x_{BS}, y_{BS})
输出：允许接收数据包的邻居节点

1)	for $i=1:n$ //查找数据转发节点的邻居节点
2)	if $(x_A-x_i)^2+(y_A-y_i)^2 \leqslant R^2$ //节点 N_i 是节点 A 的邻居节点
3)	//比较邻居节点 N_i 到基站的距离 $\text{dis}(N_i, \text{BS})$ 和节点 A 到基站的距离 $\text{dis}(A, \text{BS})$
4)	if $\text{dis}(N_i, \text{BS}) \leqslant \text{dis}(A, \text{BS})$
5)	//接收数据包
6)	else
7)	//屏蔽接收
8)	end
9)	else
10)	//节点 N_i 不是节点 A 的邻居节点
11)	end
12)	end

3.2.3 基于地理位置的路由协议

1. 平面路由协议

基于地理位置的平面路由协议(Greedy Perimeter Stateless Routing，GPSR)[87-88]是一种典型的、健壮的平面路由协议，通过周期性发送信标给邻居节点，告诉邻居节点自身位置信息，邻居节点将位置信息存入邻居节点信息表中，供转发数据时使用。信标以广播方式发送给邻居节点，信标内容包括节点的地理位置和 ID 号，节点都有唯一 ID 号，统一编址。GPSR 协议有贪婪模式和边界转发模式。当数据传输时，首先使用贪婪模式，将节点数据发送给距离目标节点最近的邻居节点，如果没有达到要求的节点，则转为边界转发模式。

贪婪转发模式如图 3-12 所示。当源节点 A 向目的节点 D 转发数据分组时,源节点 A 先在自己的路由表中找到距离目的节点 D 最近的邻居节点 B,将节点 B 作为数据分组的下一跳,数据分组转发给节点 B;继续采用贪婪模式,重复迭代,直至数据分组到达目的节点 D。

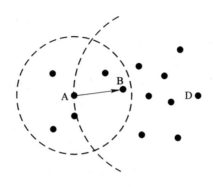

图 3-12　贪婪转发示意图

当某个节点进行数据分组传输时,在邻居节点中没有比自己离目标节点更近的节点,若继续使用贪婪模式,则数据传输不到目的节点,会出现数据传输漏洞,此时需要分组到边界转发模式。边界转发模式需要用到右手法则,如图 3-13 所示。假如节点 B 数据要分组转发,根据右手规则,按逆时针方向,先分组转发到节点 A,再根据右手规则转发到节点 C。图 3-14 是分组边界转发的一种情况,以节点 D 为圆心,节点 A 和 D 间的距离为半径画虚线圆;以节点 A 为圆心,以通信距离为半径画虚线圆。两个圆的交叉部分没有节点存在,即出现数据传输漏洞(如图 3-14 中空旷域所示)。节点 A 的邻居节点中没找到距离节点 D 更近的节点,此时处于边界转发模式,使用右手规则,按照路径 A→C→F→D 分组转发数据。

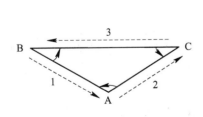

图 3-13　右手规则

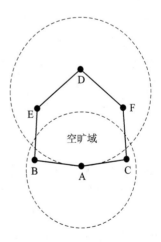

图 3-14　边界转发示意图

GPSR 路由协议具有很多优点,如贪婪模式可实现数据分组转发的高效性,而边界转发模式则具有分组数据转发的完备性,并且不需要大量路由信息来维护邻居信息和路由表信息。当节点移动、加入或者离开带来了网络拓扑结构变化时,只有节点的邻居表信息更新变化。GPSR 协议具有良好的灵活性和较强的可扩展性，只要网络节点在连通范围内，就能够找到数据可传输路径。

2. 分簇路由协议

基于地理位置的分簇路由协议（Geographical Static Cluster Hierarchy, GSCH）[89] 以基站为中心，建立极坐标，将网络区域划分成多个圆环，再按照角度将网络划分成多个扇区。网络区域被划分成了多个大小不一的区域，越靠近基站，区域越小，如图 3-15 所示。分区后，基站给每个区域分配一个 ID 号，并将区域信息广播给网络节点。节点通过与基站的距离和角度判别自己属于哪个分区，存储自己所在区域的 ID。属于同一分区的节点组成一个簇。最靠近基站的一层圆环为内区，其他层圆环属于外区。

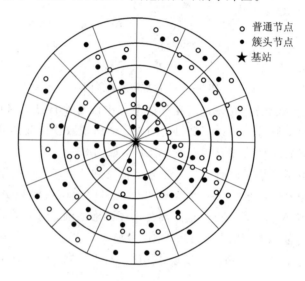

图 3-15　GSCH 路由分簇

节点都向簇内其他节点广播"hello"等信息，这个信息中包括簇 ID 号，以防其他簇内节点接收。广播完成后，可以测出节点到簇内其他节点的距离。

簇头竞选主要根据以下 3 个条件：① 节点的剩余能量；② 节点到簇内其他节点的距离；③ 节点到所属区域边界的距离，即节点到基站的距离减去该区域边界（离基站较近的一边）到基站的距离。簇头需满足以下公式：

$$P_i = \frac{E_i}{E_0} - w\left(\sum_{j=1}^{k} d_{ij}^2 + \frac{1}{m} d_{ib}^2\right) \tag{3-5}$$

式中，P_i 是节点 i 竞选为簇头的概率，E_i 是节点 i 剩余能量，E_0 是节点 i 初始能量，w 为权重因子，d_{ij} 是节点 i 到簇内节点 j 的距离，k 是节点 i 所属簇内节点数，m 为数据压缩比，d_{ib} 是节点 i 到所属区域边界距离。

第一轮竞选簇头时，簇内节点分别计算各自当选簇头的概率值 P_i，并在簇内广播各自的 P_i，相互比较，取 P_i 最大的节点作为簇头节点。每轮结束，簇内节点再次计算各自的 P_i，节点将自己上一轮产生的数据量和 P_i 值发送到簇头节点。簇头节点选择 P_i 值最大的节点作为下一轮簇头，将新簇头广播给簇内所有节点，节点将下一轮产生的数据和 P_i 值发给新簇头。以此类推，实现簇头的循环更替。

簇内节点与簇头通过单跳通信，节点将数据发送给簇头，簇头收集节点信息，以单跳方式发送给相近的簇头，直至将信息发送到基站，如图 3-16 所示。

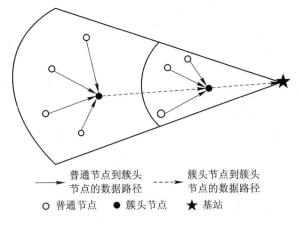

图 3-16　数据传输路径示意图

3.3　可充电传感器节点

基于磁耦合谐振的无线可充电传感器网络中，节点通常具有无线充电、信息采集、剩余电量监测、数据处理和传输等功能。受网络应用环境限制，节点通常携带可充电电池，通过无线传能实现节点能量稳定，促进网络能量平衡。因此，设计节点时，考虑其功能的同时也需要考虑节点能量补充等因素，具体要求如下。

自组网：节点首先需要具有自组网功能，然后根据需要自动加入网络或退出网络。

无线充电：通过磁耦合谐振无线传能技术，实现节点全天候无线充电功能，保证节点能量需求，达到网络能量稳定的要求。

网络协议：采用 IEEE 802.15.4 规范要求的网络通信协议，满足信息稳定、可靠和安全等传输要求。

模块化：按照不同功能设计独立模块，以方便模块调试和更新。

可扩展性：节点具备可扩展性，使 WRSN 网络能够应用于不同的工作环境。可扩展性体现在节点硬件和软件升级两方面。

1. 结构设计

考虑到可充电传感器节点的组装、维修以及升级等因素，基于模块化设计思想，采用三层结构设计方案，如图 3-17 所示。上层是无线通信模块，中层是 OLED 模块、处理器模块和传感器模块，下层是电源模块，各个模块通过排线连接。

2. 硬件设计

可充电传感器节点主要实现无线充电、传感信息采集、剩余电量监测、数据处理和数据传输等功能。按照系统功能，可充电传感器节点采用模块设计，包括电源模块、处理器模块、无线通信模块和传感器模块，如图 3-18 所示[90]。

电源模块通过谐振线圈接收电磁波能量，经过整流、滤波以及稳压，由充电管理单元

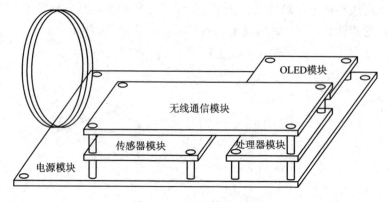

图 3-17 节点结构设计

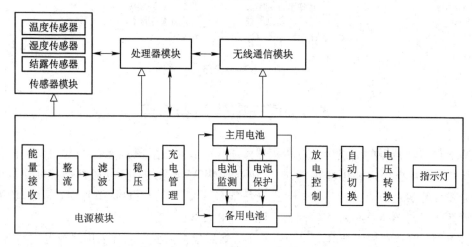

图 3-18 可充电传感器节点系统框架

管理,存储到能量存储单元;在放电控制单元控制下,经过电压转换单元,为其他模块供电。能量存储单元采用双电源设计,即主用电池和备用电池,防止单个电池在充电过程中出现供电不稳的情况,保证节点长期稳定工作。传感器模块用于感知周围环境的温度、湿度和结露等信息,并将感知信息提供给处理器模块。处理器模块负责电池剩余电量监控、传感数据采集、数据处理和数据传输等任务的处理和调度。无线通信模块负责将处理器模块处理后的数据(包括剩余电量信息、传感类型信息、传感数据和节点网络地址等),以无线方式发送出去,同时接收来自基站或其他节点的数据。

1) 处理器模块

处理器模块采用主频为 16 MHz 且内部集成丰富接口的 STM8S103F3P6 芯片[91],具体最小系统及其外围接口如图 3-19 所示。STM8S103F3P6 的 UART1 接口与无线通信模块的 CC2530 芯片的 UART1 接口连接,进行数据传输。其中,20 引脚与温湿度传感器数据引脚相接进行数据传输,19 引脚与结露传感器 1 脚相接进行数据传输,13、15 引脚分别与电源模块的 DS2438 芯片 U7、U12 的 8 引脚相接进行数据传输。1、10 引脚分别与电源模块 V1、V2 的 R14、R27 相连接,对 TP4056 芯片 U6、U11 进行控制,16、17 引脚分别与电源模块 AO4407 芯片 U10、U15 的 4 引脚相接进行控制。18 引脚为 SWIM 接口。

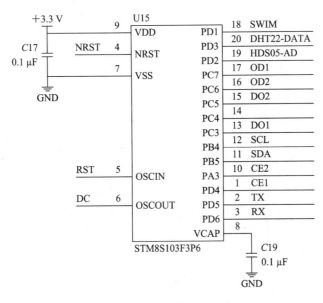

图 3 - 19 处理器模块原理图

2）传感器模块

传感器模块由温湿度传感器、结露传感器以及运算放大器构成，如图 3 - 20 所示。温湿度传感器采用 1-Wire 总线接口的 DHT22[92] 数字温湿度模块，如图 3 - 20(a)所示。结露传感器采用对高湿度敏感的正特性开关型 HDS05 结露传感器，如图 3 - 20(b)所示。HDS05 输出的是模拟电压信号，后端设计电压放大器电路实现 AD 阻抗匹配，提高采样精度，如图 3 - 20(c)所示。

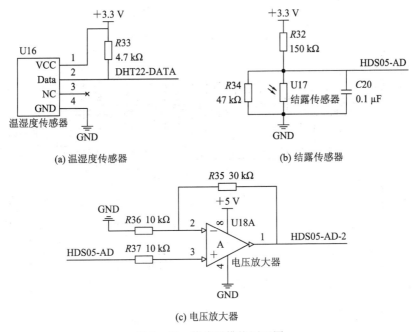

(a) 温湿度传感器　　　　　　　　　(b) 结露传感器

(c) 电压放大器

图 3 - 20 传感器模块原理图

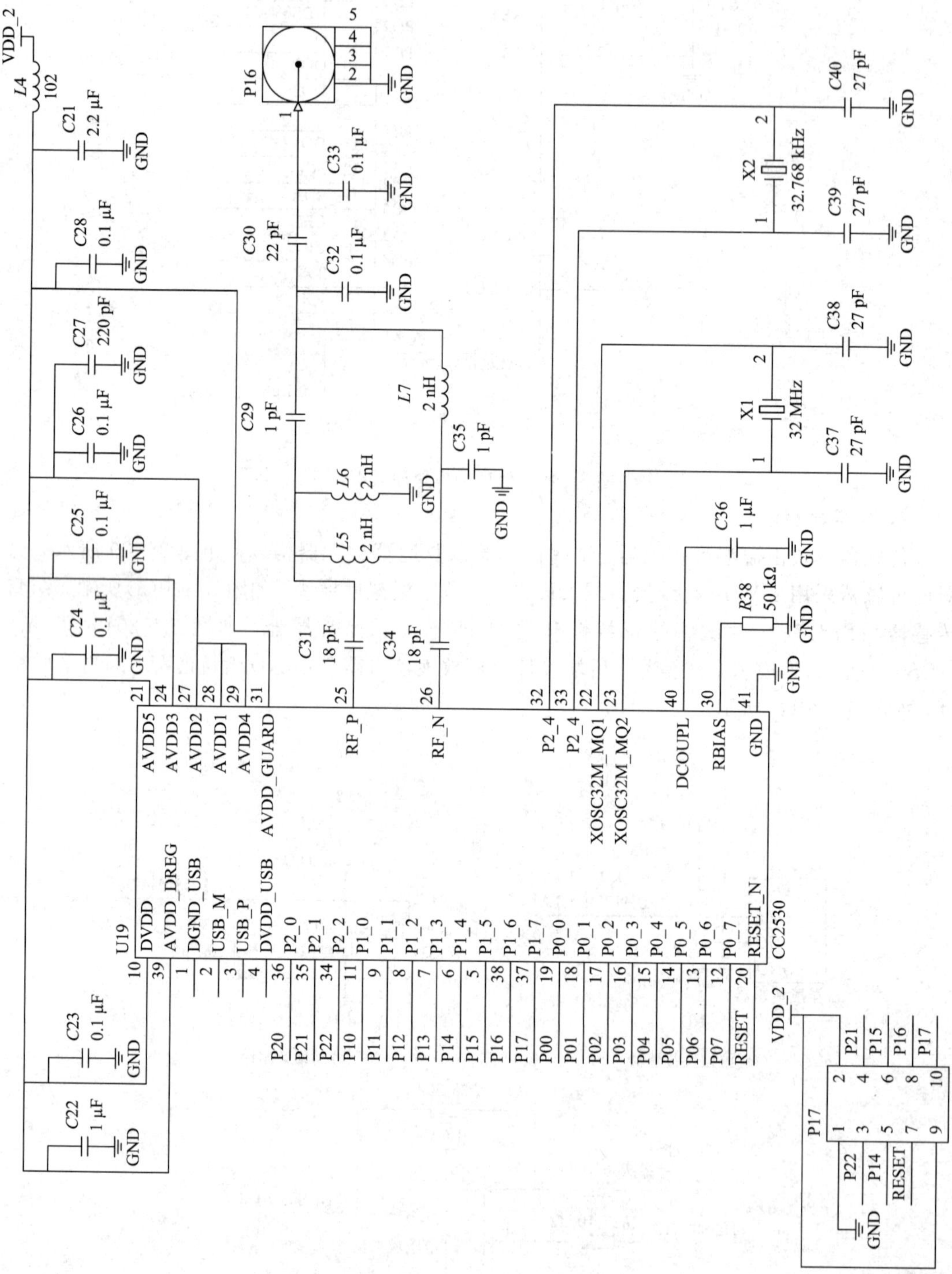

图3-21 无线通信模块原理图

3）无线通信模块

无线通信模块能够自组网，通过无线方式与基站和其他节点进行数据传输。无线通信模块采用工作频段为 2.4 GHz、符合 IEEE 802.15.4 规范的 CC2530 芯片[93]，相应的外围接口电路如图 3-21 所示。CC2530 天线引脚 25、26 与天线相接实现数据无线收发，通过 UART1 接口与处理器 STM8S103F3P6 相接进行内部数据传输。

4）OLED 模块

OLED 模块采用 128×64 分辨率，用来显示电池电量、温度、湿度以及结露等信息。

5）电源模块

电源模块由能量接收单元、整流单元、滤波单元、稳压单元、充电管理单元、电池保护单元、能量存储单元、电池监测单元、放电控制单元、电源自动切换单元和电压转换单元组成，为传感器模块、处理器模块和无线通信模块提供＋3.3 V 电源，为传感器模块提供＋5 V 电源。

能量接收、整流、滤波和稳压单元原理图如图 3-22 所示。整流单元是由肖特基二极管 VD2、VD3、VD4 和 VD5 构成的桥式整流器。稳压单元采用输出＋5 V 的三端稳压芯片 LM7805[94]。能量接收单元负责接收由 SenCar 节点发送特定频率的电磁波能量，将电磁波能量转换成交流电信号，经过整流，输出稳定的直流信号。直流信号在稳压芯片 LM7805 和滤波电容 C7、C8 的作用下稳压输出＋5 V 电压。

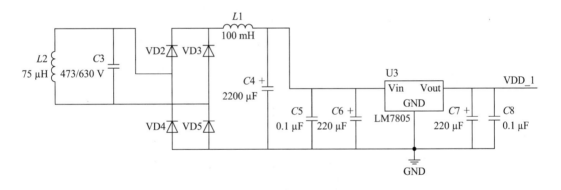

图 3-22　能量接收、整流、滤波和稳压单元原理图

充电管理单元、保护单元及放电控制单元原理图如图 3-23 所示。LM7805 输出端作为 TP4056[95] 的输入电源，TP4056 可以给能量存储单元电池充电。电池保护单元由 DW01[96] 和 8205A 组成，实现对电池过充、过放及过流的保护。放电控制单元在 STM8S103F3P6 处理器控制下通过 P 沟道 MOSFET AO4407 驱动电路，控制电池是否给节点供电。

电池监测单元实时监测电池的电量、电压及电流等信息。由 1-Wire 总线接口 DS2438[97] 芯片组成的电池监测电路如图 3-24(a) 所示。电源自动切换电路自动地进行供电电源切换，由 P 沟道 MOSFET AO4407[98] 组成，如图 3-24(b) 所示。

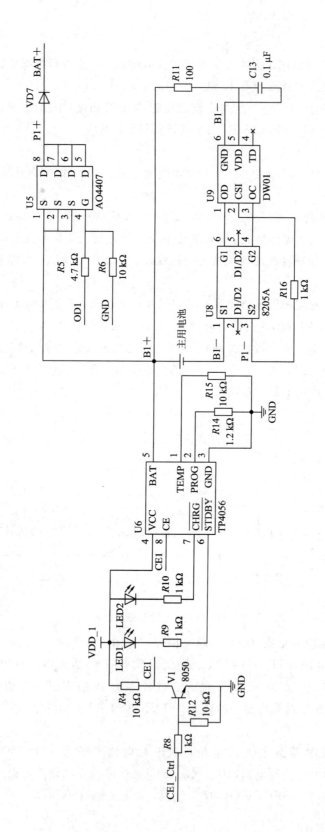

图3-23 充电管理、保护和放电控制单元原理图

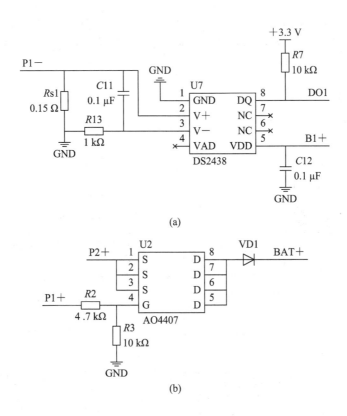

(a)

(b)

图 3-24 电池监测单元及自动切换电路原理图

3. 软件设计

可充电传感器节点的软件包括数据处理、数据监控、配置和能量管理等功能，如图 3-25 所示。数据处理模块分为能量信息处理、监控信息处理及数据通信，数据监控模块分为温度信息、湿度信息和结露信息，配置模块分为休眠状态和工作状态，能量管理模块分为电池电量监测、供电电源选择和充电管理。

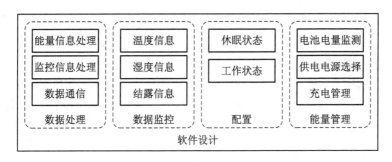

图 3-25 软件设计结构

1）节点工作总流程

节点在 STM8S103F3P6（MCU1）控制下进行任务调度和任务处理，节点组网和无线数据传输是在 CC2530（MCU2）控制下进行的，流程如图 3-26 所示。

节点上电后，MCU1 初始化相关模块（时钟、指示灯、串口、定时器以及其他 IO 端口）；读取存储区中电量、温度阈值、湿度阈值和结露阈值等数据，设置休眠时间，进入低功耗休眠模式，直至被唤醒。当发生任务事件时，MCU1 被唤醒，执行相应处理程序，通过串口事件发送给 MCU2 数据包；更新存储的电量、传感阈值数据，设置休眠时间，进入低功耗休眠模式。

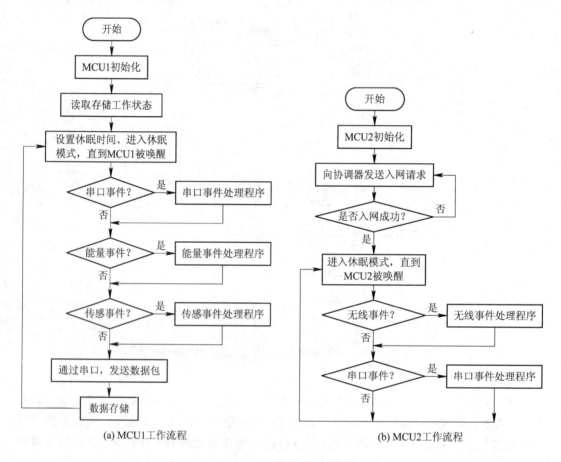

(a) MCU1工作流程   (b) MCU2工作流程

图 3-26　节点工作总流程

与此同时，MCU2 初始化 I/O 接口，向网络协调器发送入网请求，入网成功后，进入低功耗休眠模式。当 MCU1 通过串口给无线通信模块传输数据时，产生串口中断，唤醒 MCU2，设置串口事件标志，接收串口数据。当节点接收到基站或者其他节点发送的数据时，产生无线接收中断，唤醒 MCU2，设置无线事件标志，接收无线数据，通过串口将数据转发给 MCU1。MCU2 被唤醒后，根据任务事件顺序进行判断，符合事件条件的进行处理。当处理完全部任务事件后，MCU2 进入低功耗休眠模式。

2）能量管理模块工作流程

能量管理模块具有电池电量监测功能，在处理器模块控制下完成对电池的充电管理及放电控制，工作流程如图 3-27 所示。如果主用和备用电池电量均充足，则主用电池放电开关端开启，主用电池为节点供电，备用电池放电开关端处于断开状态。如果主用电池电量充足，备用电池的电量小于设定阈值，则打开主用电池放电端开关，对节点供电；打开备用电池充电控制端开关，对备用电池无线充电。如果备用电池电量充足，主用电池电量小于设定阈值，则备用电池放电端开关打开，对节点供电；主用电池充电控制端开关打开，对主用电池无线充电。当主用电池和备用电池电量均低于设定阈值时，主、备电池充电控制端和放电控制端开关都打开，对主、备电池充电。充电过程中，实时监测并处理，直至充电完成。

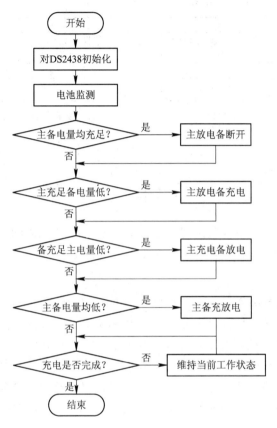

图 3-27 能量管理模块工作流程

3）传感器模块工作流程

传感器模块负责监测环境中的温度、湿度和结露信息，采集周期到达时，传感器采集传感信息，处理器定期读取这些传感信息，工作流程如图 3-28 所示。

4）无线通信模块工作流程

无线通信模块能够实现节点自组网和无线数据传输。串口事件处理流程和无线事件通信处理流程如图 3-29 所示。无线通信模块上电后，初始化 I/O 接口，发出入网请求，入网成功后进入低功耗休眠模式。当处理器通过串口给无线通信模块发送数据时，产生串口中断，唤醒无线通信控制器 CC2530，设置串口事件标志，接收串口数据。当节点接收到基站或其他节点发送的数据时，产生无线接收中断，唤醒 CC2530，设置无线事件标志，接收无线数据。CC2530 被唤醒后，根据任务事件顺序判断是否符合事件条件，并进行处理；当处理完全部任务事件，CC2530 进入低功耗休眠模式。

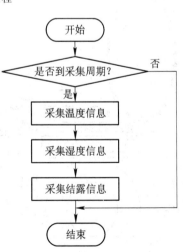

图 3-28 传感器模块工作流程

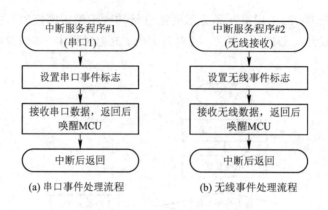

(a) 串口事件处理流程   (b) 无线事件处理流程

图 3 - 29   无线通信模块工作流程

3.4   可充电 SenCar 节点

SenCar 节点是一个携带能量的可充电移动节点，它在 WRSN 中移动，通过磁耦合谐振无线传能方式为传感器节点补充能量。

1. 结构设计

SenCar 节点采用模块化层次结构方案，如图 3 - 30 所示。SenCar 节点前置部分分为 2层：上层为无线通信传输模块，下层为舵机；中间部分分为 4 层：控制模块和信息显示模块置于第一层（便于查看控制模块工作是否正常、MCU 是否过热等），电压转换模块在第二层，电池保护板位于第三层（为了匹配高能电池接口的高度），充电模块位于最底层。后置部分分为 3 层：电机驱动模块置于第一层，无线能量传输模块在第二层，最底层为电机（因无线能量传输模块携带线圈质量较重，为了降低重心，使 SenCar 节点移动平稳）。

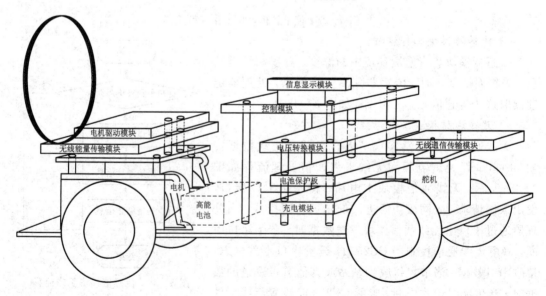

图 3 - 30   SenCar 节点结构设计

2. 硬件设计

SenCar 节点硬件由控制模块、无线通信模块、无线能量传输模块、电机驱动模块、信息显示模块、电压转换模块、电源模块和充电模块组成，如图 3-31 所示[99]。

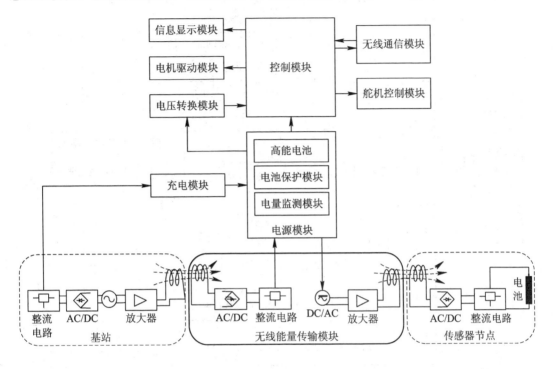

图 3-31　SenCar 节点模块组成示意图

控制模块主要负责对无线通信模块传输的信息进行解析，控制电机正反转，调节电机转动速率、舵机的左右转向，控制开启无线能量传输模块。电机驱动模块根据控制要求驱动电机。舵机控制模块控制 SenCar 节点向左、向右、直线行驶。无线通信模块负责接收网络节点发来的监测信息和能量信息。信息显示模块主要将节点的能量信息、网络节点信息显示在 OLED 液晶屏幕上。当 SenCar 节点离开基站后，电量监测模块实时监测并获取高能电池的当前电压值、放电电流值、剩余电量值等信息；当 SenCar 节点返回基站补充能量时，电量监测模块监测自身当前电压值、充电电流、电池容量等信息。电压转换模块将 SenCar 节点的高能电池电压转换为控制模块、电机驱动模块、无线通信模块、舵机控制模块、信息显示模块、电量监测模块需要的电压，保证各个模块正常工作。电源模块包括为 SenCar 节点正常工作提供能源的高能电池、防止高能电池过充过放的电池保护模块以及监测电池当前状况的电量监测模块。充电模块主要负责当 SenCar 节点返回基站时补充能量(有线方式)，SenCar 节点可通过有线或无线方式从基站获取能量。

SenCar 节点电源与接口结构图如图 3-32 所示，电压转换模块由将高能电池电压转为 +7.5 V、将 +7.5 V 降压至 +5 V、将 +5 V 降压至 +3.3 V、将高能电池电压转为 +12.6 V 四部分组成。+5 V 为节点无线通信部分、能量监测模块、舵机驱动模块工作电压，+3.3 V 为信息显示模块、遥控模块无线通信部分工作电压，+7.5 V 为电机驱动模块、控制模块工作电压，+12.6 V 为无线能量传输模块工作电压。

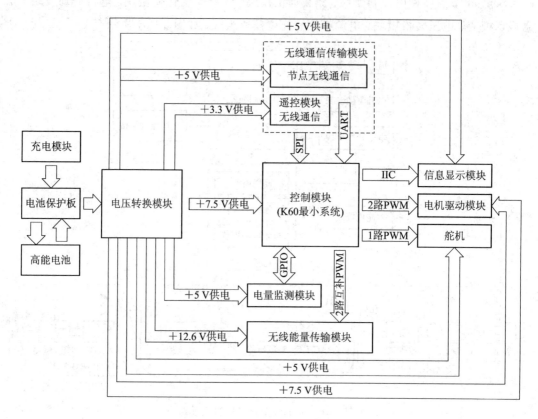

图 3 - 32　SenCar 节点电源与接口结构图

1）无线能量转换模块

无线能量传输分为无线能量发射端和接收端。无线能量发射端的能量转换模块系统由 2 路+12.6 V 电源、增强驱动信号负载能力电路、H 桥控制电路、LC 串联振荡电路以及 2 路互补带死区时间的 PWM 信号构成，如图 3 - 33 所示。+12.6V_1 电源用于提升 PWM 负载能力，另一路+12.6V_2 作为 H 桥控制电路电源。能量转换模块控制输出一定频率、带死区时间的互补 PWM 至增强驱动信号负载能力的电路中，PWM 负载能力增强后，控制 H 桥的上下半桥开关断开，将直流信号转变为交流信号，引起 LC 振荡，实现无线能量传输。基于 IR2110 芯片[100]的能量转换模块的原理图如图 3 - 34 所示。关于无线能量接收端的能量转换模块与传感器节点的能量转换模块的介绍见 3.3.2 节。

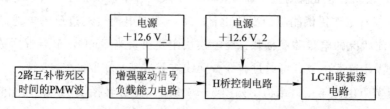

图 3 - 33　能量转换模块的系统框图

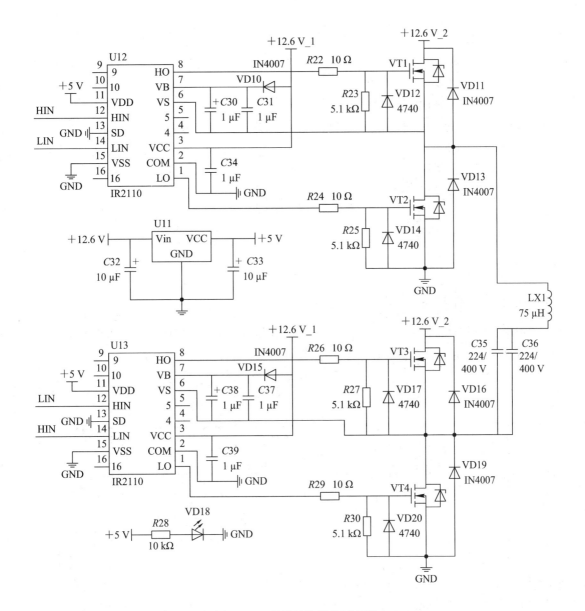

图 3-34　能量转换模块原理图

2）控制模块

控制模块主要由 MCU 最小系统和稳压电路组成。MCU 最小系统采用基于 ARM Cortex-M4 的 MK60N512 芯片[101]，其原理图如图 3-35 所示。稳压电路采用低压差输出、高输出电压精度、高电源抑制比的 TLV70225 芯片[102]，将＋5 V 电压降压至＋3.3 V 稳定输出，为 MCU 工作提供电源，其原理图如图 3-36 所示。

3）电量监测模块

电量监测模块采用单总线通信 DS2438 芯片[103]，监测电池的当前电量、最大容量及充放电电流大小等，具体的原理图如图 3-37 所示。

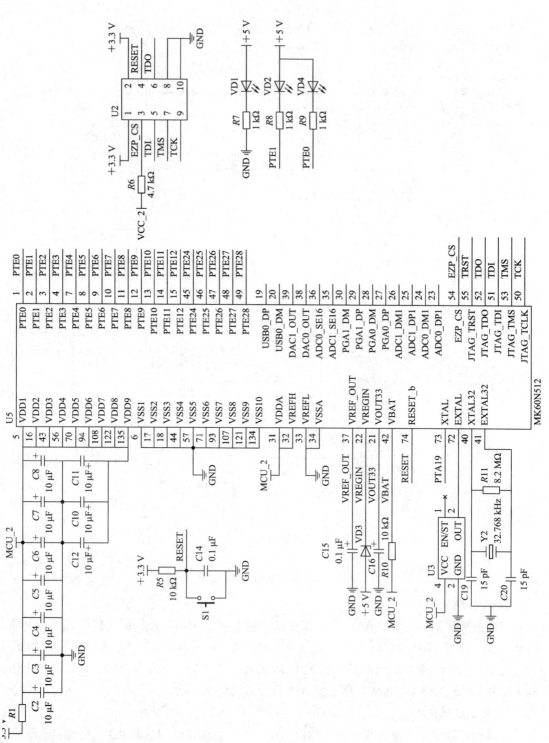

图2-25 MCU最小系统原理图

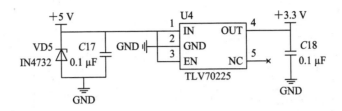

图 3-36 控制模块的稳压电路原理图

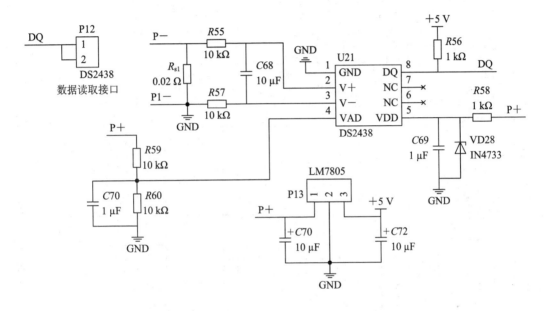

图 3-37 电量监测模块原理图

4）充电模块

充电模块分为充电电路部分和电源部分，其原理图如图 3-38 所示。电源部分采用 ZMR500 芯片[104]，将外部电源降压至 +5 V，为充电电路部分提供工作电压。充电电路部分采用 BQ2954 充电管理芯片[105]，通过内部集成脉冲宽度调制解调器来控制充电期间的电压和电流。

当高能电池处于恒流充电时，BQ2954 的 BTST 引脚为低电平，V22 关断导致 V18 关断，此时 MOD 引脚为高电平，V19 打开，V16 基极为低电平并打开，电流源源不断地流入高能电池。一段时间后，当高能电池处于恒压充电状态时，BTST 引脚变为高电平，V22 打开，V18 基极变为低电平，发射极与基极电压大于 +0.4 V，V18 打开，同时 MOD 引脚变为低电平，V19 关闭，导致 V16 关闭，电流无法流入电池，只能通过 V18、R96 支路对高能电池进行恒压充电。

5）电池保护模块

电池保护模块采用内置高精度电压检测电路和延迟电路、用于保护锂离子/锂聚合物可充电电池的 S8209A 芯片[106]，其原理图如图 3-39 所示。当第三节电池出现过放情况时，即 B3＋与 B4＋间电压值低于 S8209A 过放检测电压值，U24 的 DO 变为高阻态，U24 的 CTLD 引脚源极电流被 B2＋上拉，该引脚变为 U24 的 VDD 引脚电位。当 U24 的

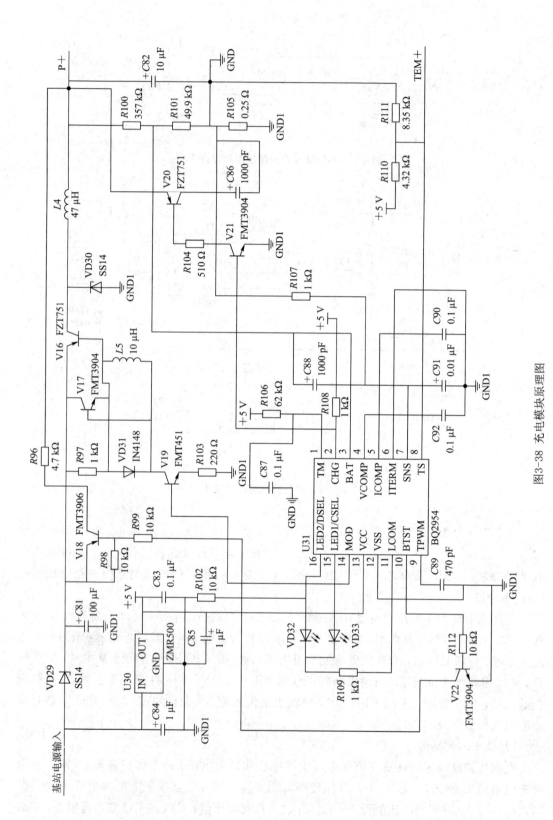

图3-38 充电模块原理图

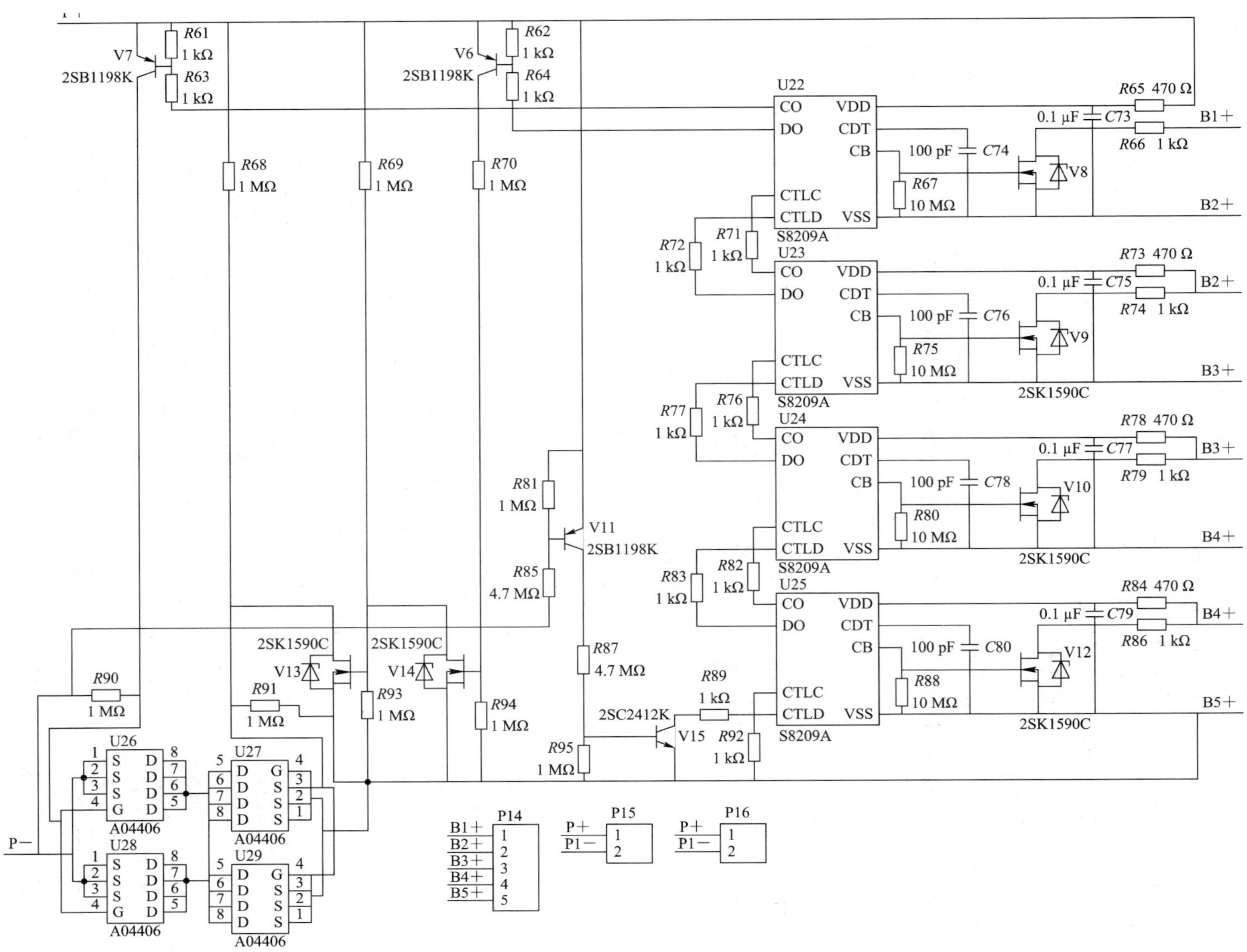

图3-26 电池保护板原理图

CTLD 引脚电位不小于该引脚高电平的参考电压值时，U24 的 DO 随之变为高阻态。同理 U22 的 DO 也变为高阻态，V6 基极电压变大，导致 V6 关断，没有电流流过 $R70$、$R94$ 构成的支路，V14 栅极与源极压差不大于 0，V14 无法开启；当 V13 栅极与源极压差大于 0 时，V13 正常开启，U27 栅极与地导通，U27、U29 关闭，锂电池无法继续放电。

同理，当第三节电池出现过充情况时，U24 的 CO 变为高阻态，U22 也随之变为高阻态，V7 基极电位变大，V7 无法打开，导致 U27、U28 的栅极电位悬空，U27、U28 无法开启，锂电池无法继续充电。同时 U24 的 CB 引脚变为 VDD 引脚电位，V10 打开，$R79$ 对电池放电，起到充电电量均衡作用。

3. 软件设计

SenCar 节点软件部分主要由电量监测程序、信息显示程序、无线数据通信程序、SenCar 节点移动控制程序、无线能量传输控制程序五部分组成，如图 3 - 40 所示。

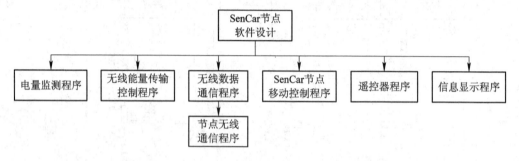

图 3 - 40　SenCar 节点软件设计程序模块组成

1）电量监测程序设计

电量监测程序监测 SenCar 节点自身电池状况，如电池电压值、高能电池充放电电流值、电池温度等信息。首先，控制模块初始化定时器，开启定时器，发送电池电压和电池温度指令；电量监测模块采集高能电池电压、温度信息，将其转化为数字量并保存。每隔一定周期，电量监测模块采集并保存一次感知电阻两端电压，用于监测当前电流大小，判别当前电池的充放电状态。随后，电量监测模块根据控制器模块指令读取信息，其程序流程如图 3 - 41 所示。

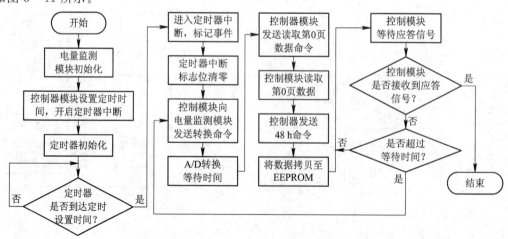

图 3 - 41　电量监测程序流程

2）无线能量传输控制程序设计

无线能量传输控制程序主要为无线能量传输提供一定频率的 PWM 驱动信号，同时控制无线传能模块电源的开启与关闭。首先控制模块初始化定时器，当节点到达指定位置后，发送传能指令，无线能量传输控制引脚输出低电平，电压转换模块为无线能量传输模块提供电源，同时定时器输出互补的两路 PWM。当节点充电完成后，SenCar 节点自动将无线能量传输控制引脚拉高，电压转换模块不再为无线能量传输模块提供电源，小车停止能量传输，关闭定时器输出。无线能量传输控制程序流程如图 3-42 所示。

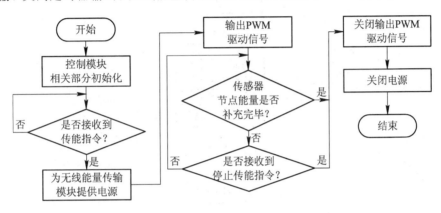

图 3-42　无线能量传输控制程序流程

3）无线数据通信程序设计

无线数据通信程序是在基于 IEEE 802.15.4 协议和 Zigbee 协议基础上的 Z-stack 协议栈进行开发的[107]，主要用于获取节点信息，流程如图 3-43 所示。首先，初始化自身硬件配置和 Z-stack 协议栈，启动 Zigbee 网络，等待节点加入网络；当节点成功加入网络，为节点分配地址。其次，节点发送自身感知信息至 SenCar 节点，SenCar 节点的通信部分将接收信息，通过自身串口发送至控制模块。

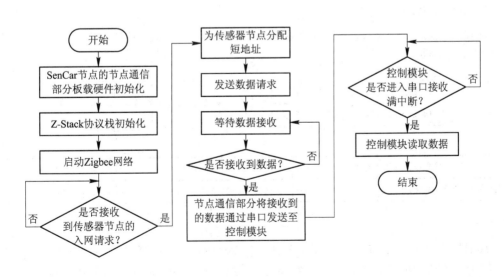

图 3-43　无线数据通信程序流程

4）SenCar 节点移动控制程序

移动控制程序使 SenCar 节点的舵机和电机按照控制信息要求工作。控制模块初始化定时器 0 和定时器 2，根据控制参数启动定时器，通过两个定时器时序控制舵机转动。另外，通过控制指令控制 PWM 波形，从而决定电机正反转。SenCar 节点移动控制程序流程如图 3 - 44 所示。

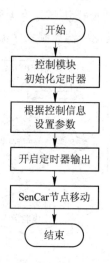

图 3 - 44　SenCar 节点移动控制程序流程

3.5　通信协议设计

无线可充电传感器网络（WRSN）中节点的处理器模块和无线通信模块是通过串口进行数据传输的。SenCar 节点与电量监测模块采用 1 - Wire 单总线通信协议进行通信，节点间通过无线通信方式进行数据传输。

1. 串口通信协议

串口通信协议数据帧包括数据帧头、功能区域、数据区域、校验位和数据帧尾，其通信格式如图 3 - 45 所示。

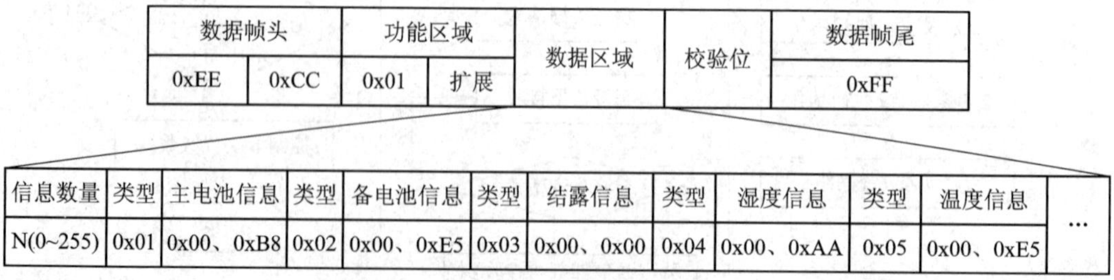

数据帧头		功能区域		数据区域	校验位	数据帧尾
0xEE	0xCC	0x01	扩展			0xFF

信息数量	类型	主电池信息	类型	备电池信息	类型	结露信息	类型	湿度信息	类型	温度信息	...
N(0~255)	0x01	0x00、0xB8	0x02	0x00、0xE5	0x03	0x00、0x00	0x04	0x00、0xAA	0x05	0x00、0xE5	...

图 3 - 45　串口通信数据帧

数据帧头由 2 个字节数据组成，分别是 0xEE 和 0xCC。功能区域由 2 个字节数据组成，第 1 个字节数据是功能命令，0x01 表示周期任务，0x02 表示查询任务，0x03～0xFF 用于扩展，第 2 个字节数据用于扩展功能。数据区域由信息组数量和组信息组成，信息组数量由1个字节数据构成，表示数据区域包括多少组信息，范围为0～255。一组信息由信息类型和信息数据组成，信息类型是1个字节数据，0x01～0x05表示不同类型信息，0x06～0xFF用于扩展；信息数据包括高字节、低字节2个字节数据。校验位是1个字节数据，是对功能区域数据和数据区域数据的校验数据。数据帧尾由1个字节数据构成，用0xFF表示。

串口通信报文信息的定义如表3-2所示。

表3-2　串口通信报文信息的定义

类型	字节	数据	说　　明
帧头	2	0xEE、0xCC	数据帧头
功能区域	1	0x00～0xFF	0x00表示默认值；0x01表示周期任务；0x02表示查询任务；0x03～0xFF表示扩展
	1	xx	用于扩展
数据区域	1	N	信息组数量N(0～255)：0x00表示默认值；0x01表示1组信息；0x02表示2组信息……
	1	0x01	信息组类型：0x00表示默认值；0x01表示主电池信息；0x02表示备用电池信息；0x03表示结露信息；0x04表示湿度信息；0x05表示温度信息；0x06～0xFF表示扩展
	2	0x00、0xB8	信息组高低字节数据
校验位	1	0x00	校验位 = 功能信息 + 数据信息
帧尾	1	0xFF	数据帧尾

2. 单总线数据传输协议

SenCar节点与电量监测模块采用1-Wire(单总线)数据传输协议，每次只传输一个字节数据或命令中的一位数据，优先传输高位数据。例如，需要传输数据0x02，转化为二进制数0x00000010，一共有8位，每次只传输其中一位数据。某数据位为0，发送低电平，反之则发送高电平，优先发送二进制数最左端高位数据0。单总线数据传输协议的相关命令见表3-3。

表3-3　1-Wire数据传输协议命令

字节			命令实现功能描述
1	2	3～9	
BEh	xxh		读取该页中的数据
4Eh	xxh	Data	将数据写入该页中
48h	xxh		将该页中全部寄存器的值拷贝至对应的EEPROM中
B8h	xxh		将对应该页EEPROM中的全部数据拷贝至该页寄存器中
44h			DS2438芯片进行温度转换
B4h			DS2438芯片进行电压转换

当电量监测模块接收到命令后，做相应处理。如果接收到写数据命令(4Eh)、将数据

拷贝至 EEPROM 的命令(48h)、将数据从 EEPROM 拷贝至寄存器的命令(B8h)、温度转换命令(44h)以及电压转换命令(B4h)会返回应答信号，将总线电平拉低；如果接收到读取命令(BEh)，模块会返回数据帧格式，如图 3-46 所示，其定义见表 3-4 所示，电量监测模块会向控制模块返回 9 字节数据。当读取 00h 数据时，获取电压、温度、电流寄存器中的值；当读取 01h 数据时，获取电池剩余容量 ICA 信息[108]。

1	2	3	4	5	6	7	8	9
00h/01h中8 B数据								CRC

图 3-46　返回数据帧格式

表 3-4　返回数据帧定义

字　节	数　据　说　明
1	00h：状态寄存器的值；01h：时间记录寄存器 ETM1
2	00h：温度监测低 8 位的值 T_L；01h：时间记录寄存器 ETM2
3	00h：温度检测高 6 位的值 T_H；01h：时间记录寄存器 ETM3
4	00h：电压检测低 8 位的值 V_L；01h：时间记录寄存器 ETM4
5	00h：电压检测高 2 位的值 V_H；01h：剩余容量 ICA
6	00h：电流检测低 8 位的值 C_L；01h：电流检测偏移量高 8 位
7	00h：电流检测高 2 位的值 C_H；01h：电流检测偏移量高 8 位
8	00h：电流检测精度值；01h：保留（默认 0x00）
9	CRC 数据校验的值

3. 无线通信协议

　　无线通信协议数据帧包括数据帧头、数据区域、校验位和数据帧尾。数据帧格式如图 3-47 所示。数据帧头由 2 个字节数据组成，分别是 0xEE 和 0xCC。数据区域由网络标识、节点地址、根节点地址、节点状态、物理信息、通信端口、串口功能区域和串口数据区域组成。网络标识是 1 个字节数据，0x00 表示网络是 ZigBee 网络。节点地址是 4 个字节数据，表示节点的网络地址。根节点地址是 4 个字节数据，表示节点的根节点网络地址。节点状态是 1 个字节数据，0x01 表示节点加入网络。物理信道是 1 个字节数据，0x0B 表示中心频率为 2.401 GHz 的信道。通信端口是 1 个字节数据，0x0A 表示 Z-Stack 协议栈已定义的一

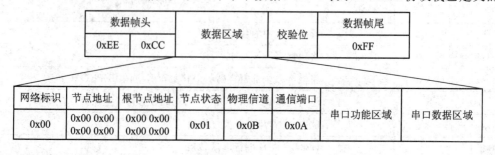

图 3-47　无线通信数据帧

个通信端口。串口功能区域表示串口通信协议中的功能区域数据。串口数据区域表示串口通信协议中的数据区域数据。校验位是 1 个字节数据，是对数据区域各个数据之和进行校验的数据。数据帧尾由 1 个字节数据构成，用 0xFF 表示。

无线通信数据帧的定义如表 3-5 所示。

表 3-5 无线通信协议数据帧的定义

类型	字节	说　明
帧头	2	数据帧头固定为 0xEE 0xCC
网络标识	1	网络类型，ZigBee 网络定义为 0x01
节点地址	4	发送数据的源地址
根节点地址	4	发送数据的目的地址
节点状态	1	该节点是否加入网络，0x01 表示加入成功，0x00 表示加入失败
通信信道	1	无线通信的信道编号
通信端口	1	进行通信的端口
功能区域	1	0x00 表示默认值；0x01 表示周期任务；0x02 表示查询任务；0x03～0xFF 表示扩展
	1	用于扩展
数据区域 1	1	信息组数量 N(0～255)：0x00 表示默认值；0x01 表示 1 组信息；0x02 表示 2 组信息……
	3N	N 组数据的传感器编号，传感器信息的高 8 位和低 8 位，该数据定义如表 3-6 所示
校验位	1	校验位 = 任务编号＋数据区域 1 的数据
帧尾	1	数据帧尾固定为 0xFF

表 3-6 传感器数据格式定义

类型	字节数	说　明
传感器编号	1	信息组类型：0x00 表示默认值；0x01 表示主电池信息；0x02 表示备用电池信息；0x03 表示结露信息；0x04 表示湿度信息；0x05 表示温度信息；0x06～0xFF 表示扩展
DH	1	该传感器信息高 8 位数据
DL	1	该传感器信息低 8 位数据

第4章 传感器节点充放电方式

无线可充电传感器网络（WRSN）中，传感器节点受自身能量及电池充电次数限制，合理选择节点充放电方式将直接关系到节点生存周期及服务质量，进而影响网络生命周期。

基于磁耦合谐振的无线可充电传感器网络中，磁耦合谐振传能效率高、功率大，节点通常采用充电电池进行储能。在自身能量及电池充电次数限制的条件下，需要合理设计充放电方式，保证节点能量稳定。

本章依托第3章设计的节点，搭建节点充放电测试平台，如图4-1所示。基于磁耦合谐振无线传能技术，节点采用可充电双锂电池，能够进行及时、高效的充放电。根据电池充放电状态，将节点充放电过程分为电池无充放电、电池充电不放电、电池放电不充电以及电池充放电同时进行4种情况[90]。通过充放电实验和结果分析，寻找充电距离、充电电压、充电电流、充电效率与节点工作功耗之间的关系，探寻节点最佳充放电方式。

图4-1 节点充放电测试平台

4.1 电池无充放电

当网络节点没有携带锂电池时，通过磁耦合谐振无线传能直接为节点提供电源，即电池无充放电。接收能量直接给节点供电，测试距离变化时的节点传能效率功率和变化规律，记录传能距离、发送电压、发送电流、接收电压及接收电流等参数，计算发送功率、接收功率及传能效率。电池无充放电情况的数据如表4-1所示。

表 4 - 1　电池无充放电情况的数据

传能距离 /mm	发送电压 /V	发送电流 /A	发送功率 /W	接收电压 /V	接收电流 /A	接收功率 /W	传能效率 /%
20	12.6	0.2	2.52	41.5	0.032	1.328	52.7
40	12.6	0.8	10.08	47.8	0.036	1.7208	17.07
60	9.5	1	9.5	47.1	0.036	1.6956	17.85
80	6.28	1	6.28	47.4	0.036	1.7064	27.17
100	4	1	4	41.9	0.036	1.5084	37.71
120	3.1	1	3.1	41.2	0.036	1.4832	47.85
140	3.7	1	3.7	40.1	0.036	1.4436	39.02
160	4.6	1	4.6	40.6	0.036	1.4616	31.77
180	6.6	1	6.6	41.4	0.035	1.449	21.95
200	7.7	1	7.7	40.9	0.035	1.4315	18.59
220	8.79	1	8.79	39.6	0.035	1.386	15.77
240	10.9	1	10.9	33.6	0.036	1.2096	11.10
260	12.1	1	12.1	25.4	0.035	0.889	7.35
280	12.6	0.986	12.4236	17.8	0.035	0.623	5.01
300	12.6	0.944	11.8944	12.8	0.035	0.448	3.77
320	12.6	0.935	11.781	9.6	0.035	0.336	2.85
340	12.6	0.926	11.6676	6.1	0.031	0.1891	1.62
360	12.6	0.912	11.4912	4.1	0.026	0.1066	0.93

依据表 4 - 1 中的数据,以传能距离为横坐标,接收电压、接收电流、接收功率和传能效率为纵坐标,得到传能距离与接收电压、接收电流、接收功率以及传能效率的关系,如图 4 - 2 所示。

在传能距离为 0~360 mm 范围内,接收电压为 +4.1~+47.8 V,随着传能距离的增大,先变大后逐渐减小;接收电流为 0.026~0.036 A,距离增大时,接收电压的变化较小,直至距离超过 300 mm 后开始逐渐减小。

发送功率的变化范围为 2.52~12.424 W,随着距离的增大,先变大再减小然后又变大;接收功率的变化范围为 0.17~1.7208 W,随着距离的增大,先变大再减小;传能效率的变化范围为 0.93%~52.7%,随着距离的增大,先减小再变大然后又减小。

测试过程中,当发送端与接收端间的距离为 340 mm 时,虽然效率很低,但节点可以正常工作;当距离超过 340 mm 时,节点不能正常工作。

总之,在电池无充放电的情况下,当传能距离很近时,传能效率有 2 个波峰(极大值点),接收电压、接收电流、传能效率和传能功率均对传能距离较敏感。

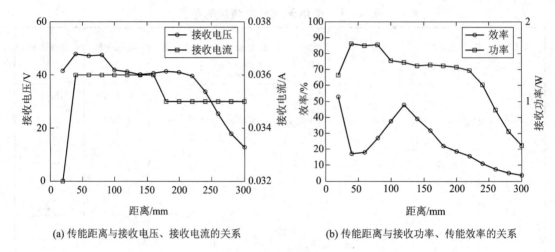

(a) 传能距离与接收电压、接收电流的关系　　　(b) 传能距离与接收功率、传能效率的关系

图 4 - 2　电池无充放电情况

4.2　电池充电不放电

当对网络节点进行无线充电时，节点主用电池充电不放电，备用电池不充电但给节点供电，即电池充电不放电，接收能量只用来给节点主用电池充电。这种情况主要测试充电时的接收能量能否保证电池正常充电，以及随着传能距离的变化，获得传能效率和传能功率的变化规律。通过记录传能距离、发送电压、发送电流、接收电压及接收电流等参数，计算得到发送功率、接收功率以及传能效率，数据如表 4 - 2 所示。

表 4 - 2　电池充电不放电情况数据

传能距离 /mm	发送电压 /V	发送电流 /A	发送功率 /W	接收电压 /V	接收电流 /A	接收功率 /W	效率/ %
20	12.6	0.811	10.2186	29.2	0.292	8.5264	83.44
40	9.54	1	9.54	25.8	0.285	7.353	77.08
60	8.31	1	8.31	19.92	0.282	5.61744	67.60
80	8.9	1	8.9	15.16	0.292	4.42672	49.74
100	10.7	1	10.7	14.5	0.308	4.466	41.74
120	10.16	1	10.16	11.6	0.244	2.8304	27.86
140	10.5	1	10.5	7.1	0.193	1.3703	13.05
160	10.9	1	10.9	5.3	0.165	0.8745	8.02
180	11.1	1	11.1	5.2	0.139	0.7228	6.51
200	11.4	1	11.4	5.2	0.118	0.6136	5.38
220	11.2	1	11.2	5.1	0.097	0.4947	4.42
240	11.5	1	11.5	5.1	0.08	0.408	3.55
260	12.6	0.916	11.5416	5.1	0.066	0.3366	2.92
280	12.6	0.9	11.34	5.1	0.056	0.2856	2.52
300	12.6	0.885	11.151	5	0.044	0.22	1.97

以传能距离为横坐标，接收电压、电流、功率和传能效率为纵坐标，根据表 4 - 2 数据，

得到传能距离与接收电压、电流、功率以及传能效率的关系规律，如图 4-3 所示。

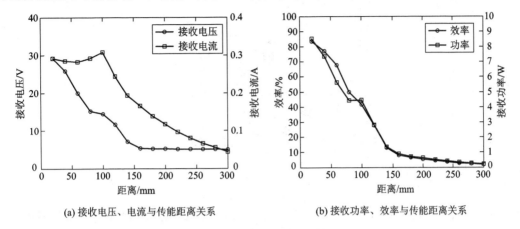

(a) 接收电压、电流与传能距离关系　　(b) 接收功率、效率与传能距离关系

图 4-3　电池充电不放电情况

在传能距离 0～300 mm 范围内，接收电流的范围为 0.044～0.308 A，随着传能距离的增大，先是小幅度变大，然后逐渐变小；接收电压的范围为 +5～+29.2 V，随着传能距离的增大而逐渐变小。

发送功率的范围为 8.3～11.54 W，随着距离的增大，先是缓慢变小，然后变大并趋于平缓；接收功率的范围为 0.22～8.53 W，随着传能距离的增大而逐渐减小；传能效率的范围为 1.97%～83.44%，随着传能距离的增大而逐渐减小。

因此，电池充电不放电情形下，在一定距离范围内，接收功率能够满足电池充电要求。

4.3　电池放电不充电

当网络节点不进行无线充电时，充电电池给节点供电，即电池放电不充电。这种情况下测试充电电池供电时的节点各个模块的参数以及整体功耗。在节点周期(1 s)内获取周围环境温度、湿度和结露信息，实时监测电池信息。数据进行处理后，通过无线通信模块进行传输。数据如表 4-3 所示。为了直观清晰地显示节点功耗情况，将表 4-3 整理成图形，如图 4-4 所示。

表 4-3　电池放电不充电情况数据

序号	项目	电压/V	电流/mA	功率/mW	实现功能
1	传感器模块	3.3	1～2	3.3～6.6	(1) 采集温湿度和结露信息；
		5	2	10	(2) 电压放大
2	OLED 模块	3.3	3	9.9	显示节点信息
3	ZigBee 模块	3.3	33～35	108～115.5	(1) 搜寻网络，加入网络；
		3.3	17～19	56.1～62.7	(2) 发送数据；
		3.3	30～32	99～105.6	(3) 接收数据
4	处理器模块	3.3	4.9～5.4	16～17.8	选择工作模式
5	整体	3.7	31～49	114.7～181.3	采集温湿度、OLED 显示、ZigBee 发送接收数据

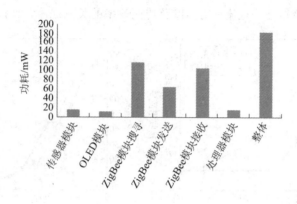

图 4-4 节点功耗情况

节点全部功耗的变化范围为 114.7～181.3 mW，其中 ZigBee 模块搜寻网络时的功耗为 108～115.5 mW，ZigBee 模块发送数据时的功耗为 56.1～62.7 mW，ZigBee 模块接收数据时的功耗为 99～105.6 mW，传感器模块的功耗为 13.3～16.6 mW，OLED 模块的功耗为 9.9 mW，处理器模块的功耗为 16～17.8 mW。比较可知，通信功耗占比最大。

4.4 电池同时充放电

当为网络节点电池充电，同时电池也为节点供电（电池放电）时，即电池边充电边放电。通过记录传能距离、发送电压、发送电流、接收电压及接收电流等参数，计算得到发送功率、接收功率以及传能效率，数据如表 4-4 所示。

表 4-4 电池边充边放电数据

传能距离 /mm	发送电压 /V	发送电流 /A	发送功率 /W	接收电压 /V	接收电流 /A	接收功率 /W	效率 /%
20	12.6	0.811	10.2186	5.7	0.524	2.9868	29.23
40	12.6	1	12.6	5.7	0.53	3.021	23.98
60	12.6	1	12.6	5.6	0.498	2.7888	22.13
80	12.6	1	12.6	5.5	0.424	2.332	18.51
100	11.1	1	11.1	5.4	0.331	1.7874	16.10
120	11.5	1	11.5	5.3	0.255	1.3515	11.75
140	12.6	1	12.6	5.3	0.222	1.1766	9.34
160	12.5	0.98	12.25	5.2	0.174	1.1544	9.42
180	12.6	0.92	11.592	5.2	0.128	0.9048	7.81
200	12.6	0.91	11.466	5.1	0.114	0.6528	5.69
220	12.6	0.9	11.34	5.1	0.094	0.5814	5.13
240	12.6	0.89	11.214	5.1	0.079	0.4794	4.28
260	12.6	0.89	11.214	5.1	0.067	0.4029	3.59
280	12.6	0.88	11.088	5	0.054	0.335	3.02
300	12.6	0.88	11.088	5	0.046	0.23	2.07

以传能距离为横坐标，接收电压、电流、功率和传能效率为纵坐标，依据表 4-4 中的数据，得到传能距离与接收电压、电流、功率及传能效率的关系图，如图 4-5 所示。

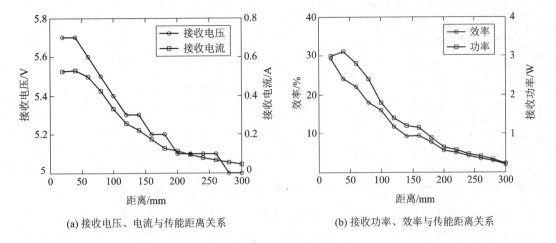

(a) 接收电压、电流与传能距离关系　　　　(b) 接收功率、效率与传能距离关系

图 4-5　电池边充电边放电情况

在传能距离为 0~300 mm 范围内，接收电压为 +5~+5.7 V，随距离增大而逐渐减小；接收电流为 0.045~0.53 A，随距离增大而逐渐减小。

发送功率为 10.2~12.6 W，波动比较小；接收功率为 0.2~3.021 W，随距离增大，先变大再逐渐变小；传能效率为 2.07%~29.23%，随距离增大而逐渐减小。

总之，电池同时充放电与电池充电不放电的变化规律相似，但接收功率和传能效率存在一定差异。

4.5　充放电策略比较分析

节点在充放电过程中，对于电池无充放电、电池充电不放电以及电池边充电边放电 3 种情况，通过数据(如表 4-5 所示)分析发送功率、接收功率以及传能效率随距离变化的规律以及异同点。

表 4-5　距离与功率、效率关系数据

传能距离 /mm	无充放电		充电不放电		充放电	
	接收功率/W	效率/%	接收功率/W	效率/%	接收功率/W	效率/%
20	1.328	52.7	8.5264	83.44	2.9868	29.23
40	1.7208	17.07	7.353	77.08	3.021	23.98
60	1.6956	17.85	5.61744	67.6	2.7888	22.13
80	1.7064	27.17	4.42672	49.74	2.332	18.51
100	1.5084	37.71	4.466	41.74	1.7874	16.1
120	1.4832	47.85	2.8304	27.86	1.3515	11.75
140	1.4436	39.02	1.3703	13.05	1.1766	9.34
160	1.4616	31.77	0.8745	8.02	1.1544	9.42

传能距离 /mm	无充放电		充电不放电		充放电	
	接收功率/W	效率/%	接收功率/W	效率/%	接收功率/W	效率/%
180	1.449	21.95	0.7228	6.51	0.9048	7.81
200	1.4315	18.59	0.6136	5.38	0.6528	5.69
220	1.386	15.77	0.4947	4.42	0.5814	5.13
240	1.2096	11.1	0.408	3.55	0.4794	4.28
260	0.889	7.35	0.3366	2.92	0.4029	3.59
280	0.623	5.01	0.2856	2.52	0.335	3.02
300	0.448	3.77	0.22	1.97	0.23	2.07

为了直观清晰地显示这些参数间的变化规律，以传能距离为横坐标，传能功率和传能效率为纵坐标，根据表4-5，获得传能距离与接收功率、传能效率的关系图，如图4-6所示。

图4-6中，在传能距离为0~130 mm范围内，当主用电池充电不放电、备用电池不充电给节点供电时，即电池充电不放电情况，其接收功率和传能效率明显优于其他两种情况。在距离为130~300 mm范围内，节点没有携带锂电池时，即充电电池无充放电情况，其接收功率和传能效率略优于其他两种情况，但接收功率较小、传能效率较低。

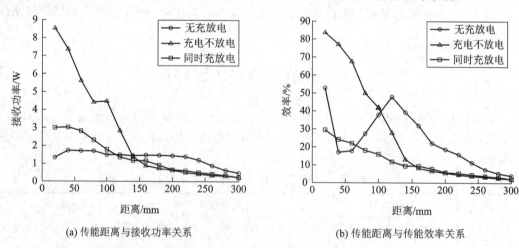

(a) 传能距离与接收功率关系　　(b) 传能距离与传能效率关系

图4-6　3种场景接收功率、效率与传能距离关系

因此，对于电源采用主用和备用双电池设计的节点，当主用电池电量低时，备用电池给节点供电，主用电池进行无线充电；当给备用电池无线充电时，主用电池给节点供电，即采用充电不放电策略，节点充电效率最高，节点能量最稳定。

第 5 章　充电簇模型的构建

　　无线可充电传感器网络（WRSN）中，携带能量的可移动节点（MC）通过磁耦合谐振为节点充电。当网络有成千上万个节点时，1 个或有限个 MC 如何对其进行充电，涉及充电调度问题。随着网络规模增加，节点数也在增加，这个问题更加突出。以节点为单位来规划有效充电路径变得越来越困难；MC 携带能量有限，网络规模的增大将使 MC 移动路径增长，相应地 MC 移动能耗增加。在 MC 携带能量一定的情况下，MC 移动能耗增加意味着节点补充能量减少，进一步增加充电调度的复杂性。

　　将近邻（由路由协议决定）且磁耦合谐振充电范围内的节点组成一个充电单元，形成充电簇，通过充电簇实现 MC 能量调度，可将充电调度问题转化为充电簇调度问题。先确定充电簇的充电次序，再确定簇内节点的充电次序，且减少 MC 移动距离，降低 MC 移动能耗，这些涉及充电簇的结构及覆盖问题。充电簇构建是否合理直接影响 MC 充电效率。因此，本章根据磁耦合谐振充电特点以及 MC 充电距离等因素，构建充电簇，并分析其可行性。

5.1　系　统　模　型

　　WRSN 系统模型由网络模型和充电模型组成，如图 5-1 所示。假设 n 个节点分布在边长为 L 的正方形区域内，唯一基站位于区域中心。网络模型为 (V, D, E, R, L)，其中：$V = \{v_1, v_2, \cdots, v_n\}$ 是网络中节点集合，v_i 为第 i 个节点；$D = \{d_{ij} = (v_i, v_j) \mid v_i, v_j \in V\}$ 是节点间距离集合，d_{ij} 表示节点 v_i 到 v_j 的欧几里得距离；E 为节点能量容量；$R = \{r_1, r_2, \cdots, r_n\}$ 为节点能量消耗率集合。

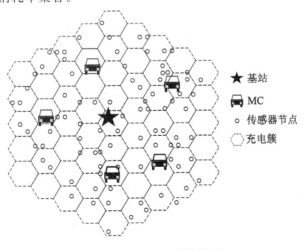

★ 基站
🚐 MC
○ 传感器节点
⬡ 充电簇

图 5-1　WRSN 系统模型

充电模型表示为(m, P, q, v, η, r, t)，网络中 MC 数为 m，MC 电池容量为 P，移动速度为 v，移动单位距离能耗为 q，节点充电效率为 η，充电簇边长为 r，MC 给节点充电时间为 t。

在网络运行过程中，需要补充能量的节点数不断增多，这就涉及如何给节点充电问题。为了便于对网络进行充电调度，通常将网络节点划分到充电簇或充电组中，因此本章分析 WRSN 中的充电簇和充电组结构、特点以及可行性。为便于后续研究与分析，做如下假设。

假设 5 - 1 网络中节点同构，且初始能量、通信半径相同。

假设 5 - 2 基站（又称为服务站点）位于网络区域中心，节点一旦部署不随着时间推移而变动。

假设 5 - 3 每一个节点都能与邻居节点通信。

假设 5 - 4 WRSN 中，节点间数据传输不存在数据包丢失情况，且网络路由初始化后，网络数据通信路由架构不再发生改变。

假设 5 - 5 网络中节点 ID 号均是唯一且不重复的。

假设 5 - 6 节点采集数据能耗相比于无线通信能耗忽略不计。

假设 5 - 7 充电簇中节点能量接收线圈间的电磁干扰忽略不计，且忽略传能线圈间漏磁现象。

假设 5 - 8 MC 在充电过程中，忽略其通信能量消耗。

5.2 充电簇模型

5.2.1 充电簇

1. 簇结构

文献[109]证明了正六边形结构能够全覆盖网络区域，因此充电簇采用正六边形结构，如图 5 - 2 所示。正六边形边长为 r_c，其值由 MC 充电能力决定。正六边形充电簇内的节点，MC 都能为其充电。

充电距离r_c

O 充电位置

图 5 - 2 充电簇结构模型

2. 充电簇半径

对文献[110]中一对一充电效率和一对二充电效率的理论及实验结果分别进行曲线拟

合，得到式(5-1)和式(5-2)。

$$\eta_1(d_i) = -0.0958d_i^2 - 0.0377d_i + 1 \tag{5-1}$$

$$\eta_2(d_c) = -0.0211d_c^3 - 0.0137d_c^2 - 0.0633d_c + 1 \tag{5-2}$$

式(5-1)中，d_i 表示 MC 与节点 i 间距离，$\eta_1(d_i)$ 表示 MC 为距离 d_i 的节点 i 一对一充电效率。式(5-2)中，d_c 表示覆盖两个节点最小圆的半径，$\eta_2(d_c)$ 表示 MC 为距离 d_c 的两个节点一对二充电效率。充电效率与距离的关系如图 5-3 所示。随着 MC 与节点间距离的增加，充电效率单调递减，当 $d_c > 3$ m 时，充电效率接近于 0，因此，MC 与节点无线充电距离不应超过 3 m。

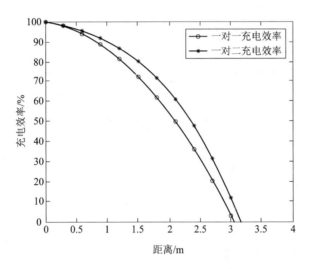

图 5-3　充电效率与距离的关系

5.2.2　节点所属充电簇

节点随机分布在 WRSN 网络中时，正六边形充电簇覆盖全网络，如图 5-4 所示。图中，"点"代表普通节点，"五角星"代表基站，"正六边形"代表充电簇。

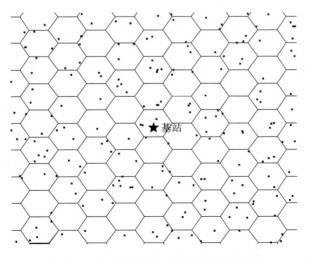

图 5-4　节点与充电簇在网络中的分布

设由 4 个正六边形充电簇中心点连接形成长 $2w$、宽 $2h$ 的长方形，长方形左下角为原点 O，如图 5-5 所示。若充电簇 i 中心点坐标 (x_i, y_i)，故定义充电簇 i 的网格号为 $G(g_1(i), g_2(i)) = \{(g_1(i), g_2(i)) | g_1 = x_i/w, g_2 = y_i/h\}$。如节点 A$(x_a, y_a)$，通过 $g_1 = x_a/w$，$g_2 = y_a/h$ 取整，得 $g_1 = 0$，$g_2 = 0$，又由 $a^2 + b^2 > (w-a)^2 + (h-b)^2$，其中 a 为节点到 y 轴距离倍数的余值，b 为节点到 x 轴距离倍数的余值，又由 $a^2 + (h-b)^2 > (w-a)^2 + b^2$，判定节点 B 属于充电簇为 $G(2, 0)$。类似地，可以确定节点 C 和 D[111]。图 5-5 中，节点 A、B、C、D 代表 4 种典型节点所属充电簇的确定方法，具体算法见表 5-1。

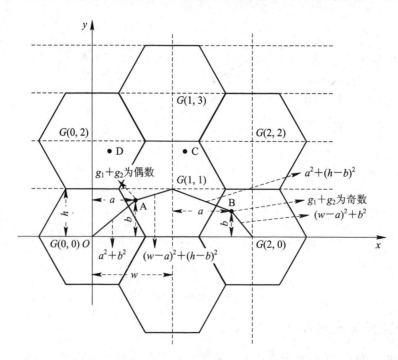

图 5-5　节点所属充电簇

表 5-1　确定节点所属充电簇算法

功能：确定节点所属充电簇
输入：充电簇的中心坐标 (x_i, y_i)，随机部署的节点坐标 (x_j, y_j)，充电距离 r_c
输出：各个充电簇的节点个数

1)　　　　　　　　　　$w = 1.5 \times r_c$, $h = \dfrac{\sqrt{3}}{2} \times r_c$

2)　　　　$G(g_1, g_2) = \left\{(g_1, g_2) \left| g_1 = \dfrac{x_i}{w}, g_2 = \dfrac{y_i}{h}\right.\right\}$　　//确定充电簇网格号

3)　　　　　　　　$g_1 = \left\lfloor \dfrac{x_j}{w} \right\rfloor$, $g_2 = \left\lfloor \dfrac{y_j}{h} \right\rfloor$　　//对节点坐标取整

4)　　　　　　　　$a = x_j - g_1 \times w$, $b = y_j - g_2 \times h$

5)　　　　if　$\mathrm{mod}(g_1 + g_2, 2) = 0$　// $g_1 + g_2$ 是偶数

6)	if $a^2+b^2 \leqslant (w-a)^2+(h-b)^2$
7)	节点(x_j, y_j)属于$G(g_1, g_2)$
8)	else
9)	节点(x_j, y_j)属于$G(g_1+1, g_2+1)$
10)	end
11)	else // g_1+g_2是奇数
12)	if $a^2+(h-b)^2 \leqslant (w-a)^2+b^2$
13)	节点(x_j, y_j)属于$G(g_1, g_2+1)$
14)	else
15)	节点(x_j, y_j)属于$G(g_1+1, g_2)$
16)	end
17)	end

5.2.3 充电簇覆盖模型

1. 全覆盖模型

选择正六边形充电簇，实现无缝全覆盖无线可充电传感器网络，一方面达到网络覆盖重复率最低目标，另外一方面符合网络无缝覆盖要求。对于 60 m×60 m 区域的 WRSN，用规则正六边形充电簇进行无缝覆盖，可实现网络节点充电簇全覆盖，如图 5-6 所示。

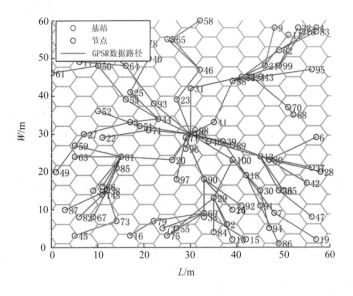

图 5-6 充电簇全覆盖模型

2. 最优全覆盖模型

采用正六边形充电簇全覆盖网络区域，其形式有很多种，选择哪一种覆盖形式，直接影响后续的充电调度。因此，通过水平和垂直平移方式，寻找节点到各自充电簇中心距离方差之和的平均值最小者为目标的充电簇覆盖为最优充电簇全覆盖。

在 $L(\mathrm{m}) \times W(\mathrm{m})$ 的网络区域中，以正六边形充电簇结构随机生成一个全覆盖，如图 5-7(a)所示。在此基础上，分别沿横向和纵向平移，横向移动最大距离为 $\max\{\Delta x\} = 2 \times d$，其中 d 表示正六边充电簇边长；纵向移动最大距离 $\max\{\Delta y\} = \sqrt{3} \times d$，如图 5-7(a)～(d)所示。计算每种覆盖中节点到各自充电簇中心距离方差之和的平均值，取平均值最小的覆盖即为最优全覆盖模型。

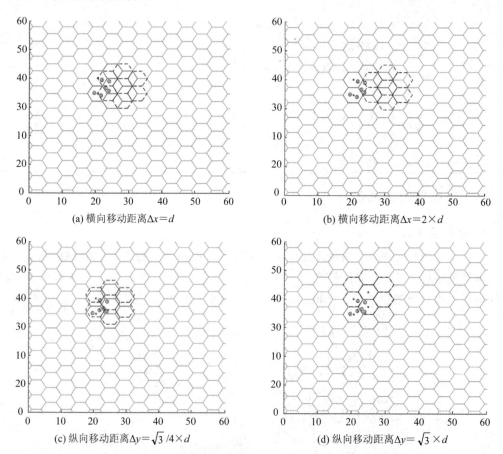

(a) 横向移动距离 $\Delta x = d$ (b) 横向移动距离 $\Delta x = 2 \times d$

(c) 纵向移动距离 $\Delta y = \sqrt{3}/4 \times d$ (d) 纵向移动距离 $\Delta y = \sqrt{3} \times d$

图 5-7　最优充电簇全覆盖方法示意图

假设网络区域由 m 个正六边形充电簇全覆盖，第 i 个正六边形充电簇中有 $C_i (i = 1, 2, 3, \cdots, m)$ 个传感器节点，簇内节点到各自充电簇中心距离为 $d_k (k = 1, 2, 3, \cdots, C_i)$，则第 i 个正六边形充电簇内节点到簇中心距离的均值 $\overline{d}_i$：

$$\overline{d}_i = \frac{1}{C_i} \sum_{k=1}^{C_i} d_k \tag{5-3}$$

第 i 个正六边形充电簇内节点到簇中心距离的方差 D_i：

$$D_i = \frac{1}{C_i} \sum_{k=1}^{C_i} (d_k - \overline{d}_i)^2 \tag{5-4}$$

充电簇内节点到各自充电簇中心距离方差之和的平均值 $\overline{D_C}$：

$$\overline{D_C} = \frac{1}{m} \sum_{i=1}^{m} D_i \tag{5-5}$$

当$\overline{D_c}$最小时，覆盖为最优全覆盖。当$\overline{D_c}$值趋近于 0 时，说明覆盖效率高。

理论上讲，移动单位步长 step 越小越好，因为 step 值直接关系到$\overline{D_c}$值的收敛性；但是 step 值越小，计算复杂度越高。以正六边形充电簇边长$d=3\ \text{m}$为例，移动一个步长 step，网络全覆盖模型需要移动次数N：

$$N = \left[\frac{\sqrt{3}d}{\text{step}}\right] \cdot \left[\frac{2d}{\text{step}}\right] \tag{5-6}$$

其中，符号"$[\ x\ ]$"表示取不大于x的最大整数。

选取 step 值时，一方面考虑减少计算复杂度，另外一方面也要考虑覆盖效果。实验选取 step＝0.25、0.5、0.75、1 等 4 个步长，得到每个步长下最优网络全覆盖的距离方差之和的平均值$\overline{D_c}$以及移动次数N，如表 5－2 所示。在 step＝0.25 和 0.5 时，$\overline{D_c}$较为相近，且小于 step＝0.75 和 1 时的$\overline{D_c}$值。考虑到算法运算复杂度和运行时间，选择 step＝0.5 作为移动步长。最优充电簇全覆盖算法流程结构如表 5－3 所示。

表 5－2　不同步长情况下最优网络全覆盖的数据

步长 step	0.25	0.5	0.75	1
距离方差之和的平均值$\overline{D_c}$	0.004 84	0.004 86	0.005 29	0.005 65
网络覆盖模型生成次数N	480	120	48	30

表 5－3　最优充电簇全覆盖算法

功能：进行网络最优充电簇全覆盖

输入：网络规模、节点数n、基站位置L_s、正六边形充电簇边长d、覆盖模型移动的单位步长 step、通信半径r

输出：节点到各自充电簇中心的距离方差之和的平均值为$\overline{D_c^i}$（上角标i表示第i次移动）

1）初始化网络，随机部署节点

2）节点将自身位置信息发送至基站，基站汇总节点位置数据

3）生成网络充电簇覆盖参照模型，计算网络节点到各自充电簇中心的距离方差之和平均值$\overline{D_c}$，此时 $\Delta x=0$，$\Delta y=0$

4）for $\Delta y=0$ to $\sqrt{3}$ do

5）for $\Delta x=0$ to $2d$ do

6）基于网络充电簇覆盖参照模型，整体平移得到新的全网络充电簇覆盖模型，每次平移后重新计算网络节点到各自充电簇中心的距离方差之和为$\overline{D_c^i}$

7）end for

8）end for

9）统计并排序$\overline{D_c^i}$，选取 $\min\{\overline{D_c^i}\}$值

10）提取 $\min\{\overline{D_c^i}\}$中的i值，得最优全网络充电簇覆盖参照模型所在位置

11）查询Δx和Δy在第i次位移时的数值

12）根据 Δx 和 Δy 值和初始参照模型位置重新生成全网络充电簇覆盖模型

13）end

step＝0.5 时，节点到各自充电簇中心的距离方差之和的平均值 $\overline{D_C}$ 的柱状图如图 5－8 所示，其中横坐标表示覆盖模型平移次数，纵坐标表示模型平移次数对应的 $\overline{D_C}$；深色柱状为移动步长 step＝0.5、移动 72 次时的 $\overline{D_C}$ 值，且是最小值。

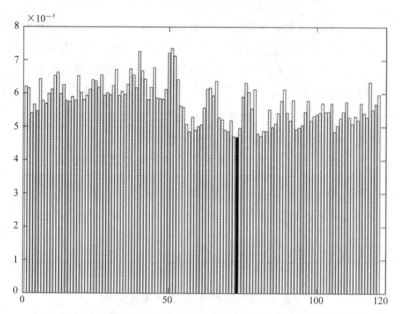

图 5－8　步长 step＝0.5 时的 $\overline{D_C}$ 柱状图

选取充电簇边长 d＝3 m，移动步长 step＝0.5，得到最小节点到各自充电簇中心的距离方差之和的平均值，最优全网络覆盖如图 5－9 所示。

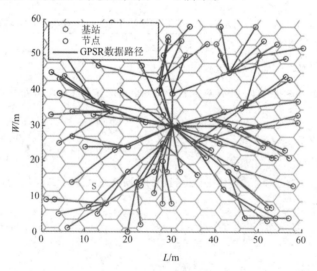

图 5－9　最优充电簇全覆盖

5.3 充电簇中充电组构建

1. 建立充电组的可行性

5.2节主要针对单MC对1个节点充电情形(简称一对一充电方式)划分充电簇,对于一个MC同时为多个节点充电情况(简称一对多充电方式),如何划分充电簇?

一对多充电方式可以参考一对一充电方式,将同时充电节点组成一个充电组,这时节点的最优全覆盖变成充电组的最优全覆盖,也就是说,将充电组看作放大的节点。

这种观点是否可行呢?假设某一充电簇中有节点A、B、C,它们的接收线圈相对于MC节点D的发射线圈位置和角度均不同,如图5-10所示。依据第2章磁耦合谐振传能理论,线圈角度和线圈间距离都与传能效率成反比,即存在拟合点满足距离发射线圈远的线圈与距离发射线圈近的线圈有同样的能量接收效率。图5-10中,节点A、C的接收线圈离节点D发射线圈较近但存在角度和接收面积的约束,节点B接收线圈距离节点D发射线圈较远,节点A、B、C存在一个拟合点使它们能够有近似的能量接收效率。假设节点A、B、C在时刻t时的剩余能量关系,即$RE_A(t)=RE_B(t)=RE_C(t)$,那么它们的能量接收效率相同,即$\eta_A=\eta_B=\eta_C$,因此,可以将节点A、B、C看作为一个整体,形成充电组,进行能量补充。

如果节点A、B、C的接收线圈相对于MC节点D的发射线圈位置和角度均不同,并且它们的剩余能量和能量接收效率都不同,如图5-11所示,它们是否能组成一个充电组呢?假设节点A、B、C在时刻t时剩余能量关系为$RE_C(t)<RE_A(t)<RE_B(t)$,以及能量接收效率关系为$\eta_B<\eta_A<\eta_C$,依据第2章磁耦合谐振传能理论,存在一个拟合点能使节点A、B、C同时补满能量。因此,对于这种情况,节点A、B、C存在组成一个充电组的可能,关键是看节点剩余能量和能量接收效率的关系。

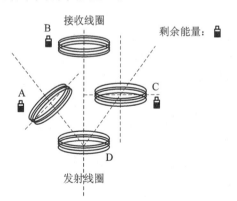

图5-10 节点剩余能量和传能效率均相同时的节点位置关系

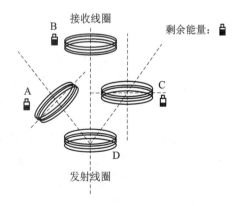

图5-11 节点剩余能量和传能效率均不同时的节点位置关系

2. 充电组理论分析

划分充电组的目的在于提高充电簇的能量补充效率。对于充电簇来说,划分充电组需确定选择哪些节点组成一个充电组,即形成充电组的条件是什么。

一对多充电方式下，假设某一充电簇中 $n(n > 1)$ 个节点需要同时补充能量，根据能量守恒原理，发射端的发射功率 P_{tr} 等于损耗功率 $P_{损耗}$ 和 n 个接收端接收功率 P_{re} 之和，即

$$P_{tr} = \sum_{i=1}^{n} P_{re}(i) + P_{损耗} \qquad (5-7)$$

故能量传输时存在能量损耗，即能量传输效率对能量接收端接收功率存在影响。

1）一对一充电方式下的充电效率理论分析

一对一充电方式下，假设 MC 携带能量为 E_{sen}，发射功率为 P_{tr}，节点初始能量为 E_0，受发射接收线圈间角度和距离的影响，传能效率 η_1 可能发生改变。

$$\eta_1 = \frac{P_{re}}{P_{tr}} \qquad (5-8)$$

其中，P_{re} 为接收功率，P_{ch} 为充电功率。充电转化效率 η_2 为

$$\eta_2 = \frac{P_{ch}}{P_{re}} \qquad (5-9)$$

某一时刻 t，将一节点能量从剩余能量 $RE_1(t)$ 补充至初始能量 E_0 需要的时间 T_{cht} 为

$$E_0 - RE_1(t) = P_{ch} \times T_{cht} \qquad (5-10)$$

结合式(5-8)~式(5-10)得

$$T_{cht} = \frac{E_0 - RE_1(t)}{\eta_1 \times \eta_2 \times P_{tr}} \qquad (5-11)$$

2）一对二充电方式下的充电组条件理论分析

假设时刻 t 某一充电簇中有 2 个节点满足同时充电要求，节点 1 能量接收效率为 $\eta_1(1)$，初始能量为 E_0，剩余能量为 $RE_1(t)$；节点 2 接收效率为 $\eta_1(2)$，初始能量为 E_0，剩余能量为 $RE_2(t)$。同时将这 2 个节点从剩余能量 $RE_1(t)$、$RE_2(t)$ 补充至初始能量 E_0，根据公式(5-11)得

$$T_{cht}(1) = \frac{E_0 - RE_1(t)}{\eta_1(1) \times \eta_2 \times P_{tr}}$$

$$T_{cht}(2) = \frac{E_0 - RE_1(t)}{\eta_1(2) \times \eta_2 \times P_{tr}}$$

其中，$T_{cht}(1)$、$T_{cht}(2)$ 分别表示节点 1 和节点 2 所需的充电时间。

若使 $T_{cht}(1) = T_{cht}(2)$，则 $\eta_1(1)$ 和 $\eta_2(2)$ 需要满足关系式：

$$\frac{\eta_1(1)}{\eta_1(2)} = \frac{E_0 - RE_1(t)}{E_0 - RE_2(t)} \qquad (5-12)$$

3）一对多充电方式下的充电组条件理论分析

假设 n 个节点初始能量均为 E_0，某一时刻 t 的剩余能量分别为 $RE_1(t)$、$RE_2(t)$、$RE_3(t)$……$RE_n(t)$，它们的能量接收效率分别为 $\eta_1(1)$、$\eta_2(2)$……$\eta_1(n)$。要使 n 个节点满足同时充电需求，则需满足如下关系式：

$$T_{cht}(1) = \frac{E_0 - RE_1(t)}{\eta_1(1) \times \eta_2 \times P_{tr}}$$

$$T_{cht}(2) = \frac{E_0 - RE_1(t)}{\eta_1(2) \times \eta_2 \times P_{tr}}$$

$$T_{cht}(3) = \frac{E_0 - RE_1(t)}{\eta_1(3) \times \eta_2 \times P_{tr}}$$

$$\vdots$$

$$T_{cht}(n) = \frac{E_0 - RE_1(t)}{\eta_1(n) \times \eta_2 \times P_{tr}}$$

$$T_{cht}(1) = T_{cht}(2) = T_{cht}(3) = \cdots = T_{cht}(n)$$

化简得

$$\frac{E_0 - RE_1(t)}{\eta_1(1)} = \frac{E_0 - RE_2(t)}{\eta_1(2)} = \cdots = \frac{E_0 - RE_n(t)}{\eta_1(n)} \qquad (5-13)$$

总之,构建充电组应满足以下两点:

(1) 节点同属一个充电簇;

(2) 节点剩余能量和充电效率的关系满足式(5-13)。

第6章 网络节点剩余能量模型

WRSN 中,目前重点关注的是充电调度问题[112-113],即为哪些节点充电、节点充电次序等。对于这些问题的解决,首先应了解节点能量,即节点剩余能量。节点剩余能量可以以数据方式无线传输给携带能量的可移动节点(MC),传输过程将消耗节点能量,且延时较长;也可以根据节点位置、属性以及网络结构推算节点剩余能量,但误差较大;还可以通过节点前一时刻的剩余能量来预测当前时刻的剩余能量。无论采用哪种方式,节点剩余能量都将直接影响网络充电调度的性能。

6.1 系 统 模 型

WRSN 系统模型由网络模型和充电模型组成,具体见第5.1节。m 取1,说明网络中只有1个 MC。为了便于能量补充和调度,将网络中的节点划分为多个正六边形充电簇,充电簇中心为 MC 充电位置。本章主要构建网络节点剩余能量模型,为后续充电调度的讲解打好基础。为便于分析与研究,在第5.1节的基础上做如下假设。

假设 6-1 节点随机部署。

假设 6-2 节点在1轮数据传输过程中产生数据速率固定为 k bit。

假设 6-3 网络中簇头数为 m,中继簇头数为 l,满足 $0 \leqslant m \leqslant n$ 及 $0 \leqslant l \leqslant m$。

假设 6-4 网络划分连续分布的正六边形充电簇结构,不随网络运行而变化。

假设 6-5 WRSN 中任意2个不同簇 c_1 和 c_2,每个簇内仅有一个簇头;c_1 和 c_2 簇内分别有 s_1 和 s_2(每轮中值是不确定的)个传感器节点,且满足 $0 < s_1 \leqslant n$ 及 $0 < s_2 \leqslant n$。

假设 6-6 将每轮数据传输时间划分为多个时隙,以时隙为最小单位进行状态统计,节点在每个时隙只能处于一种状态。

WRSN 网络节点能量消耗物理模型[114]如图 6-1 所示。

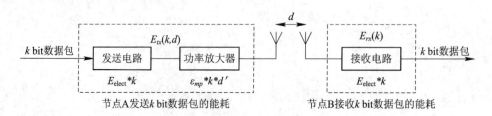

图 6-1 网络节点能量消耗物理模型

为便于理论分析,节点能量消耗物理模型需要满足以下3个条件:

(1) 网络中传感器节点是同构的,初始能量(即最大容量)是相等的;

（2）无线电信号能耗在每个方向都是相等的；

（3）Sink 节点的位置是固定不变的，且能量无限大。

图 6-1 中，网络中传感器节点能耗主要发生在发送电路、功率放大器和接收电路三部分。发送数据能耗主要由发送电路和功率放大器在工作状态下的能耗组成。当距离为 d 的两传感器节点 A、B 之间发送 k bit 数据包时，计算能量消耗 $E_{tx}(k, d)$：

$$E_{tx}(k, d) = E_{elect} \cdot k + E_{mp} \cdot k \cdot d^r \qquad (6-1)$$

式中，E_{elect} 为发送电路或接收电路每次处理单位数据的能耗；E_{mp} 为功率放大器的放大倍数，其值由通信距离 d_0（为一常数）决定。当传感器节点 A、B 间的距离 d 小于 d_0 时，能量衰减模型为自由空间模型，则 $E_{mp} = \varepsilon_{fs} = 10$ pJ/bit/m^2，且节点发送数据能耗 E_{tx} 与距离 d 的平方成正比；当传感器节点 A、B 间的距离大于 d_0 时，能量衰减模型为多路径衰落模型，则 $E_{mp} = \varepsilon_{mp} = 0.0013$ pJ/bit/m^4，且节点发送数据能耗 E_{tx} 与距离 d 的 4 次方成正比，具体关系如下：

$$E_{tx}(k, d) = \begin{cases} kE_{elect} + k\varepsilon_{fs}d^2, & d \leqslant d_0 \\ kE_{elect} + k\varepsilon_{mp}d^4, & d > d_0 \end{cases} \qquad (6-2)$$

其中，ε_{fs} 和 ε_{mp} 为功率放大器的放大倍数，分别表示在自由空间模型和多径衰落模型中每平方米范围内功率放大器的单位数据能耗。d 为节点间的距离，门限值 d_0 为

$$d_0 = \sqrt{\frac{\varepsilon_{fs}}{\varepsilon_{mp}}} \qquad (6-3)$$

节点 B 接收到节点 A 发送的 k bit 数据包所消耗能量为

$$E_{rx}(k) = k \cdot E_{elect} \qquad (6-4)$$

式中，k 表示数据包大小，单位为 bit。

对于簇头，处理簇内信息能耗 E_{CH} 为

$$E_{CH} = (l+1) \cdot E_{DA} \cdot k \qquad (6-5)$$

式中，l 为簇内传感器的节点数，E_{DA} 为簇头融合处理单位数据的能耗。

6.2 节点剩余能量模型

WRSN 中，基于分簇路由协议，根据功能不同节点分为传感器节点、簇头和中继簇头。不同类型的节点其能耗也不同，如传感器节点负责数据采集及发送；簇头负责收集和转发簇内传感器节点的剩余能量和数据信息，相对于传感器节点来说，簇头因承担大量数据转发任务而能量消耗大。目前对节点能量消耗及剩余能量模型的研究没有进行分类，显然是不合适的，也不能准确反映节点能量状态。因此，本节从节点类型及动态能耗角度，分析 WRSN 网络节点能耗变化，构建节点剩余能量模型。

6.2.1 剩余能量模型构建

1. 传感器节点

WRSN 中传感器节点只负责数据采集并将数据发送给簇头，不需要转发其他传感器节点信息。由此可知，每轮数据传输过程中传感器节点能耗主要体现在加入簇、数据传输

以及接收簇头确认信息 3 个过程，具体的能耗计算过程如下：

(1) 传感器节点 $i(i=1, 2, 3, \cdots, n)$ 向簇头发送加入控制信息能耗 $E_{tjm}(k_c, d_{SC}(i))$：

$$E_{tjm}(k_c, d_{SC}(i)) = \begin{cases} k_c E_{tx} + k_c \varepsilon_{fs} d_{SC}(i)^2, & d_{SC}(i) \leqslant d_0 \\ k_c E_{tx} + k_c \varepsilon_{mp} d_{SC}(i)^4, & d_{SC}(i) > d_0 \end{cases} \qquad (6-6)$$

式中，$d_{SC}(i)$ 是节点 i 与簇头间的距离，E_{tx} 是发送单位比特数据能耗，k_c 是控制包长度，ε_{fs} 和 ε_{mp} 均为功率放大器放大倍数，d_0 为通信距离。

(2) 传感器节点 i 向簇头发送 k_d bit 数据能耗 $E_{td}(k_d, d_{SC}(i))$：

$$E_{td}(k_d, d_{SC}(i)) = \begin{cases} k_d E_{tx} + k_d \varepsilon_{fs} d_{SC}(i)^2, & d_{SC}(i) \leqslant d_0 \\ k_d E_{tx} + k_d \varepsilon_{mp} d_{SC}(i)^4, & d_{SC}(i) > d_0 \end{cases} \qquad (6-7)$$

式中，k_d 为数据包长度。

(3) 传感器节点 i 接收簇头确认其加入簇的能耗 $E_{rcjm}(k_c, d_{SC}(i))$：

$$E_{rcjm}(k_c, d_{SC}(i)) = k_c E_{rx} \qquad (6-8)$$

式中，E_{rx} 为接收 1 bit 数据能耗。

通常一个传感器节点与簇头的通信距离小于 d_0，因此发送数据时采用自由空间模型，即放大倍数 $E_{mp} = \varepsilon_{fs} = 10 \text{ pJ/bit/m}^2$，节点能耗 E_{td} 与距离 d_{SC} 的平方成正比。综合考虑式 $(6-6) \sim$ 式 $(6-8)$，得出传感器节点 i 在一轮数据传输过程中的总能量消耗 $E_s(i)$：

$$\begin{aligned} E_s(i) &= E_{tjm}(k_c, d_{SC}(i)) + E_{td}(k_d, d_{SC}(i)) + E_{rcjm}(k_c, d_{SC}(i)) \\ &= (k_c + k_d) E_{tx} + (k_c + k_d) \varepsilon_{fs} d_{SC}(i)^2 + k_c E_{rx} \end{aligned} \qquad (6-9)$$

总之，传感器节点 i 在一轮数据传输过程中的总能量消耗是发送数据能耗、传输数据能耗和接收数据能耗三部分之和。在此基础上，可知传感器节点 i 在第 r 轮数据传输时的剩余能量 $S_s^r(l).E$：

$$S_s^r(i).E = S_s^{r-1}(i).E - E_s(i) \qquad (6-10)$$

式中，$S_s^{r-1}(i).E$ 为节点 i 第 $r-1$ 轮数据传输时的剩余能量。

2. 簇头

簇头是簇的控制中心，负责处理簇内传感器节点的剩余能量信息和数据信息，并转发给 Sink 节点。簇头不负责转发网络中其他簇头信息，每轮数据传输中的簇头能耗主要体现在当选簇头、接纳传感器节点加入、接收处理节点数据以及发送数据到基站等过程，具体的能耗计算过程如下：

(1) 当传感器节点 j 被选为 c_1 簇的簇头时，首先要在网络区域中广播节点 j 为簇头的消息，这个过程的能耗 $E_{tb}(k_c, d_B)$ 为

$$E_{tb}(k_c, d_B) = \begin{cases} k_c E_{tx} + k_c \varepsilon_{fs} d_B^2, & d_B \leqslant d_0 \\ k_c E_{tx} + k_c \varepsilon_{mp} d_B^4, & d_B > d_0 \end{cases} \qquad (6-11)$$

式中，$d_B = \sqrt{x \cdot x + y \cdot y}$ 为 WRSN 网络区域内最大距离，x 和 y 分别是网络区域的长度和宽度。通常，传感器节点间通信距离 $d_0 < d_B$，则能量消耗 E_{tb} 与距离 d_B 的 4 次方成正比，功率放大器的放大倍数 $\varepsilon_{mp} = 0.0013 \text{ pJ/bit/m}^4$。

(2) 簇内传感器节点 i 请求加入簇 c_1 时，簇头 j 中的接收节点 i 加入控制信息能耗 $E_{rim}(k_c, d_{SC}(i, j))$ 为

$$E_{rjm}(k_c, d_{SC}(i, j)) = k_c E_{rx} \qquad (6-12)$$

式中，$d_{SC}(i,j)$ 为传感器节点 i 与簇头 j 间的距离。

（3）当确认传感器 i 加入第 c_1 个簇时，簇头 j 向传感器节点 i 发送确认加入信息能耗 $E_{tcjm}(k_c, d_{SC}(i,j))$：

$$E_{tcjm}(k_c, d_{SC}(i,j)) = \begin{cases} k_c E_{tx} + k_c \varepsilon_{fs} d_{SC}(i,j)^2, & d_{SC}(i,j) \leqslant d_0 \\ k_c E_{tx} + k_c \varepsilon_{mp} d_{SC}(i,j)^4, & d_{SC}(i,j) > d_0 \end{cases} \quad (6-13)$$

（4）簇头 j 接收和处理 k_d bit 数据能耗 $E_{rd}(k_d, d_{SC}(i,j))$：

$$E_{rd}(k_d, d_{SC}(i,j)) = k_d(E_{rx} + E_{DA}) \quad (6-14)$$

式中，E_{DA} 为簇头融合处理单位比特数据信息能耗[81]。簇头能耗由接收簇内传感器节点数据信息能耗和数据融合处理能耗两部分组成。

（5）簇头 j 向基站发送 k_d bit 数据能耗 $E_{td}(k_d, d_{CB}(j))$：

$$E_{td}(k_d, d_{CB}(j)) = \begin{cases} k_d E_{tx} + k_d \varepsilon_{fs} d_{CB}(j)^2, & d_{CB}(j) \leqslant d_0 \\ k_d E_{tx} + k_d \varepsilon_{mp} d_{CB}(j)^4, & d_{CB}(j) > d_0 \end{cases} \quad (6-15)$$

式中，$d_{CB}(j)$ 为簇头 j 到基站的距离。

综合式（6-11）～式（6-15）得出，簇头 j 在一轮数据传输中的能耗 $E_c(j)$：

$$E_c(j) = E_{tb}(k_c, d_B) + E_{rjm}(k_c, d_{SC}(i,j)) + \sum_i E_{tcjm}(k_d, d_{SC}(i,j)) +$$

$$\sum_{s_1} E_{rd}(k_d, d_{SC}(i,j)) + E_{td}(k_d, d_{CB}(j))$$

$$= k_c(E_{tx} + \varepsilon_{mp} d_B^4) + (k_c E_{rx})(s_1 - 1) + \sum_{i=1}^{s_1-1} k_c(E_{tx} + \varepsilon_{fs} d_{SC}(i,j)^2) +$$

$$((k_d E_{rx})(s_1 - 1) + k_d E_{DA} s_1) + k_d(E_{tx} + \varepsilon_{fs} d_{CB}(j)^2) \quad (6-16)$$

式中，s_1 为簇内节点数。

总之，簇头在一轮数据传输中的总能耗等于发送数据能耗、传输数据能耗、接收数据能耗和融合处理四部分之和。簇头能耗随簇内节点数增多而增加，因此，簇头 j 在第 r 轮传输数据时的剩余能量 $S_c^r(j).E$ 为

$$S_c^r(j).E = S_c^{r-1}(j).E - E_c(j) \quad (6-17)$$

式中，$S_c^{r-1}(j).E$ 为簇头 j 第 $r-1$ 轮数据传输时的剩余能量。

3. 中继簇头

WRSN 中，当簇头 p（第 c_2 个簇的簇头）成为中继簇头时，处理簇内传感器节点的剩余能量和数据信息，并转到基站。与簇头相比，中继簇头除了具有簇头的功能外，还具有与簇头通信并转发数据到基站的功能，因此，中继簇头除了有簇头类型能耗外，还有与簇头通信及其数据传输能耗，具体的能耗计算过程如下：

（1）中继簇头 p 将簇头 j 信息转发给基站能耗 $E_{td}(k_d, d_{CB}(p))$：

$$E_{td}(k_d, d_{CB}(p)) = \begin{cases} k_d E_{tx} + k_d \varepsilon_{fs} d_{CB}(p)^2, & d_{CB}(p) \leqslant d_0 \\ k_d E_{tx} + k_d \varepsilon_{mp} d_{CB}(p)^4, & d_{CB}(p) > d_0 \end{cases} \quad (6-18)$$

式中，d_{CB} 为中继簇头 p 与基站间的距离。

（2）中继簇头 p 接收簇头 j 发送 k_d bit 数据能耗 $E_{rd}(k_d, d_{CC}(j,p))$：

$$E_{rd}(k_d, d_{CC}(j,p)) = k_d(E_{rx} + E_{DA}) \quad (6-19)$$

式中，$d_{CC}(j,p)$ 为簇头 j 与中继簇头 p 间的距离。

中继簇头 p 是基站和簇头 j 之间的中继站，说明两簇头间的距离 $d_{CC}(j, p)$ 小于 d_0，即两簇头间通信采用自由空间模型。综合式（6 - 11）～式（6 - 15）以及式（6 - 18）～式（6 - 19），得出中继簇头 p 的总能耗 $E_{tc}(p)$：

$$E_{tc}(p) = E_c(p) + E_c(j, p)$$

$$= E_{tb}(k_c, d_B) + \sum_{s_2} E_{rjm}(k_d, d_{SC}(i, p)) + \sum_i^{s_2} E_{tcjm}(k_c, d_{SC}(i, p)) +$$

$$\sum_{s_2} E_{rd}(k_d, d_{SC}(i, p)) + E_{td}(k_d, d_{CB}(p)) + E_{td}(k_d, d_{CB}(p)) +$$

$$E_{rd}(k_c, d_{CC}(j, p))$$

$$= k_c(E_{tx} + \varepsilon_{mp}d_B^4) + (k_c E_{rx})(s_2 - 1) + \sum_{i=1}^{s_2-1} k_c(E_{tx} + \varepsilon_{fs}d_{SC}(i, p)^2) +$$

$$((k_d E_{rx})(s_2 - 1) + k_d E_{DA}s_2) + k_d(E_{tx} + \varepsilon_{fs}d_{CB}(p)^2) + k_d E_{tx} +$$

$$k_d\varepsilon_{fs}d_{CB}(p)^2 + k_d(E_{rx} + E_{DA}) \tag{6-20}$$

式中，$E_c(j, p)$ 为中继簇头 p 接收和转发簇头 j 信息能耗，s_2 为中继簇头所属簇的簇内节点数。

总之，中继簇头总能量消耗也是发送数据能耗、传输数据能耗、接收数据能耗和融合处理四部分之和。这 4 个部分与簇头不尽相同，因其承担功能不同。由此可知，中继簇头 p 在第 r 轮时的剩余能量 $S_{tc}^r(p).E$：

$$S_{tc}^r(p).E = S_{tc}^{r-1}(p).E - E_{tc}(p) \tag{6-21}$$

式中，$S_{tc}^{r-1}(p).E$ 为中继簇头第 $r-1$ 轮的剩余能量。

传感器节点、簇头和中继簇头的剩余能量模型是时不变模型，也就是说，节点数据传输速率是不变的。相反，如果节点数据传输速率随时间变化，则构成时变模型，相应地上述模型就是时间的函数。

6.2.2 性能分析

1. 仿真环境

网络区域为 $100 \text{ m} \times 100 \text{ m}$，随机部署 100 个节点。仿真参数如表 6 - 1 所示。随机选取 3 个传感器节点，分别为节点 A、节点 B 和节点 C，在网络中的位置如图 6 - 2 所示。基于 LeachED_A 路由算法[115]，分析节点 A、B、C 的能耗。

表 6 - 1　仿真参数设置

参　　数	数　值　参	数　　数　　值	
节点分布区域	$100 \text{ m} \times 100 \text{ m}$	簇头选取概率 p	0.05
基站位置	(50 m，50 m)	控制因子 A	0.2
节点数	100	$E_{tx} = E_{rx} = E_{elect}$	50 nJ/bit
初始能量	0.5 J	ε_{fs}	10 pJ/(bit · m^{-2})
数据包长度 k	4000 bit	ε_{mp}	0.0013 pJ/(bit · m^{-4})
控制包长度 k_1	100 bit	E_{DA}	5 nJ/(bit · signal)

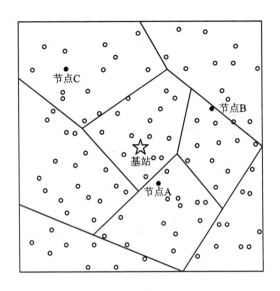

图 6-2 节点 A、B 和 C 在网络区域的位置

2. 传感器节点能耗分析

为了均衡 WRSN 网络能耗，LeachED_A 路由算法以"轮"循环方式随机选取簇头，则网络中传感器节点在存活期间既可以充当传感器节点，也可以作为簇头，还可以用作中继簇头。节点 A、B 和 C 在存活期间的能耗如图 6-3 所示。

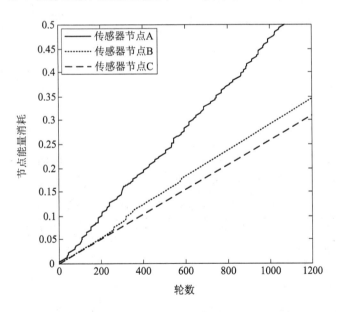

图 6-3 节点 A、B 和 C 的能耗与轮数关系

图 6-3 中，节点 A 的生命周期为 1067 轮，且能耗曲线比较平缓，每 200 轮消耗能量约为 0.1 J，这是因为簇头选取概率为 0.05，因此每 20 轮为一个轮转周期，即节点 A 在存活期间每 20 轮当选为一次簇头。但节点 A 的存活轮数已超过 1000 轮，说明节点 A 在某轮转周期内未当选为簇头，且在 236 轮、326 轮以及 544 轮有能量突变，说明在这些轮内节点

A 当选为中继簇头，或者簇内节点数较多，导致能量过多消耗。节点 B 运行 1200 轮仅消耗 0.3498 J，每轮消耗 0.0003 J，但在 246 轮、339 轮和 589 轮中节点 B 担任簇头或中继簇头，或者簇内节点数较多，能耗较大，出现能量突降情况。节点 C 运行 1200 轮仅消耗了 0.311 J，且能耗曲线接近于直线，这是因为节点 C 在 1200 轮内未担任过簇头，只负责发送自身数据信息，所以能耗较小。

3. 传感器节点剩余能量变化分析

传感器节点 A、B 和 C 剩余能量随轮数变化关系如图 6-4 所示。节点 A 的存活轮数仅为 1067 轮，节点 B 在 1200 轮消耗了总能量的 70%，节点 C 在 1200 轮仅消耗总能量的 60%。可见，节点 B 在 LeachED_A 路由算法下比节点 A 运行时间长，出现这种情况的原因是节点 A 在存活期间既担当了传感器节点，又负责了簇头甚至中继簇头的任务，造成了能量过多消耗；节点 B 担任簇头次数较少，节点 C 未担任过簇头。

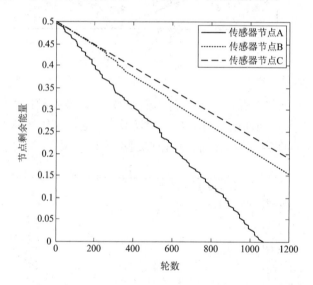

图 6-4　节点 A、B 和 C 的剩余能量与轮数关系

为了更直观地说明不同传感器节点在存活期间实现不同功能的情况，将传感器节点 A 和 B 在 1200 轮内担任簇头、中继簇头的轮数列于表 6-2 中。

表 6-2　传感器节点担任不同功能的总轮数

节点类型	传感器节点	簇头	中继簇头
节点 A	1019	48	2
节点 B	1197	3	2

节点 A 在存活期间担任簇头的轮数为 48，担任中继簇头的轮数为 2；节点 B 在 1200 轮内担任簇头的轮数仅为 3，担任中继簇头的轮数为 2，其余轮数只负责传感器节点任务，生命周期较长。LeachED_A 路由算法使节点 A 和 B 在存活期间担任不同类型的节点，因此，选取合适的路由算法可均衡网络能耗。

进一步分析图 6-2、图 6-3 和表 6-2，节点 A 在 1200 轮内担任簇头的轮数比节点 B 多了 45 轮，但其能耗仅仅比节点 B 多了 0.2 J。这是因为节点 A 在担任簇头时簇内节点数较少，相应地收集簇内数据信息能耗也少；节点 B 在担任簇头时簇内节点数较多，能耗较大。为了说明出现这种情况的原因，列出了节点 A 和 B 在担任簇头时的簇内节点数，如表 6-3 所示。

比较表 6-3～表 6-6，在 1200 轮内，节点 A 在担任簇头时，簇内节点数明显比节点 B 担任簇头时少，但节点 A 担任簇头的轮数比节点 B 多。因此，总体上节点 A 的能耗比节点 B 多。

表 6-3 节点 A 担任簇头时簇内的非簇头数

轮数	1	2	3	4	5	6	7	8
节点数	9	9	12	6	6	14	4	14
轮数	9	10	11	12	13	14	15	16
节点数	10	7	8	10	11	3	9	6
轮数	17	18	19	20	21	22	23	24
节点数	8	11	7	3	3	13	8	8
轮数	25	26	27	28	29	30	31	32
节点数	6	12	11	4	7	7	12	6
轮数	33	34	35	36	37	38	39	40
节点数	5	7	4	4	8	12	9	7
轮数	41	42	43	44	45	46	47	48
节点数	9	5	12	8	13	5	6	7

表 6-4 节点 B 担任簇头时簇内的非簇头数

轮数	1	2	3
节点数	26	31	28

表 6-5 节点 A 担任中继簇头的轮数

轮数	5	24
转发簇头节点数	1	1

表 6-6 节点 B 担任中继簇头的轮数

轮数	1	3
转发簇头节点数	1	1

总之，节点担任簇头和中继簇头的轮数较多，能耗大，剩余能量较少。当发现节点担任簇头的轮数较少，但簇内节点数较多时，能耗并不比担任簇头和中继簇头轮数多的节点少。因此，节点能耗不仅与其功能有关，而且与其所在网络中的位置、簇规模大小有关。

6.3 基于马尔可夫链的网络剩余能量预测模型

6.3.1 问题描述

预测节点剩余能量，可以避免因节点传输剩余能量信息带来的能耗。如何预测节点剩余能量？预测的剩余能量能否反映网络节点的实际能耗？这些问题直接影响能量调度效果。节点通常处于发送、接收、空闲和睡眠 4 种状态，节点状态转变过程是个随机过程，本节将这个随机过程看作马尔科夫链的随机过程。通过对马尔科夫链随机过程的分析，构建节点剩余能量预测模型。在构建节点剩余能量预测模型过程中，关键点在于如何构建节点状态转移概率矩阵。节点状态转移概率矩阵直接关系着预测模型预测能量的效果。

6.3.2 节点状态转移表示及其概率矩阵

1. 节点状态表示及节点状态转移频数

1) 节点工作状态划分

网络中节点能量主要消耗在通信过程，通信过程中节点通常有发送（T 态）、接收（R 态）、空闲（I 态）和睡眠（S 态）4 种状态[31]。节点处于不同状态其能耗不同，发送和接收状态的能耗较多，空闲及睡眠状态节点的耗能较少。节点可在不同状态之间切换，如图 6-5 所示，其中，$P(S|T)$ 表示节点由 T 态转化为 S 态的概率。

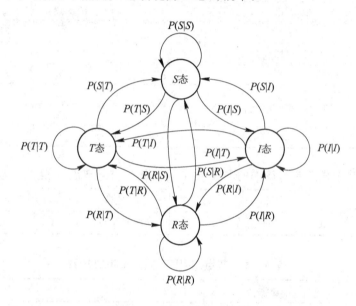

图 6-5 节点状态转移模型

2) 节点状态转移频数及其向量

WRSN 中，将每轮数据传输时间划分成 t 个时隙，如图 6-6 所示，统计在 t 个时隙中节点 4 种状态的频数，构成节点频数向量 $\boldsymbol{S}$。为了表述方便，节点的发送（T 态）、接收（R 态）、空闲（I 态）和睡眠（S 态）4 种状态分别用数字 1、2、3、4 表示，相应地节点 4 种状态频数分别表示为 S_1、S_2、S_3 和 S_4，即 $\boldsymbol{S}=[S_1,S_2,S_3,S_4]$。节点状态转移频数如表 6-7 所示，如果当前时隙节点处于状态 3，下一时隙节点处于状态 1，则状态转移频数为 S_{31}。

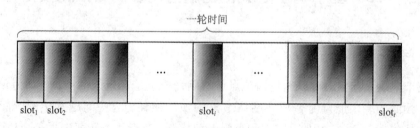

图 6-6 时隙划分

表 6-7 节点状态转移频数

当前时隙	下一时隙			
	发送	接收	侦听	睡眠
发送	S_{11}	S_{12}	S_{13}	S_{14}
接收	S_{21}	S_{22}	S_{23}	S_{24}
侦听	S_{31}	S_{32}	S_{33}	S_{34}
睡眠	S_{41}	S_{42}	S_{43}	S_{44}

2. 状态转移概率矩阵

根据图 6-5 节点状态转移结构以及节点状态转移概率,得节点状态转移概率矩阵 $\boldsymbol{P}$:

$$\boldsymbol{P} = \begin{bmatrix} P(S_1 \mid S_1) & P(S_2 \mid S_1) & P(S_3 \mid S_1) & P(S_4 \mid S_1) \\ P(S_1 \mid S_2) & P(S_2 \mid S_2) & P(S_3 \mid S_2) & P(S_4 \mid S_2) \\ P(S_1 \mid S_3) & P(S_2 \mid S_3) & P(S_3 \mid S_3) & P(S_4 \mid S_3) \\ P(S_1 \mid S_4) & P(S_2 \mid S_4) & P(S_3 \mid S_4) & P(S_4 \mid S_4) \end{bmatrix} \quad (6-22)$$

式中,$P(S_1|S_2)$ 表示节点由 S_2 态转化为 S_1 态的概率,且满足:

$$\begin{cases} P(S_1 \mid S_1) + P(S_2 \mid S_1) + P(S_3 \mid S_1) + P(S_4 \mid S_1) = 1 \\ P(S_1 \mid S_2) + P(S_2 \mid S_2) + P(S_3 \mid S_2) + P(S_4 \mid S_2) = 1 \\ P(S_1 \mid S_3) + P(S_2 \mid S_3) + P(S_3 \mid S_3) + P(S_4 \mid S_3) = 1 \\ P(S_1 \mid S_4) + P(S_2 \mid S_4) + P(S_3 \mid S_4) + P(S_4 \mid S_4) = 1 \end{cases} \quad (6-23)$$

根据每一轮节点状态频数可得节点状态转移矩阵。假设第 r 轮时节点状态转移矩阵为 $\boldsymbol{P}^r$,则

$$\boldsymbol{P}^r = \begin{bmatrix} S_{11}^r \mid S_1^r & S_{12}^r \mid S_1^r & S_{13}^r \mid S_1^r & S_{14}^r \mid S_1^r \\ S_{21}^r \mid S_2^r & S_{22}^r \mid S_2^r & S_{23}^r \mid S_2^r & S_{24}^r \mid S_2^r \\ S_{31}^r \mid S_3^r & S_{32}^r \mid S_3^r & S_{33}^r \mid S_3^r & S_{34}^r \mid S_3^r \\ S_{41}^r \mid S_4^r & S_{42}^r \mid S_4^r & S_{43}^r \mid S_4^r & S_{44}^r \mid S_4^r \end{bmatrix} \quad (6-24)$$

式中,S_{21}^r 为节点在 r 轮时由状态 1 转换为状态 2 的频数,S_2^r 为节点在 r 轮时处于状态 2 的频数。

6.3.3 网络剩余能量预测模型

WRSN 中,为了数据传输,节点每轮数据耗能不同,剩余能量也不同,相应地节点对应的充电簇剩余能量也不同。本节通过节点状态转移概率矩阵,基于马尔科夫链随机过程,构建节点剩余能量预测模型(a Network Residual Energy Prediction Model based on Markov Chain,NREPMMC)。

1. 节点剩余能量预测

初始时,任意节点 $i(1, 2, \cdots, n)$ 的状态频数记为向量 $\boldsymbol{S}^1(i)$,即

$$\boldsymbol{S}^1(i) = \begin{bmatrix} S_1^1(i), & S_2^1(i), & S_3^1(i), & S_4^1(i) \end{bmatrix} \quad (6-25)$$

第 1 轮节点 i 预测剩余能量 $E_P^1(i)$ 为节点 i 初始能量 E_0 与预测能耗 $E_{CP}^1(i)$ 差值,即

$$E_P^1(i) = E_0 - E_{CP}^1(i) \qquad (6-26)$$

式中，$E_{CP}^1(i)$ 等于节点 i 首轮实际能耗 $E_R^1(i)$。

第 2 轮时，根据节点 i 首轮状态转移矩阵 $\mathbf{P}^1(i)$，得到节点 i 的状态频数向量 $\mathbf{S}^2(i)$：

$$\mathbf{S}^2(i) = \mathbf{S}^1(i) \times \mathbf{P}^1(i) \qquad (6-27)$$

第 2 轮节点 i 预测能耗向量 $\mathbf{E}_{CP}^2(i)$ 为节点 i 状态频数向量 $\mathbf{S}^2(i)$ 与首轮预测能耗向量 $\mathbf{E}_{CP}^1(i)$ 的直积，即

$$\mathbf{E}_{CP}^2(i) = \mathbf{S}^2(i) \otimes \mathbf{E}_{CP}^1(i) \qquad (6-28)$$

式中，直积运输符 "$\otimes$" 表示 $\mathbf{E}_{CP}^{2,T}(i) = \mathbf{S}_1^1(i) \times \mathbf{E}_{CP}^{1,T}(i)$，$\mathbf{E}_{CP}^{2,R}(i) = \mathbf{S}_2^1(i) \times \mathbf{E}_{CP}^{1,R}(i)$，…，即两向量各个对应分量相乘。首轮预测能耗向量 $\mathbf{E}_{CP}^1(i)$ 与实际能耗向量 $\mathbf{E}_{AR}^1(i)$ 相等，即 $\mathbf{E}_{CP}^1(i) = [\mathbf{E}_{CP}^{1,T}(i), \mathbf{E}_{CP}^{1,R}(i), \mathbf{E}_{CP}^{1,I}(i), \mathbf{E}_{CP}^{1,S}(i)]$ 与 $\mathbf{E}_{AR}^1(i) = [\mathbf{E}_{AR}^{1,T}(i), \mathbf{E}_{AR}^{1,R}(i), \mathbf{E}_{AR}^{1,I}(i), \mathbf{E}_{AR}^{1,S}(i)]$ 对应分量相等。

根据节点 i 预测能耗向量 $\mathbf{E}_{CP}^2(i)$，获得第 2 轮节点 i 预测能耗 $E_{CP}^2(i)$：

$$E_{CP}^2(i) = \sum (E_{CP}^{2,T}(i) + E_{CP}^{2,R}(i) + E_{CP}^{2,I}(i) + E_{CP}^{2,S}(i)) \qquad (6-29)$$

第 2 轮节点 i 预测剩余能量 $E_P^2(i)$ 为

$$E_P^2(i) = E_P^1(i) - E_{CP}^2(i) \qquad (6-30)$$

以此类推，第 r 轮时，节点 i 的状态频数向量 $\mathbf{S}^r(i)$ 为

$$\mathbf{S}^r(i) = \mathbf{S}^{r-1}(i) \times \mathbf{P}^{r-1}(i) \qquad (6-31)$$

相应地，第 r 轮节点 i 预测能耗向量 $\mathbf{E}_{CP}^r(i)$ 为节点 i 的第 r 轮状态频数向量 $\mathbf{S}^r(i)$ 与第 $r-1$ 轮预测能耗向量 $\mathbf{E}_{CP}^{r-1}(i)$ 的直积，即

$$\mathbf{E}_{CP}^r(i) = \mathbf{S}^r(i) \otimes \mathbf{E}_{CP}^{r-1}(i) \qquad (6-32)$$

第 r 轮节点 i 的预测能耗 $E_{CP}^r(i)$ 和预测剩余能量 $E_P^r(i)$ 分别为

$$\begin{cases} E_{CP}^r(i) = \sum (F_{CP}^{r,T}(i) + E_{CP}^{r,R}(i) + E_{CP}^{r,I}(i) + E_{CP}^{r,S}(i)) \\ E_P^r(i) = E_P^{r-1}(i) - E_{CP}^r(i) \end{cases} \qquad (6-33)$$

为了降低预测误差，在第 r_{new} 轮用实际能耗代替预测能耗，即式(6-32)中实际能耗向量代替预测能耗向量，每经过 n_{new} 轮更新一次。假设网络运行最大轮数为 r_{max}，则更新次数 Z 满足

$$\begin{cases} r_{new} = n_{new} \times Z \\ Z = \left\lfloor \dfrac{r_{max}}{n_{new}} \right\rfloor \end{cases} \qquad (6-34)$$

式中，"$\lfloor x \rfloor$" 为 x 的整数部分。

2. 充电簇剩余能量预测

WRSN 中，为了便于给节点补充能量，通常将网络节点划分为大小不同的充电簇，通过调度充电簇选择充电节点。假设网络部署有 k 个充电簇，c_j 为第 j 充电簇，c_j 中有 n_j 个节点。充电簇内节点能量变化不尽相同，簇内节点能量变化导致了充电簇能量变化，所以从节点预测剩余能量角度预测充电簇 c_j 剩余能量。

根据节点预测剩余能量，第 1 轮充电簇 c_j 的预测剩余能量 $E_P^1(c_j)$ 为

$$E_P^1(c_j) = \sum_{i=1}^{n_j} E_P^1(i) \qquad (6-35)$$

第 2 轮充电簇 c_j 的预测能耗 $E_{CP}^2(c_j)$ 和预测剩余能量 $E_P^2(c_j)$ 分别为

$$E_{CP}^2(c_j) = \sum_{i=1}^{n_j} E_{CP}^2(i) \qquad (6-36)$$

$$E_P^2(c_j) = \sum_{i=1}^{n_j} E_P^2(i) = \sum_{i=1}^{n_j} \left[E_P^1(i) - E_{CP}^2(i) \right] \qquad (6-37)$$

第 2 轮网络中 k 个充电簇的总预测剩余能量 E_P^2 为

$$E_P^2 = \sum_{c_j=1}^{k} E_P^2(c_j) \qquad (6-38)$$

以此类推，第 r 轮时，充电簇的 c_j 预测能耗 $E_{CP}^r(c_j)$ 和预测剩余能量 $E_P^r(c_j)$ 分别为

$$E_{CP}^r(c_j) = \sum_{i=1}^{n_j} E_{CP}^r(i) \quad (2 \leqslant r \leqslant r_{\max}) \qquad (6-39)$$

$$E_P^r(c_j) = \sum_{i=1}^{n_j} E_P^r(i) = \sum_{i=1}^{n_j} \left(E_P^{r-1}(i) - E_{CP}^r(i) \right) \quad (2 \leqslant r \leqslant r_{\max}) \qquad (6-40)$$

第 r 轮网络中 k 个充电簇的总预测剩余能量 E_P^r 为

$$E_P^r = \sum_{c_j=1}^{k} E_P^r(c_j) \quad (2 \leqslant r \leqslant r_{\max}) \qquad (6-41)$$

充电调度过程中，考虑到充电簇能量变化，通常采用充电簇平均剩余能量作为调度依据，因此第 r 轮充电簇 c_j 的平均预测能耗 $\overline{E_{CP}^r(c_j)}$ 和平均预测剩余能量 $\overline{E_P^r(c_j)}$ 分别为

$$\overline{E_{CP}^r(c_j)} = \frac{E_{CP}^r(c_j)}{n_j} \quad (2 \leqslant r \leqslant r_{\max}) \qquad (6-42)$$

$$\overline{E_P^r(c_j)} = \frac{E_P^r(c_j)}{n_j} \quad (2 \leqslant r \leqslant r_{\max}) \qquad (6-43)$$

6.3.4 仿真与分析

1. 仿真环境

WRSN 为边长为 30 m 的正方形区域，节点随机分布，仿真参数如表 6-8 所示。以网络路由运行轮数为大循环，分析不同位置的节点和充电簇剩余能量预测情况，并与实际能量进行对比分析。

表 6-8 仿真参数

参数	数值	参数	数值
区域长度 $L \times L$/(m×m)	30×30	发送或接收数据的能耗 E_{elect}/nJ	50
基站坐标/m	(15,15)	自由空间衰落信道模型能耗系数 ε_{fs}/(pJ/(bit·m^{-2}))	10
节点数/个	200	多径衰落信道模型能耗系数 ε_{mp}/(pJ/(bit·m^{-4}))	0.0013
数据包长度/bit	4000	数据包生存周期	6
充电半径/m	1	邻居节点搜索范围/m	3
节点初始能量/J	2	状态转移概率矩阵更新/轮	20
网络运行轮数/轮	2000	误差范围	≤0.5

2. 结果分析与讨论

根据表 6-5 中的参数设置，节点随机部署。文献[109]证明了正六边形结构能够全覆盖网络区域。因此，本节选用正六边形结构作为充电簇结构模型，可均匀覆盖网络，如图 6-7 所示。

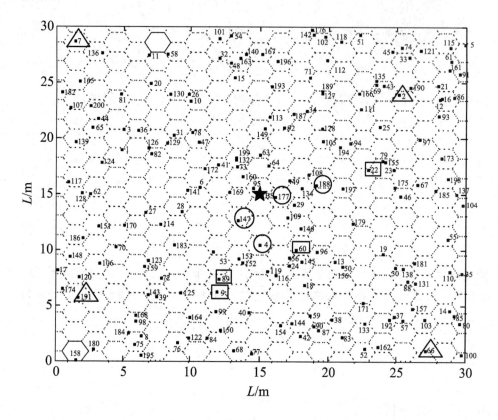

图 6-7   网络中节点及充电簇分布

1) 节点剩余能量分析

节点剩余能量的预测值与实际值误差越小，说明剩余能量预测模型越有效。为不失一般性，随机选取分布在网络中心区域附近的 4 号、147 号、177 号、188 号节点，见图 6-7 中圆形框位置，分布在网络中部的 9 号、22 号、60 号、89 号节点，见图 6-7 中小方框位置，以及分布在网络外围的 2 号、7 号、66 号、191 号节点，见图 6-7 中三角框位置。这 12 个节点第 1000 轮剩余能量预测值和实际值如表 6-9 所示。

对比节点的剩余能量预测值和实际值，如 7 号、66 号、147 号、177 号、188 号和 191 号节点剩余能量预测值与实际值误差的数量级是 $10^{-1} \sim 10^{-3}$，说明 NREPMMC 预测模型是有效的。

60 号节点的剩余能量预测值与实际值的对比如图 6-8 所示。基于 NREPMMC 模型，60 号节点的剩余能量预测值与实际值接近，剩余能量整体变化趋势保持一致，二者之间误差较小。200 轮之前预测值和实际值基本一致，200 轮后开始出现分歧，原因在于误差积累导致预测值和实际值出现差异。当实际剩余能量为 0.2 J 时，预测值已经降为 0，但是实际值和预测值之间的误差基本保持在 0.2 J 以内。

表 6 - 9　节点剩余能量预测值和实际值比较(第 1000 轮)

节点 ID	剩余能量预测值/J	剩余能量实际值/J	差值绝对值/J
2	0	0	0
4	0	0	0
7	0.8998	0.8960	0.0038
9	0	0	0
22	0	0	0
60	0	0	0
66	1.4628	1.4772	0.0144
89	0	0	0
147	0.0732	0.2000	0.1268
177	0.7352	0.7040	0.0312
188	0.9620	1.0752	0.1132
191	1.3688	1.3832	0.0144

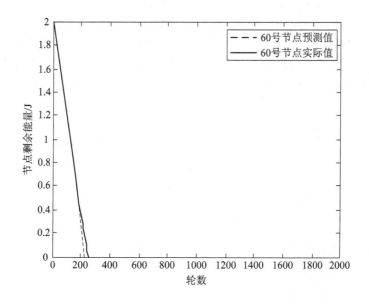

图 6 - 8　60 号节点剩余能量的预测值与实际值对比

选择分布在网络中部的 9 号、22 号、60 号、89 号节点进行剩余能量预测值比较分析。这 4 个节点剩余能量预测值之间的对比如图 6 - 9 所示。基于 NREPMMC 模型,4 个节点剩余能量预测值很接近,而且变化趋势基本保持一致。在 200 轮时,4 个节点的能量预测值几乎都降为 0,说明位于网络同一区域范围内的节点剩余能量预测值变化规律基本上是一致的。

选取分别部署于网络基站附近的 4 号节点、网络中部 9 号节点、网络外围的 2 号节点

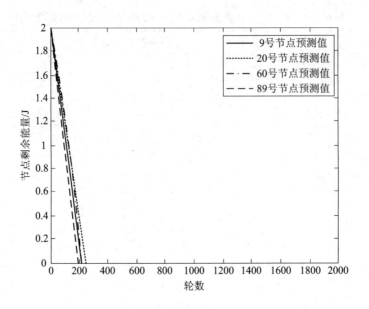

图 6-9　网络中部节点剩余能量预测值对比

进行剩余能量预测值的比较分析，如图 6-10 所示。4 号节点在 120 轮时能量预测值降为 0，9 号节点和 2 号节点分别在 212 轮、240 轮时能量预测值降为 0。同一时刻，4 号节点的剩余能量最少，能量消耗最快。原因在于 4 号节点离基站较近，分布在基站附近的节点通常需要承担分布在网络中部和外围的节点的数据转发任务，能量消耗较快。9 号节点分布在网络中部，相比 4 号节点需要承担的数据转发任务少一些。2 号节点分布在网络外围，通常只需转发自身数据，数据量少，所以剩余能量相比 4 号和 9 号节点要更多一些。

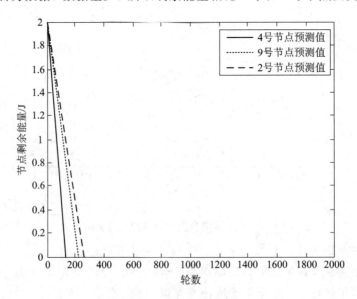

图 6-10　三个节点的剩余能量预测值

　　总之，无论节点位于网络何处，NREPMMC 模型预测节点剩余能量与实际值差值的误差较小，基本能够反映节点实际能量消耗。

2）充电簇剩余能量分析

分别选取位于网络基站附近的 136 号充电簇、网络中部 309 号充电簇、网络外围的 104 号充电簇进行剩余能量比较分析。这 3 个充电簇内节点数相同，有利于说明 NREPMMC 模型预测充电簇能量的有效性。3 个充电簇在网络中的位置分布及标注如图 6-11 所示。

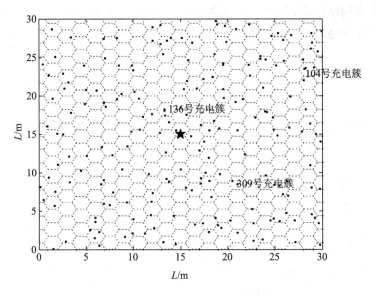

图 6-11　3 个充电簇在网络中的位置

309 号充电簇剩余能量预测值与实际值如图 6-12 所示。NREPMMC 模型下，309 号充电簇的剩余能量预测值和实际值接近，剩余能量变化趋势基本保持一致。在 162 轮时，预测值与实际值出现差异，两者之间误差逐渐增大；在 200 轮时，两者之间误差增大到近 0.3 J。因节点状态转移概率矩阵不断更新，在 200 轮后误差又逐渐减小，但是随着误差积累，预测值和实际值之间还是保持着一定误差；360 轮后，预测值和实际值之间误差小于 0.2 J。

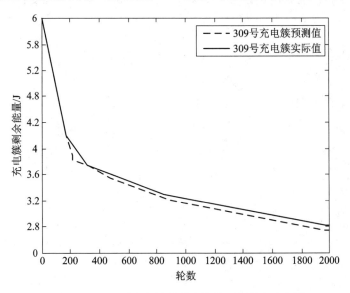

图 6-12　309 号充电簇的剩余能量预测值与实际值

3 个充电簇平均剩余能量预测值如图 6-13 所示。136 号充电簇在 1160 轮时能量预测值降为 0；2000 轮时，309 号和 104 号充电簇的剩余能量预测值分别约为 0.4 J 和 2.8 J。相比之下，136 号充电簇的剩余能量最少。其原因在于 136 号充电簇分布在网络基站附近，簇内节点需要承担分布在网络中部和外围充电簇内的节点数据转发任务，能量消耗大。309号充电簇分布在网络中部，簇内节点承担的数据转发任务低于 136 号充电簇内节点。104号充电簇分布在网络外围，簇内节点通常转发自身数据，转发数据量少，相应地剩余能量多。

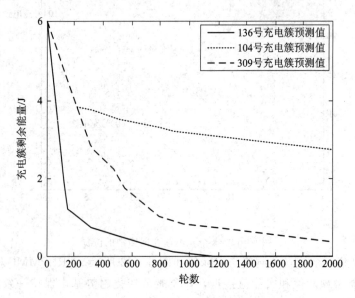

图 6-13　3 个充电簇的剩余能量预测值

从充电簇能量预测角度来看，无论是簇的总剩余能量还是平均剩余能量，基于NREPMMC 模型预测剩余能量，能够反映节点、充电簇的实际能耗变化情况。

中篇 一对一充电网络

第7章 充电簇划分模型

对于无线可充电传感网络（WRSN）中能量补充的研究，目前主要集中于移动小车（Mobile Car，MC，又称为 SenCar 节点）能量调度[8,116]方面，即 MC 确定网络中待补充能量节点的充电次序。通常 MC 携带能量有限，很难一次为网络节点都充满电，需要多次往返充电，造成 MC 移动能耗大以及调度复杂性高。为解决这个问题，一些学者[34,36]提出充电簇概念，即将网络临近节点（由路由协议决定）且在磁耦合谐振充电范围内的节点组成一个充电单元。当簇内有多个节点需要补充能量时，MC 在不需要移动的情况下，根据节点剩余能量进行补充，减少了 MC 移动能耗。因此，通过充电簇进行 MC 能量调度提高了 MC 充电及时性。然而，充电簇划分是否合理，直接关系到能量调度的效率和合理性。通常，磁耦合谐振式无线传能效率随距离增加呈指数下降[117]，相应地充电簇划分受到节点部署影响；另外充电簇划分也受节点剩余能量影响。现有充电簇划分主要考虑充电簇覆盖问题，即充电簇如何全覆盖网络待充电节点，以及 MC 在何处为节点充电使得待充电节点数最多。实际上，网络节点因部署、路由协议不同，其能耗也不同，相应的充电簇划分也不同。本章针对节点分布以及能耗情况，提出最优充电簇划分方法。

7.1 系 统 概 述

1. 系统模型

WRSN 系统模型由网络模型和充电模型组成，具体见第 5.1 节。m 取 1，说明网络中只有 1 个 MC。将网络中节点分为多个充电簇，当网络中节点（1、2、3 节点）剩余能量低于能量阈值时，节点向基站发送充电请求，基站则根据充电请求信息确定节点所属充电簇的充电次序和簇内节点充电次序（基于蚁群的充电调度算法[118]），给 MC 发送充电调度次序（簇间次序为 A、B、C、D，簇内次序为标号大小顺序），MC 按照图 7-1 中 A、B、C、D 充电次序依次运行到各自簇的充电位置，再按照簇内节点充电次序（1，2，3，…）一对一充电。MC 完成充电任务后返回基站补充能量，等待下一次充电。为便于充电簇的划分，在第 5.1 节的基础上做如下假设。

假设 7-1 充电过程中，采用一对一充电方式，即 MC 一次只给 1 个节点充电。

假设 7-2 MC 每次都给节点充满电，即按充电次序给一个节点充满电后再给下一个节点充电。

假设 7-3 MC 所携带能量满足每轮充电调度能量需求。

假设 7-4 基站能量和通信能力足够大，能够直接传输数据给 MC。

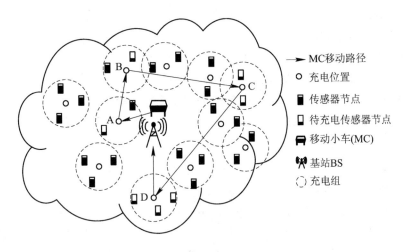

图 7-1 WRSN 系统模型

节点通信能耗模型[114]只考虑节点发送和接收数据能耗,对于单节点来说,发送数据能耗模型见式(6-1)。节点(或基站)接收 k_t bit 数据时的能耗 $E_{Rx}(k_t)$ 为

$$E_{Rx}(k_t) = k_t E_{elect} \tag{7-1}$$

2. 问题描述

通过充电簇可以合理调度 MC 能量。将网络待补充能量节点划分到各自充电簇,依据簇剩余能量确定簇的充电次序。当选择待充电簇后,根据簇内节点剩余能量确定簇内节点充电次序。这里涉及两个问题:一是充电簇应覆盖范围,二是充电簇结构。例如,在正方形 WRSN 区域中,节点均匀分布,若采用基于地理位置的分簇路由协议(Geographical Static Cluster Hierarchy, GSCH[119]),如图 7-2 所示,扇形区域为路由分簇,网络运行过程中,因路由分簇,每轮节点承担功能有普通节点和簇头节点之分。簇头因承担数据转发功能,能耗比普通节点快,因而簇头充电请求频次高于普通节点。如果二者采用统一充电簇结构,则相邻两个路由簇头(位于不同充电簇)同时请求充电,MC 需要在充电簇间来回移动,

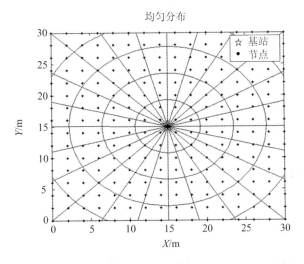

图 7-2 基于 GSCH 路由的节点均匀分布模型

增加了 MC 移动距离及能耗。因此，将普通节点和簇头分开划分充电簇，减少了 MC 移动能耗，提高了 MC 能量利用率。对于普通节点，涉及选择何种充电簇结构使其全覆盖网络节点以及如何划分充电簇问题；对于簇头，每轮担任簇头的节点是不同的，如何选择充电簇结构及划分充电簇，是缩小充电簇数、降低充电调度复杂度的前提。

因此，针对具体网络模型，结合网络节点分布及剩余能量、路由结构，选择合适的充电簇结构以及合理的划分充电簇，不仅保证了网络覆盖度，还降低了能量调度复杂度，对于网络能量分配至关重要。

3. 评价指标

通常，从网络节点死亡数、MC 移动距离、MC 累积消耗时间、MC 累积能耗和每轮 MC 能量利用率几个方面来评价充电调度算法的有效性。充电簇划分直接影响充电调度，如 MC 移动距离反映了充电簇划分和充电位置选取的合理性，合理地划分充电簇及选取充电位置，能够缩短充电调度过程中 MC 移动距离及 MC 充电调度时间。MC 移动距离越短，移动能耗和累积能量消耗越低，MC 有更多的能量用于补充节点，相应地能量利用率越高。因此，本章从这几个方面评估充电簇划分方法的有效性。

（1）网络节点死亡数：统计某一时刻网络死亡节点数，是评判充电簇划分是否合理的重要指标之一。采用不同的充电簇划分方法，在网络运行的同一时刻节点存活数越多，说明节点充电越及时，网络越稳定。

（2）MC 移动距离 S：MC 移动距离之和，即

$$S = \sum_{R=1}^{\text{Round}} \sum_{x=1}^{N} l_{C_x C_{x+1}}^R \tag{7-2}$$

式中，$l_{C_x C_{x+1}}^R$ 为第 R 轮充电簇序列中相邻充电簇间的距离，N 为充电簇数，x 为充电序列中充电簇次序，R 为充电调度轮数，Round 为总充电轮数。

（3）MC 累积消耗时间 T：各轮 MC 充电调度消耗时间之和。累计消耗时间越短，节点充电实时性越高。假设网络中每轮有 n 个节点需要充电，分别位于 N 个簇中，那么任意轮 MC 消耗时间为

$$T_{\text{MC}}^R = \sum_{x=1}^{N} t_{C_x C_{x+1}}^R + \sum_{i=1}^{n} t_i^R = \frac{\sum_{x=1}^{N} l_{C_x C_{x+1}}^R}{v_{\text{sen}}} + \sum_{i=1}^{n} t_i^R \tag{7-3}$$

式中，$t_{C_x C_{x+1}}^R$ 为第 R 轮充电调度时，MC 在相邻充电簇间移动耗时；t_i^R 为第 i 个节点在第 R 轮充电时间；v_{sen} 为 MC 移动速度。

MC 累积消耗时间 T 为

$$T = \sum_{R=1}^{\text{Round}} T_{\text{MC}}^R \tag{7-4}$$

（4）MC 累积能耗 E：每轮能量调度 MC 消耗能量之和，即

$$E = \sum_{R=1}^{\text{Round}} E_{\text{MC}}^R = \sum_{R=1}^{\text{Round}} \left(\sum_{x=1}^{N} E_{C_x C_{x+1}}^R + \sum_{i=1}^{N} E_{i(R)}^{\text{charge}} \right) = \sum_{R=1}^{\text{Round}} \left(\sum_{x=1}^{N} (t_{C_x C_{x+1}}^R \times q_{\text{sen}}) + \sum_{i=1}^{N} E_{i(R)}^{\text{charge}} \right)$$

$$\tag{7-5}$$

式中，$E_{C_x C_{x+1}}^R$ 为第 R 轮中 MC 在相邻簇头间移动时的能量消耗；$E_{i(R)}^{\text{charge}}$ 为第 R 轮中第 i 个节点充电时 MC 能耗；q_{sen} 为 MC 能耗率；Round 为总充电调度轮数。

（5）每轮 MC 能量利用率 $\mathrm{rate}_{\mathrm{MC}}^{R}$：每轮中节点补充能量值与 MC 能耗值的比值，即

$$\mathrm{rate}_{\mathrm{MC}}^{R} = \frac{E_{i(R)}^{\mathrm{need}}}{E_{\mathrm{MC}}^{R}} = \frac{E_0 - \mathrm{RE}_i^R}{E_{\mathrm{MC}}^R} \qquad (7-6)$$

式中，E_0 为节点初始能量值；RE_i^R 为节点 i 在第 R 轮充电调度时的能量值。

若节点 i 第 R 轮充电调度时充电效率为 $\eta_i^R(d_i)$，则节点 i 在第 R 轮充电时间 t_i^R 为

$$t_i^R = \frac{E_{i(R)}^{\mathrm{charge}}}{q_{\mathrm{charge}}} = \frac{E_{i(R)}^{\mathrm{need}}}{\eta_i^R(d_i)} \qquad (7-7)$$

式中，q_{charge} 为 MC 充电速度。

7.2 节点均匀分布下的充电簇划分模型

7.2.1 充电簇静态划分算法

1. 充电簇结构

网络节点的充电簇结构选择应综合考虑磁耦合无线充电和节点部署。WRSN 中节点数据路由采用基于地理位置的平面路由协议（GPSR）[88]。为了保证网络节点全覆盖，不至于网络节点漏充，本节选用正六边形结构作为节点充电簇结构模型（文献[109]证明了正六边形充电簇能够全覆盖网络区域）。单个正六边形充电簇结构如图 7-3 所示，正六边形边长为 r_c，r_c 值由 MC 充电能力决定；充电簇中心 O 为 MC 充电位置。图 7-3（a）为凸端朝上正六边形结构（简称凸正六边形），图 7-3(b) 为平边朝上正六边形结构（简称平正六边形）。

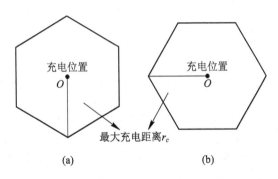

图 7-3 六边形充电簇结构模型

2. 节点所属充电簇

用正六边形充电簇覆盖网络，为节点补充能量，需要确定节点所属充电簇，具体方法见第 5.2.3 节。

3. 充电簇覆盖方法

已知 $L(\mathrm{m}) \times L(\mathrm{m})$ 正方形 WRSN 区域，基站位于区域中心，节点均匀分布，采用正六边形充电簇覆盖整个区域。充电簇有凸正六边形和平正六边形之分，区域节点有奇数行（列）和偶数行（列）排列之分，因此正六边形充电簇覆盖如图 7-4 所示有 4 种情况（$L = 30\ \mathrm{m}$）。

4 种正六边形充电簇分簇是随机的，不一定是最优的。为了找到最优的正六边形充电簇分簇方法，我们采用文献[120]中的基于充电距离最优分簇(an Optimal Charging Distance Clustering，OCDC)方法。

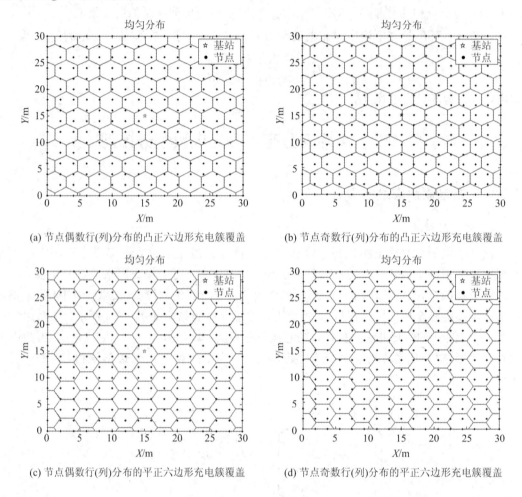

(a) 节点偶数行(列)分布的凸正六边形充电簇覆盖   (b) 节点奇数行(列)分布的凸正六边形充电簇覆盖

(c) 节点偶数行(列)分布的平正六边形充电簇覆盖   (d) 节点奇数行(列)分布的平正六边形充电簇覆盖

图 7 - 4   正六边形充电簇覆盖图

OCDC 方法划分充电簇的过程：在正方形 WRSN 区域中，采用正六边形充电簇随机覆盖网络，充电簇边长为 r_c。将覆盖的正六边形充电簇分别沿 x 轴和 y 轴移动 step 单位步长。对于平正六边形充电簇结构，x 轴移动最大距离为 $2r_c$，y 轴移动最大距离为 $\sqrt{3}r_c$，计算网络节点到各自充电簇中心距离方差之和的均值 $\overline{D}$。$\overline{D}$ 最小的充电簇分簇即为最优分簇。

选择 step=0.5 单位移动步长，计算移动次数 N：

$$N = \left[\frac{\sqrt{3}r}{\text{step}}\right] \times \left[\frac{2r_c}{\text{step}}\right] \tag{7-8}$$

式中，符号"$[X]$"为取不大于 X 的最大整数值。

第 j 个充电簇中节点到中心距离的均值 $\overline{d_j}$ 为

$$\overline{d_j} = \frac{1}{C_j}\sum_{k=1}^{C_j}d_k \tag{7-9}$$

式中，C_j 为第 j 个充电簇的节点数，d_k 为簇中第 k 个节点到中心的距离。

第 j 个充电簇中节点到中心距离的方差 D_j 为

$$D_j = \frac{1}{C_j} \sum_{k=1}^{C_j} (d_k - \overline{d_j})^2 \tag{7-10}$$

网络中充电簇距离的方差平均值 $\overline{D}$ 为

$$\overline{D} = \frac{1}{j_{\max}} \sum_{j=1}^{j_{\max}} D_j \tag{7-11}$$

以步长 step＝0.5 对图 7-4 中 4 种情况进行平移，评估结果见表 7-1。同一类型的正六边形分簇结构，节点偶数行(列)均匀布局 $\overline{D}$ 值小，分簇效果好。同一类型的节点部署，平正六边形充电簇结构的 $\overline{D}$ 值小，分簇效果好。对比 4 种情况 $\overline{D}$ 值，平正六边形充电簇结构、节点偶数行(列)均匀布局的 $\overline{D}$ 值最小，在寻优过程中移动次数最少，分簇效果最优。因此，本节采用节点偶数行(列)分布、平正六边形充电簇结构划分网络充电簇。

表 7-1　步长 step＝0.5 时 4 种分簇评估数据

4 种情况	平偶	凸偶	平奇	凸奇
$\overline{D}(\times 10^{-3})$	0.97	1.20	2.47	2.50
$\overline{D}$ 最小时的横纵移动步数	(2,6)	(7,1)	(8,7)	(7,8)
$\overline{D}$ 最小时的移动次数	13	55	56	62

4. 构建最优充电簇模型

OCDC 充电簇分簇方法以充电距离作为最优分簇的评价因素。充电距离与节点的传能效率有直接关系，充电距离越小，MC 充电效率越高，能耗也越小[121]。实际上，MC 补充能量过程中，不仅充电时耗能，MC 移动时也耗能，相应地 MC 移动距离对充电簇划分也有影响。本节以节点偶数行(列)均匀分布、平正六边形充电簇结构划分网络充电簇，仅考虑充电位置到基站中心的距离(即正六边形充电簇中心到基站的距离)，提出充电位置-基站的最优分簇方法(Optimal Clustering of Charging Location and Base Station，OCCLBS)。同时考虑节点到充电位置的距离和充电位置到基站的距离两个因素，计算网络消耗的最小能量值，提出充电距离和充电位置-基站的最优分簇方法(Optimal Charging Distance Clustering-Charging Location and Base Station，OCDC-CLBS)，并分析性能。

1) 充电位置-基站的最优分簇方法

采用正六边形充电簇随机覆盖网络，类似于采用 OCDC 方法移动充电簇，每次移动 step 单位步长，计算网络中充电簇中心(充电位置)到基站距离的方差值 D_s，选取最小 D_s 的分簇为最终分簇，即考虑充电位置到基站的距离因素的最优分簇方法(OCCLBS)，其流程描述见表 7-2。假设 WRSN 中有 $j_{\max}$ 个充电簇，基站坐标为 (B_x, B_y)，第 j 个充电簇的中心坐标为 (x_p^j, y_p^j)，则第 j 个充电簇中心位置到基站的距离 d_s^j 为

$$d_s^j = \sqrt{(x_p^j - B_x)^2 + (y_p^j - B_y)^2} \tag{7-12}$$

网络中充电簇中心到基站距离的均值 $\overline{d_s}$ 为

$$\overline{d_s} = \frac{1}{j_{\max}} \sum_{j=1}^{j_{\max}} d_s^j \tag{7-13}$$

网络中充电簇中心到基站的距离的方差 D_S 为

$$D_S = \frac{1}{j_{\max}} \sum_{j=1}^{j_{\max}} (d_s^j - \overline{d_s})^2 \qquad (7-14)$$

表 7 - 2　OCCLBS 分簇算法

功能：考虑充电位置到基站距离因素的最优分簇模型
输入：充电簇数 $j_{\max}$，节点数 $i_{\max}$，正方形网络边长 L，基站坐标$(B_x，B_y)$，正六边形边长 r_c，覆盖充电簇的移动步长 step；
输出：每次移动，网络中各充电簇到基站距离的方差值，最优分簇的横偏移值 x_offset 和纵偏移值 y_offset
1) 初始化 WRSN 中的变量，将 $i_{\max}$ 个节点均匀部署在边长为 L 的正方形网络区域中
2) 用平六边形无缝全覆盖网络，得到起始分簇图以及所有正六边形充电簇的起始中心坐标
3) for $x\_offset = 0$ to $2r_c$ do
4)　　for $y\_offset = 0$ to $\sqrt{3}r_c$ do
5) 基于起始充电簇分簇图，根据偏移值移动分簇图，得到新的网络分簇图以及充电簇新的中心坐标
6) 计算网络中充电簇中心到基站距离的方差
7)　　end for
8) end for
9) 选取移动过程中方差最小值
10) 根据最小方差值确定移动次数
11) 根据移动次数计算第 j 次移动时的横、纵偏移值 x_offset 和 y_offset
12) 根据偏移值 x_offset 和 y_offset 重新对网络进行分簇，得到最优分簇图

2) 充电距离和充电位置–基站的最优分簇方法

采用正六边形充电簇随机覆盖网络，分别沿 x 轴和 y 轴移动 step 单位步长，计算节点到各自充电簇中心（充电位置）距离。基于蚁群调度算法[118]，遍历全部充电簇中充电位置时的最短路径，即 MC 移动最短距离。计算 MC 消耗总能量，其中 MC 能耗最小的分簇为最终分簇，即同时考虑充电距离和充电位置到基站的距离因素最优分簇方法（OCDC - CLBS），其流程描述见表 7 - 3。

设充电簇第 t 次移动时，MC 消耗的总能量为 MC 移动能耗和节点传输能量之和。MC 移动过程中消耗能量 E_{MC}^t 为

$$E_{MC}^t = \frac{S_M^t}{v \cdot q_{sen}} \qquad (7-15)$$

式中，S_{MC}^t 为第 t 次移动的最短距离，v 为 MC 移动速度，q_{sen} 为 MC 能耗率。

MC 为节点 i 补充能量 E_i^t 为

$$E_i^t = \frac{E_0}{\eta_i^t(d_i^t)} \qquad (7-16)$$

式中，E_0 为节点携带的最大能量值，$\eta_i^t(d_i^t)$ 为节点 i 在充电簇第 t 次移动时的传能效率。依据文献[110]，结合实验数据，一对一传能效率 $\eta_i^t(d_i^t)$[122] 与节点和充电位置之间距离的拟

合公式为

$$\eta_i^t(d_i^t) = -0.0958d_{i(t)}^2 - 0.0377d_{i(t)} + 1.0 \qquad (7-17)$$

式中，$d_{i(t)}$ 为节点 i 在充电簇第 t 次移动后离充电位置的距离。

MC 给节点补充能量 E_{node}^t 为

$$E_{\text{node}}^t = \sum_{i=1}^{i_{\max}} E_i^t \qquad (7-18)$$

MC 消耗的总能量 E_{all}^i 为

$$E_{\text{all}}^t = E_{\text{node}}^t + E_M^t \qquad (7-19)$$

表 7-3 OCDC-CLBS 分簇算法

功能：考虑充电距离和充电位置到基站距离 2 个因素的最优充电簇分簇

输入：充电簇数 $j_{\max}$，节点数 $i_{\max}$，正方形网络边长 L，基站坐标 (B_x, B_y)，正六边形边长 r_c，覆盖充电簇的移动步长 step

输出：每次移动时 MC 消耗的总能量 E_{all}，最优分簇时的横偏移值 x_offset 和纵偏移值 y_offset

1) 初始化 WRSN 中的变量，将节点均匀部署在边长为 L 的正方形网络区域中

2) 用平六边形覆盖网络，获得起始分簇图及全部正六边形充电簇的起始中心坐标，计算节点到各自充电簇中心的距离

3) for $x\_\text{offset} = 0$ to $2r_c$ do

4)   for $y\_\text{offset} = 0$ to $\sqrt{3}r_c$ do

5) 基于起始充电簇分簇图，依据偏移值移动充电簇，获得新的网络分簇图及充电簇中心坐标，以及节点到各自正六边形充电簇中心的距离值

6) 调用蚁群调度算法，计算遍历全部充电簇中心节点的最短距离值

7) 计算 MC 消耗的总能量值

8)   end for

9) end for

10) 移动正六边形充电簇过程中产生多个 MC 能量消耗值，从中选取最小值

11) 根据最小能量值确定移动次数 t

12) 根据 t 计算第 j 次移动时的横、纵偏移值 x_offset 和 y_offset

13) 依据偏移值 x_offset 和 y_offset 重新对网络进行覆盖，得到最优正六边形充电簇分簇图

3）比较分析

选择边长 $L=30$ m 且节点均匀分布的正方形区域，依据 OCDC、OCCLBS 和 OCDC-CLBS 方法部署充电簇，设置移动步长 step 为 0.5 单位，部署效果如图 7-5 所示。从表 7-4 可以看出，在相同的平正六边形充电簇结构、偶数行（列）节点均匀分布条件下，通过 OCDC 方法得到节点到各自充电簇中心距离方差之和均值最小的移动步数为 13，通过 OCCLBS 方法得到各充电簇中心（充电位置）到基站距离方差值最小的移动步数为 59，通过 OCDC-CLBS 方法得到 MC 消耗总能量最小的移动步数为 55。因此，从移动步数看，OCDC 方法最少，OCCLBS 方法最多；但是移动步数仅说明分簇方法的收敛性，对于网络

能量调度性能以及网络能量稳定性方面的影响,需要通过实验仿真来验证说明。

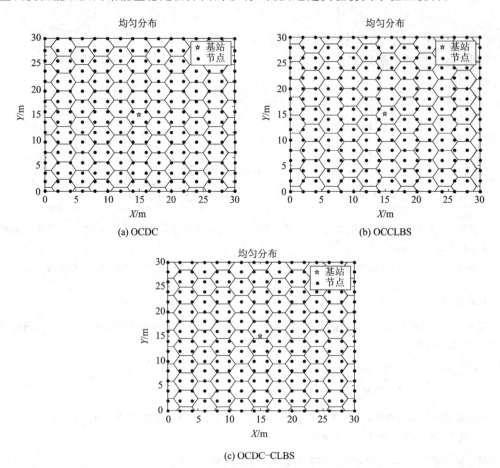

(a) OCDC

(b) OCCLBS

(c) OCDC-CLBS

图 7 - 5　step=0.5 时节点均匀分布的充电簇最优分簇图

表 7 - 4　3 种最优分簇方法的分簇过程参数对比

	OCDC	OCCLBS	OCDC - CLBS
充电簇结构	平正六边形	平正六边形	平正六边形
节点均匀分布的类型	偶数(行)列	偶数(行)列	偶数(行)列
最优时移动次数	13	59	55
最优时横纵移动步数	(2,6)	(9,3)	(8,6)

7.2.2　分层式充电簇动态划分算法

1. 充电簇结构

WRSN 基于 GSCH 路由,节点分为普通节点和簇头节点。普通节点采用平正六边形充电簇结构,如图 7 - 3(b)所示。基于 GSCH 路由的 WRSN,簇头是动态变化的,结合磁耦合充电距离等因素,簇头采用圆形充电簇结构。如图 7 - 6 所示,r_c 为最大充电距离,圆心 O 是簇内节点充电位置。

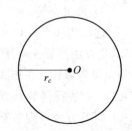

图 7 - 6　簇头节点充电簇结构模型

2. 节点所属充电簇

普通节点所属充电簇如图 7-4 所示，详情见 7.3.2 节。簇头采用圆形充电簇结构，根据 GSCH 路由协议，路由分簇是由圆环构成的扇形，如图 7-2 所示，靠近基站的一层圆环为内区，其他层圆环属于外区。对于外区簇头节点，以节点为圆心，以 r_c 为半径画圆，即可划分圆形充电簇。内区中离基站较近的簇头，一部分簇头处于以基站为圆心、半径 r_c 的圆内，即基站为由充电位置构成的一个独立圆形充电簇，其余内区簇头的充电簇划分方法与外区簇头划分相同。网络节点所属充电簇算法流程如表 7-5 所示。

表 7-5　节点所属充电簇算法

功能：确定节点所属充电簇
输入：节点坐标 (x, y)，充电簇半径 r_c，正六边形充电簇中心坐标 (x_p, y_p)，节点数 i_{max}，正六边形充电簇水平相邻两排的中心距离 w，竖直相邻两排的中心距离 h
输出：节点所在充电簇的序号 m，节点充电位置 (x_p, y_p)，充电簇包含的节点数 num

1）网络变量初始化，节点均匀分布在网络中

2）设定参数，若充电簇结构为平正六边形，设 $w=1.5r_c$，$h=\sqrt{3}r_c$，若为凸正六边形，则设 $w=\sqrt{3}r_c$，$h=1.5r_c$，完成对 WRSN 全覆盖

3）覆盖过程中确定充电簇序号 m，及充电簇数 j_{max}

4）for $i=1$ to i_{max} do

5）　for $j=1$ to j_{max} do

6）若采用平正六边形，则判断 $r_c-abs(x^i-x_p^j)$、$abs(y^i-y_p^j)/\sqrt{3}$ 和 $\sqrt{3}/2r_c$ 关系值；若采用凸正六边形，则判断 $r_c-abs(y^i-y_p^j)$、$abs(x^i-x_p^j)/\sqrt{3}$ 和 $\sqrt{3}/2r_c$ 关系值（见 5.2.3 节）

7）若符合条件，则属于该充电簇，当前充电簇 j 的节点数加一，当前节点所属充电簇为 j，节点的充电位置为 (x_p^j, y_p^j)

8）　end for

9）end for

10）for $R=1$ to Round do

11）根据 GSCH 路由分簇方法将网络路由分簇，选取每个路由簇中的簇头，将簇头分为外区和内区两组，记录普通节点的标志位 flag=0，外区路由簇头节点标志位 flag=1，内区路由簇头节点的标志位 flag=2

12）　for $i=1$ to i_{max} do

13）　　if flag==0 then

14）　　节点属于正六边形充电簇

15）　　else if flag==1 then

16）　　节点属于各相交圆组成的簇

17）　　else then

18）　　判断节点位置，若是，节点属于基站；若不是，则节点属于各相交圆组成的簇

19）　　end if

20）　end for

21）end for

簇头充电簇随着每轮路由簇头的改变而改变，故采用圆形充电簇。分别将普通节点与

簇头节点划分充电簇，即动态分层划分充电簇。图7-7为网络首轮充电簇划分效果图，其中，"☆"表示基站，"＊"表示路由簇头节点，"·"表示普通节点。

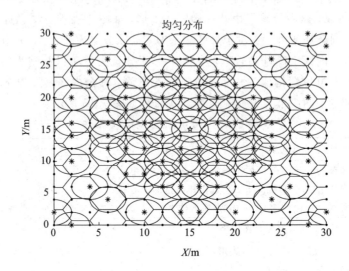

图 7-7　基于 GSCH 路由的 WRSN 首轮充电簇划分效果图

3. 节点最优分簇

普通节点采用 OCDC-CLBS 方法进行最优分簇，同时考虑充电距离以及充电位置到基站距离等因素。

初始时，将簇头都划分为独立圆形充电簇，导致充电簇过多；簇内只有簇头待充节点，增加了 MC 能量调度复杂性及移动能耗。针对路由分簇中相邻环形区域内的簇头能耗相差大、每个环形区域内簇头能耗相差小的特点，尽可能将每个环形区域内的簇头分到一个充电簇中。

外区簇头和部分内区簇头在划分圆形充电簇时可能出现相交情况，从两个相交圆或相切圆开始寻找充电位置，然后以充电位置为中心，以 r_c 为半径画圆形充电簇，接下来统计充电簇内的簇头数；其余簇头节点继续找两个相交或相切充电簇，先找到充电位置，再以充电位置为中心，以 r_c 为半径画圆形充电簇，然后统计充电簇内的簇头数。以此类推，直至簇头节点全部被划分完毕。

判断圆形充电簇相交或者相切的条件如下：

$$d_{12} = \sqrt{(x_1 - x_2)^2 + (y_1 - y_2)^2} \leqslant 2r_c \tag{7-20}$$

式中，(x_1, y_1) 和 (x_2, y_2) 分别为两个圆形充电簇圆心节点坐标，d_{12} 为两个圆心节点距离。

对于两两相交或者相切圆形充电簇合成的新充电簇，充电位置有以下几种情况：

（1）初始独立圆形充电簇的圆心（即簇头）位于同一层圆环（GSCH 路由分簇形成的圆环）情况，如图7-8所示。图7-8（a）为两个圆形充电簇相交，假设1号充电簇的圆心坐标为 (x_1, y_1)，2号充电簇的圆心坐标为 (x_2, y_2)，两个圆心连线的中心坐标 $O(x_0, y_0)$ 为

$$(x_0, y_0) = \left(\frac{x_1 + x_1}{2}, \frac{y_1 + y_2}{2} \right) \tag{7-21}$$

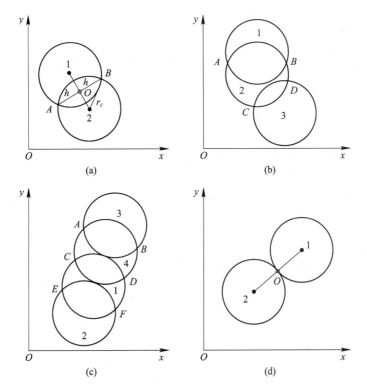

图7-8 圆心(簇头)位于同一层圆环情况

两个圆的交点 $A(x_A, y_A)$ 和 $B(x_B, y_B)$ 的坐标为

$$\begin{cases} \begin{cases} x_A = x_0 - \dfrac{h}{\sqrt{1 + k_{AB}^2}}, & y_A = y_0 + k_{AB}(x_A - x_0) \\ x_B = x_0 + \dfrac{h}{\sqrt{1 + k_{AB}^2}}, & y_B = y_0 + k_{AB}(x_B - x_0) \end{cases}, k_{AB} \ \text{存在} \\ \begin{cases} x_A = x_0, & y_A = y_0 + h \\ x_B = x_0, & y_B = y_0 - h \end{cases}, k_{AB} \ \text{不存在} \\ k_{AB} = -\dfrac{x_1 - x_2}{y_1 - y_2} \\ h = \sqrt{r_c^2 - \dfrac{d_{12}^2}{4}} \end{cases} \quad (7-22)$$

式中，k_{AB} 为交点 A 到交点 B 连线的斜率，h 为点 O 到交点 B 或 A 的距离。

若 A 点与基站的距离大于 B 点与基站的距离，则选 B 点作为圆心(即充点位置)，r_c 为半径，形成新圆形充电簇。对于 3 个以上圆形相交情况，如图 7-8(b)、(c)所示，序号小的簇头节点形成的独立圆优先级高，即找出序号小的两个相交圆按照上述方法构成新圆形充电簇。依次类推，如图 7-8(c)的 1 号和 2 号圆、3 号和 4 号圆各自形成新圆形充电簇。若最后只剩下一个圆，则形成独立圆充电簇，如图 7-8(b)的 3 号圆所示。当两个圆相切时，如图 7-8(d)所示，切点即为新圆形充电簇的圆心，也就是充电位置，该点坐标可通过式(7-21)计算获得。

(2) 初始独立圆形充电簇的圆心(即簇头)位于相邻层圆环情况,如图 7-9 所示,虚线两边为相邻层圆环。图 7-9(a)中的圆 1 和 2 分别位于相邻两层圆环且相交,交点为 A 和 B,假设 A 点与基站距离为 d_1 且小于 B 点与基站距离,两个圆心与基站距离的最小值为 d_2,若 d_1 小于 d_2,则以 A 点作为圆心(即充点位置),r_c 为半径,形成新圆形充电簇;否则两个圆作为独立圆充电簇。如果相邻两层圆环的圆 1 和 2 相切于 C 点,如图 7-9(b)所示,比较切点 C 与两个圆心到基站的距离,若 C 点到基站距离最小,则以 C 点作为圆心(即充点位置),r_c 为半径,形成新圆形充电簇;否则两个圆作为独立圆形充电簇。对于 3 个以上圆形相交情况,序号小的簇头形成的独立圆形充电簇优先级高,即找出序号小的两个相交圆形充电簇按照上述方法造成新圆形充电簇。依次类推,如图 7-9(c)的 1 号和 2 号圆、3 号和 4 号圆各自形成新圆形充电簇。若只剩下一个圆,则形成独立圆形充电簇,如图 7-9(d) 3 号圆所示。

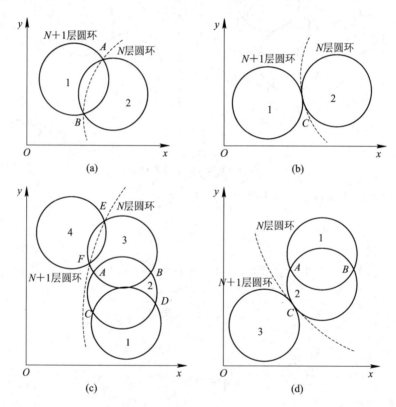

图 7-9　圆心(簇头节点)位于相邻层圆环情况

(3) 独立圆充电簇的充电位置如图 7-10 所示。取圆心 O(簇头)和基站 BS 的连线与圆的交点 A 作为充电位置。设基站 BS 位置为 $B(B_x, B_y)$,节点坐标为 $O(x_0, y_0)$,圆半径为 r_c,那么节点与基站的连线与圆交点坐标 $A(x, y)$ 为

$$\begin{cases} x = \dfrac{x_0 + \alpha B_x}{1 + \alpha} \\ y = \dfrac{y_0 + \alpha B_y}{1 + \alpha} \end{cases} \qquad (7-23)$$

式中:

$$\alpha = \frac{\sqrt{(x-x_0)^2+(y-y_0)^2}}{\sqrt{(x-B_x)^2+(y-B_y)^2}} = \frac{r_c}{\sqrt{(x_0-B_x)^2+(y_0-B_y)^2}} \qquad (7-24)$$

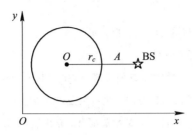

图 7 - 10　独立圆充电簇情况

4. 动态分簇算法

依据网络路由协议,将普通节点和簇头分别采用不同的充电簇结构,形成分层式的充电簇动态划分算法(SCCD)。SCCD 算法流程见表 7 - 6,它针对以偶数行(列)均匀分布的网络。基于 GSCH 路由对网络路由分簇,对于普通节点,以单位步长移动平正六边形充电簇,依据蚂蚁调度算法,计算 MC 遍历全部充电簇中心的最短距离,寻找 MC 消耗总能量最小值及对应的移动次数,根据移动次数确定最优充电簇;对于外区路由簇头,以外区路由簇头坐标为圆心,以r_c为半径画圆形充电簇;对于内区路由簇头(除离基站r_c范围内的内区路由簇头外),以路由簇头节点为圆心,以r_c为半径画圆形充电簇。根据圆形充电簇序号,判断相邻圆是否相交,若不相交,则为独立圆,计算独立圆圆心和基站连线与圆的交点,以交点为圆心,以r_c为半径画新圆形充电簇;否则,按圆序号选取两两相交的圆,分别计算交点、切点与圆心到基站的距离,依据距离判定充电位置,再以充电位置为圆心,以r_c为半径画新圆形充电簇,新圆形充电簇即为最优分簇。距离基站r_c范围内的内区路由簇头,以基站为圆心,以r_c为半径画圆形充电簇。SCCD 算法其流程如图 7 - 11 所示。

表 7 - 6　SCCD 算法

功能:将网络节点分为普通节点和簇头,分别划分充电簇
输入:节点坐标(x,y),充电簇半径r_c,正六边形充电簇中心坐标(x_p,y_p),节点数i_{max},充电簇数j_{max},正方形网络边长L,基站坐标(B_x,B_y),正六边形边长r_c,充电簇移动步长 step
输出:每次移动时,MC 消耗总能量E_{all},最优分簇时的横偏移值 x_offset 和纵偏移值 y_offset,节点的充电位置
1)初始化 WRSN 变量,将节点均匀部署在边长为L的正方形网络区域中
2)用平六边形覆盖网络,获得起始分簇图及充电簇起始中心坐标,计算节点到各自充电簇中心的距离
3)for x_offset $= 0$ to $2r_c$ do
4)　for y_offset $= 0$ to $\sqrt{3}r_c$ do
5)基于起始充电簇分簇图,依据偏移值,移动充电簇获得新的网络分簇图及充电簇的中心位置新坐标,以及节点到各自正六边形充电簇中心的距离
6)调用蚁群调度算法计算遍历全部充电簇中心节点的最短距离

7）计算 MC 消耗的总能量

8）end for

9）　end for

10）移动正六边形充电簇过程中选取 MC 消耗能量最小值

11）根据最小能量值，得到移动次数 t 值

12）根据 t 值计算得到第 j 次移动时的横、纵偏移值 x_offset 和 y_offset

13）依据偏移值 x_offset 和 y_offset 重新对网络进行覆盖，得到最优正六边形充电簇分簇图

14）if 节点为外区路由簇头或者为内区中非基站范围内的路由簇头 then

15）将这些节点放到一个组中，节点数为 Num

16）end if

17）判断任意两个圆是否相交，记录有交点两个圆的节点序号及相交对数 count，记录交点

18）for $i=1$ to Num do

19）　if 充电位置的标志位未置 1 then

20）　　for $j=1$ to count do

21）　　　按照序号顺序的优先性，判断与自己序号差值最小的相交或相切圆的节点

22）　　　if 有相交或者相切圆 then

23）　　　　if 处于同一层圆环中 then

24）　　　　　if 充电位置的标志位未置 1 then

25）作为一个充电簇，取距离基站较近的交点位置作为充电簇的充电位置，画圆形充电簇，记录充电簇中包含节点拥有充电位置的标志位

26）　　　　　end if

27）　　　　else 不处于同一层圆环中 then

28）　　　　　if 充电位置的标志位未置 1 then

29）　　　　　　比较切点或者交点、两个节点所属的充电簇中心到基站的距离值

30）　　　　　　if 切点或者交点的距离值最小 then

31）作为一个充电簇，取切点或者交点位置作为充电簇的充电位置，画圆形充电簇，记录充电簇中包含节点拥有充电位置的标志位

32）　　　　　　end if

33）　　　　　end if

34）　　　　end if

35）　　　end if

36）　　end for

37）　end if

38）end for

39）取出无充电位置标志位的节点，按照式(7－23)计算独立圆的充电位置，画圆形充电簇

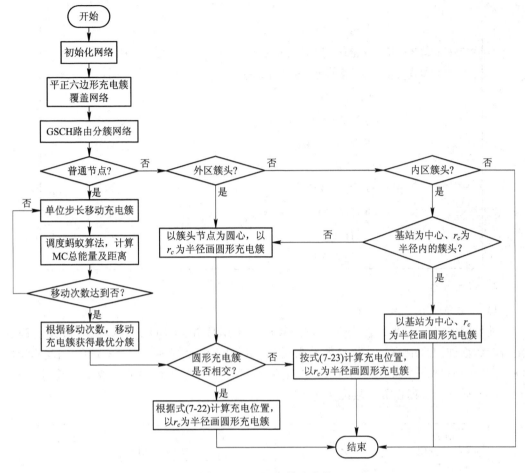

图 7 - 11　SCCD 算法流程

7.2.3　仿真与分析

1. 仿真环境

在边长为 30 m 的正方形 WRSN 区域,节点均匀分布。为便于比较分析 OCDC、OCCLBS、OCDC - CLBS 和 SCCD 方法的充电簇部署性能,设置具体参数如表 7 - 7 所示。OCDC、OCCLBS、OCDC - CLBS 方法比较分析的是基于 GPSR 路由协议的 WRSN,OCDC - CLBS 和 SCCD 方法比较分析的是基于 GSCH 路由协议的 WRSN。通过充电调度,获取距离、时间以及节点能量等数据,进行评估分析。

表 7 - 7　仿真参数设置

参　　数	数　值
WRSN 区域大小/m²	30×30
基站位置坐标/m	(15,15)
节点数/个	256
自由空间传输模型能量衰减因子 ε_{fs}/(pJ/(bit · m⁻²))	10

参　　数	数　　值
多路径衰减传输模型能量衰减因子 ε_{mp}/(pJ/(bit·m^{-4}))	0.0013
节点发送或接收单位数据能耗因子 β_1/(nJ/bit)	50
最大充电距离/m	2
节点数据包长度/bit	4000
网络运行轮数	1500
节点初始能量值/J	1
节点能量阈值/J	0.05
MC 初始能量/kJ	10.8
MC 运行速度/(m/s)	5
MC 移动能耗速率/(J/m)	1

2. 结果分析

1）网络节点死亡数

随着网络运行，OCDC、OCCLBS、OCDC-CLBS 和 SCCD 分簇方法通过充电调度，随着轮数增加网络中的死亡节点数也在增加，如图 7-12 所示。图 7-12(a)中，OCDC、OCCLBS、OCDC-CLBS 分簇方法在充电调度过程中节点死亡率随轮数变化趋势基本一致，1500 轮之后，死亡节点数维持在 17。

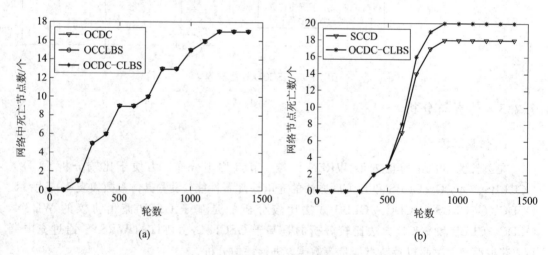

(a)　　　　　　　　　　　(b)

图 7-12　网络中死亡节点数变化情况

图 7-12(b)中，OCDC-CLBS 和 SCCD 分簇方法的死亡节点数差不多，原因在于需充电节点数较少。在 500 轮后，随着充电节点数增加，基于 SCCD 的充电簇划分方法节点死亡数明显小于 OCDC-CLBS 方法；在 900 轮时，SCCD 方法的死亡节点数为 18，OCDC-CLBS 方法为 20；1000 轮后，二者差异基本稳定。

2）MC 移动距离

分别基于 OCDC-CLBS 方法、OCCLBS 方法和 OCDC 方法，通过充电调度，MC 移动距离如图 7-13(a)(b)所示。图 7-13(a)中，尽管采用相同的充电簇划分方法，每轮 MC 移动距离却不同，原因在于每轮充电调度过程需要的充电节点数不同，充电位置也不同。采用不同充电簇划分方法，每轮 MC 移动距离也不一样，因为不同方法划分的充电簇不同，进而待充电节点和充电位置也不同。第 65、475、885、1290 等轮，OCDC - CLBS 方法的移动距离最短，OCCLBS 方法次之，OCDC 方法最长。对于 MC 移动距离最长的第 250、750、1000 等轮，OCDC - CLBS 方法的移动距离最短，OCDC 方法和 OCCLBS 方法的移动距离相差不大。对比图 7 - 13(a)、(b)发现，基于 3 种充电簇分簇方法的 MC 移动总距离随着轮数增加而增加，总趋势一致。因此，基于 OCDC - CLBS 方法，充电调度时 MC 移动距离最短，MC 移动能耗较少。

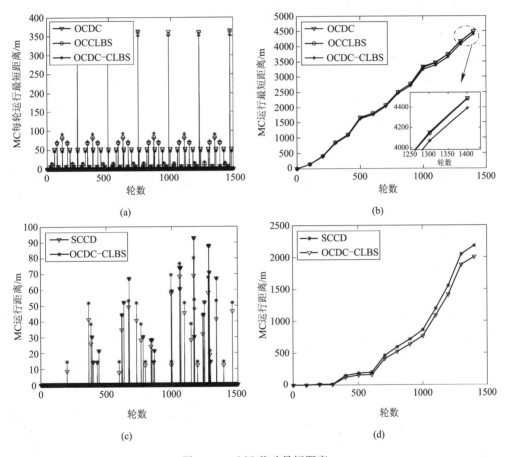

图 7 - 13　MC 移动最短距离

　　分别基于 OCDC - CLBS 方法和 SCCD 方法，通过充电调度，MC 移动距离如图 7 - 13 (c)(d)所示。图 7 - 13(c)中，第 350 和 700 轮时，基于 SCCD 方法的 MC 移动距离为 40 m，OCDC - CLBS 方法为 52 m；第 1000 轮时，基于 SCCD 方法的 MC 移动距离为 60 m，OCDC - CLBS 方法为 70 m。对比图 7 - 13(c)、(d)发现，基于这 2 种充电簇分簇方法的 MC 移动总距离随着轮数增加而增加，总趋势一致。因此，基于 SCCD 方法，充电调度时 MC 移动距离最短，MC 移动能耗较少。

　　3）MC 累积消耗时间

　　通常，随着网络运行，需要充电的节点越来越多，MC 累积消耗时间也越来越长。如图

7-14 所示，基于 OCDC-CLBS、OCCLBS、OCDC 和 SCCD 方法，MC 累积消耗时间随着轮数增加而增加；消耗时间曲线的斜率与每轮需要充电的节点数有关，也与充电簇划分有关。图 7-14(a)中，在 1400 轮时，与 OCDC 方法、OCCLBS 方法比较，OCDC-CLBS 方法的 MC 累积消耗时间最短。基于 OCDC 方法的 MC 累积消耗时间比 OCCLBS 方法略短，说明 OCDC-CLBS 方法综合考虑了充电距离以及充电位置到基站的距离等因素进行最优分簇，缩短了 MC 充电过程的总时间。

图 7-14(b)中，在 1300 轮时，与 OCDC-CLBS 方法比较，SCCD 方法的 MC 累积消耗时间为 753 s，OCDC-CLBS 方法为 801 s。说明 SCCD 方法将普通节点和簇头通过分层划分充电簇，缩短了 MC 充电过程中的总时间。

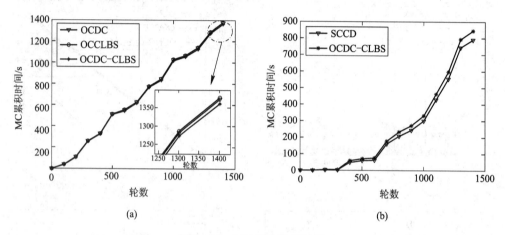

图 7-14　MC 累积消耗时间

4）MC 累积能耗和能量利用率

图 7-15(a)中，基于 OCDC-CLBS 方法、OCCLBS 方法和 OCDC 方法的 MC 累积能耗值差异不大，能耗值随轮数增加而增加。从 1260 轮到 1400 轮，基于 OCDC-CLBS 方法的 MC 累积能耗值最小，OCCLBS 方法次之，OCDC 方法最大。图 7-15(b)中，基于 OCDC-CLBS 方法和 SCCD 方法的 MC 累积能耗值差异不大，能耗值随轮数增加而增加。

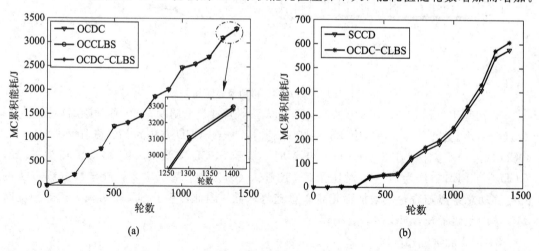

图 7-15　MC 调度累积能耗

400 轮后，SCCD 方法的 MC 累积能耗值比 OCDC - CLBS 方法的累积能耗值小。

　　基于 OCDC - CLBS、OCCLBS 和 OCDC 方法的 MC 能量利用率如图 7 - 16(a)所示。在某些轮(如 504 轮)因节点无需充电，故 MC 能量利用率为 0。总的来说，基于 OCDC - CLBS 方法的 MC 能量利用率最优，OCCLBS 方法次之，OCDC 方法最差。MC 能量利用率越高，充电调度中 MC 补充给节点的能量越多，MC 移动能耗也越小。

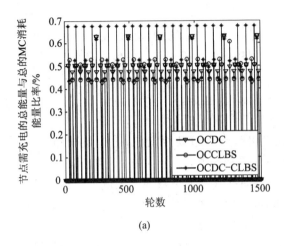
(a)

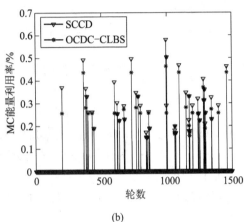
(b)

图 7 - 16　MC 能量利用率

　　基于 OCDC - CLBS 和 SCCD 方法的 MC 能量利用率如图 7 - 16(b)所示。在 1000 轮时，基于 SCCD 方法的 MC 最大能量利用率接近 0.6，而 OCDC - CLBS 方法为 0.48。在每轮 MC 最大能量利用率方面，SCCD 方法优于 OCDC - CLBS 方法，说明基于 SCCD 方法划分充电簇，MC 能量利用率高，MC 移动能耗小，充电簇划分较合理。

7.3　节点随机分布下的充电簇划分模型

　　节点随机分布的网络中，有的区域节点密度大，节点间距离小；有的区域节点密度小，节点间距离大。若采用正六边形充电簇模型覆盖网络，则可能出现某些充电簇内无节点，即空簇现象。在能量调度过程中，MC 移动到空簇引起的能量消耗，将会降低 MC 能量利用率。为了避免这种现象发生，结合磁耦合谐振能量传输特点，采用圆形充电簇根据节点分布情况进行非均匀部署。

7.3.1　圆形-密度充电簇划分算法

1. 充电簇划分方法与过程

　　根据节点随机分布密度划分网络节点充电簇，节点密度高的区域，充电簇越集中，充电簇内节点数越多；反之，充电簇越少。与均匀分布的充电簇相比，对于节点数量相同的 WRSN，基于节点密度划分的充电簇数少，不仅降低了充电调度的复杂度，减少了调度过程中 MC 移动能耗，也提高了网络能量利用率。

　　结合节点密度的圆形充电簇划分方法，称为圆形-密度的静态能耗充电簇划分方法(Circular-Density Clustering Method，CDCM)。受节点密度影响，有的区域没有节点，不需要划分充电簇，即非全覆盖。充电簇包含节点越多，说明簇内节点密度越大。通常，节点密度采用邻居节点数来表达，邻居节点为节点间距离小于充电距离 r_c 的节点（从充电角度考虑）。节点 i 与节点 j 间的距离 d_{ij} 为

$$d_{ij} = \sqrt{(x_i - x_j)^2 + (y_i - y_j)^2} \tag{7-25}$$

式中，(x_i, y_i) 和 (x_j, y_j) 分别为节点 i 和 j 的坐标。若 d_{ij} 小于或等于 r_c，则节点 i 和节点 j 为邻居节点。

通过式（7-25）判定邻居节点时，统计、寻找邻居节点数最大的节点，假设为节点 $t(x_t, y_t)$。以节点 t 为圆心、r_c 为半径画圆，得到初始圆形充电簇，簇内节点为节点 t 的邻居节点。为了使充电簇内节点数最多，可移动、旋转初始圆形充电簇，即

$$\begin{cases} (x_{\text{new}}, y_{\text{new}}) = (x_t + l \times \cos\alpha, y_t + l \times \sin\alpha) \\ l = \text{step} \times n \end{cases} \tag{7-26}$$

式中，$(x_{\text{new}}, y_{\text{new}})$ 为移动后新充电簇的圆心坐标，l 为移动距离值，α 为旋转角度值，n（$n = 0, 1, 2, 3, \cdots$）为初始充电簇在角度 α 下的移动次数，step 为单位距离值。

假设初始圆形充电簇内节点数为 n_0，为了使首次移动充电簇最大限度地包括初始簇内节点，将初始圆形充电簇内节点（圆边上的节点除外）离圆周最近的距离作为 step 值，即

$$\text{step} = \min_{k=1}^{n_0} (r_c - d_{kt}) \tag{7-27}$$

式中，d_{kt} 是初始圆形充电簇第 k 个节点到圆心节点 t 的距离（不包括距离值为 r_c 的节点）。

充电簇旋转角度 α 又可以表示为

$$\alpha = \theta \times m \tag{7-28}$$

式中，θ 为圆形充电簇旋转时单位旋转角，为了降低计算复杂度，通常取 $\theta = 1°$。如图 7-17 所示，α 从 $0°$ 开始，每次偏移 $1°$，直到偏移角度为 $360°$ 时停止，m（$m = 0, 1, 2, \cdots, 360$）为第 m 次角度偏移。圆形充电簇移动总次数 N 为

$$N = n \times m \tag{7-29}$$

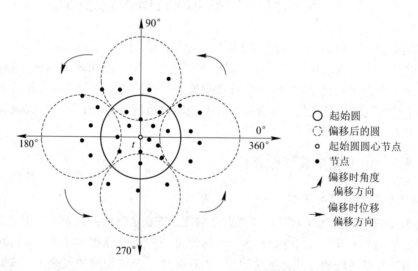

图 7-17　圆形充电簇偏移示意图

充电簇先旋转一个角度，再平移 n 个 step 单位距离，直至充电簇内节点数开始减少，即收敛，停止平移。统计每次旋转角度下收敛时充电簇内节点数，节点数最多的充电簇，

节点密度最大，为最优充电簇。剔除最优充电簇内的节点，从剩余节点中找邻居节点数最多的节点，得到新的初始圆形充电簇。重复上述方法，直至剩余节点都为孤立节点，即没有邻居节点。

取出任意孤立节点，以该节点为圆心、r_c 为半径画圆，作为初始圆形充电簇，通过旋转平移，将孤立节点周围 $2r_c$ 范围内的节点组成一个充电簇（充电簇半径为 r_c）。移动结束时，若偏移过程中存在簇内节点数最多的充电簇（节点数大于 1），即为最优充电簇；否则为独立节点（$2r_c$ 范围内没有孤立节点），初始圆形充电簇即为最优充电簇。剔除最优充电簇内的节点，重复孤立节点充电簇划分，直至所有孤立节点完成分簇。

CDCM 算法如表 7 - 8 所示。

表 7 - 8　CDCM 算法

功能：网络充电簇划分
输入：节点坐标$(x，y)$，充电簇半径 r_c，节点数 i_{max} 输出：网络充电簇的划分图
1）WRSN 初始化，节点随机部署
2）获取节点坐标值
3）while lengh(未被分簇的节点)＞0 do
4）计算节点邻居节点数，取出邻居节点数(count)最多的节点 t
5）　　if count＞1 then
6）以节点 t 为圆心、r_c 为半径画圆，作为起始圆形充电簇，计算圆中节点(圆边上的节点除外)离圆边最近的距离值，将最小值作为 step 值
7）　　　　for $m=0$ to $360/\theta$ do
8）　　　　　for $n=0$ to $L/step$ do
9）　　　　　　按照式(7 - 27)移动初始圆形充电簇，直到收敛
10）　　　　　若收敛，break
11）　　　　end for
12）　　　end for
13）选出包含节点数最多的圆形充电簇作为最优充电簇
14）排除最优充电簇内的节点
15）　　else then
16）　　节点为孤立圆，以节点 t 为圆心、r_c 为半径画圆，将此圆作为初始圆形充电簇
17）　　按照 7)～12)步移动初始圆，其中 $n=0$ to r_c
18）　　选出位移过程中包含节点数最多的圆
19）　　if 圆中节点数大于 1 then
20）　　　为最优充电簇
21）　　else then
22）　　　将初始圆形充电簇作为充电簇
23）　　end if
24）　end if
25）end while

为了降低复杂度，通常 step 值选取 $r_c/20$，θ 值为 $1°$ 逐步偏移，最大偏移角度 α 为 $360°$，每个角度移动的最大距离 l 为 r_c。基于 CDCM 方法，对 $30\ \text{m} \times 30\ \text{m}$ 区域 WRSNs 划分充电簇，效果如图 7-18 所示，圆形区域即为充电簇基本单元。

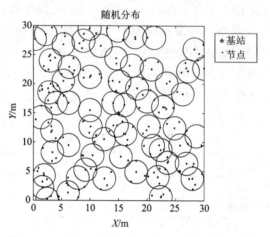

图 7-18　基于 CDCM 方法划分的充电簇效果图

2. 节点所属充电簇

基于 CDCM 方法划分充电簇，网络节点归属于各自充电簇，如图 7-19 中 D 节点属于 1 号充电簇；但可能出现一个节点同属于两个以上充电簇的情况，如图 7-19 中的 A 和 B 节点。对于同属于两个充电簇以上的节点，按照簇内节点数多的簇优先原则，节点属于簇内节点数多的簇，增加了簇内节点密度。簇内节点数越多，节点密度越大，充电簇能量补充需求越强烈，相应地优先级越高。因此节点数多的簇比节点数少的簇优先充电，将属于两个充电簇以上的节点归属于节点数多的簇，避免 MC 来回移动，从而提高了节点补充及时性，降低了能量调度的复杂度。图 7-19 中 A 和 B 节点同属于 2 号充电簇，因为 2 号充电簇内节点数大于 1 号充电簇。

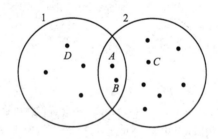

图 7-19　确定节点所属的充电簇

3. MC 充电位置

除了独立节点构成的充电簇外，其余充电簇的充电位置为充电簇中心（见式（7-26）），如图 7-20（a）所示。独立节点构成的充电簇中心为节点位置，故不能作为 MC 充电位置，选取独立节点和基站连线与圆形充电簇交点位置为充电位置，如图 7-20（b）所示。这个位置可使 MC 能够给独立节点充电且移动到基站距离最短（因为 MC 从基站获得能量）。假设基站 BS 的位置为 $B(B_x, B_y)$，节点 $O(x_0, y_0)$，圆形充电簇半径为 r_c，那么节点 O 和基站连线与圆形充电簇的交点 A 坐标 (x,y) 见式(7-23)。

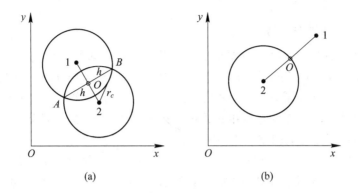

(a)   (b)

图 7-20　充电簇中的充电位置

假设 WRSN 中有 n 个节点，确定节点所属充电簇和充电位置算法，如表 7-9 所示。

表 7-9　节点所属充电簇和充电位置算法

功能：确定节点所属充电簇和充电位置
输入：节点坐标 (x,y)，圆形充电簇半径 r_c，节点数 n，充电簇数 Num 输出：节点所属充电簇和 MC 充电位置

1) 初始化 WRSN 区域

2) 基于 CDCM 方法划分充电簇

3) 获得全部充电簇的中心位置和充电簇数 Num

4) while Num>0 do

5)　　for $i=1$ to Num do

6)　　　for $j=1$ to n do

7)　　　计算节点到充电簇中心的距离，记录每个充电簇中节点数 C_i

8)　　　end for

9)　　end for

10)　　获取节点最多的充电簇序号 i，以及充电簇区域中的节点序号和节点数 C_i

11)　　if $C_i>1$ then

12)　　充电簇 i 的充电位置为圆形区域中心

13)　　else then

14)　　充电簇 i 为独立圆，根据式(7-23)计算独立节点到基站连线与圆形充电簇的交点，交点位置为充电簇 i 的充电位置

15)　　end if

16)　　排除充电簇 i 中的所有节点，$n=n-C_i$

17)　　Num＝Num－1

18) end while

7.3.2 圆形-交叉充电簇划分算法

1. 充电簇划分方法与过程

为了避免因划分过多充电簇而增加了能量调度复杂性问题，本节提出圆形-交叉充电簇划分方法（Circular-Cross Clustering Method，CCCM）。CCCM 方法在每轮中通过相交或相切圆形充电簇重组形成新充电簇，可减少充电簇数，并且降低能量调度复杂度。

采用求圆交点或切点方式重组相交或相切圆形充电簇，可能出现如图 7-21 所示的情况。与 1 号节点圆形充电簇相交或相切的圆有 4 个，节点间距离小于或等于 $2r_c$，这些节点称为关系节点。2 号节点有 3 个关系节点。如果关系节点多的节点优先划分充电簇，就会出现重组的圆形充电簇不是最优的，如 1 号节点的关系节点数为 4，优先划分充电簇，重组后的充电簇包括 1 号节点或其他一个节点，共计 2 个节点。如果以 2 号节点优先划分充电簇，重组后的充电簇包括 2 号节点或其他 2 个节点，共计 3 个节点。为了避免出现这种现象，本节依据关系节点数，分 3 种情况划分充电簇。

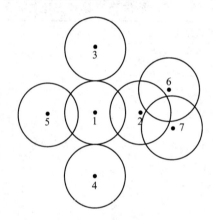

图 7-21　节点圆形充电簇相交或相切情况

1）关系节点数大于 1

找出关系节点数最多的节点，假设为节点 $t(x_t, y_t)$，以节点 t 为圆心，r_c 为半径画圆，得到初始圆形充电簇，簇内节点为节点 t 的相邻节点。为了使充电簇内节点数最多，根据式（7-26）移动、旋转初始圆形充电簇。

为了使初次移动的充电簇最大限度地包括初始簇内节点，将初始圆形充电簇内节点（圆边上的节点除外）离圆周最近的距离作为 step 值，见式（7-27）。

充电簇每次先旋转一个角度，再平移 n 个 step 单位距离，直至充电簇内节点数开始减少，即收敛，停止平移。统计各个旋转角度下收敛时充电簇内节点数，节点数最多的充电簇为节点 t 最优充电簇划分。重复上述方法，直至全部关系节点数大于 2 的节点完成最优充电簇划分。

关系节点数大于 2 的节点最优充电簇中，找出包含最多节点的充电簇节点，假设为节点 t_1，最优充电簇包含 n_t 个节点，重组后的圆形充电簇圆心坐标为 (x_{new}, y_{new})，应使其到各个节点距离最小，即充电簇半径 $r_{min}(\leqslant r_c)$ 为

$$r_{min} = \min_{i=1}^{n_t}\left(\frac{1}{2}\sqrt{(x_i - x_{new})^2 + (y_i - y_{new})^2}\right) \tag{7-30}$$

剔除充电簇内节点，从剩余关系节点数大于 2 的节点中，找出最多节点的充电簇节点进行重组获得新的圆形充电簇，重复上述方法，直至没有关系节点数大于 2 的节点。

2）关系节点数为 1

关系节点数为 1 的节点，即两个圆相交或者相切，将两个节点重组为新的圆形充电簇。

3）没有关系节点

没有关系节点，节点初始圆形充电簇即为最优充电簇。

CCCM 方法划分充电簇算法如表 7 - 10。

表 7 - 10　基于 CCCM 的划分充电簇算法

功能：网络中待充电节点划分充电簇（CCCM 方法）
输入：节点坐标 $(x，y)$，充电簇半径 r_c，节点数 i_{max} 输出：网络中待充电节点充电簇

1）初始化 WRSN 区域，节点随机分布在网络中

2）for $R=1$ to Round do

3）将低于阈值的节点放在一组中，记录节点序号和个数 Num

4）while $\sim$isempty(index)

5）计算 Num 个节点周围 $2r_c$ 范围内的节点数 $count_i$

6）　for $i=1$ to Num do

7）　　if $count_i > 1$ then

8）　　　for $m=0$ to $360/\theta$ do

9）　　　　for $n=0$ to r_c/step do

10）　　　以节点为圆心、半径为 r_c 画初始圆形充电簇，按照式（7 - 26）旋转、偏移，记录圆内最多节点数 Num_i

11）　　　　end for

12）　　　end for

13）　　elseif $count_i == 1$ && $flag_i == 0$ then

14）　　两个节点属于同一个簇，记录簇序号；剔除这两个节点，即 flag=1，记录圆内节点数 $Num_i = 1$

15）　　else then

16）　　孤立圆单独为一个充电簇，记录簇序号，剔除该节点，即 flag=1，记录圆内节点数 $Num_i = 1$

17）　　end if

18）　end for

19）　找出圆内节点数最多的节点序号，按照 7)～11) 的步骤和式（7 - 30）找出节点数最多的最优圆，剔除最优圆包含的节点，即 flag=1

20）$index=$find(flag$==0$)

21）Num$=$Num$-$length(index);

22）end while

23）end for

2. MC 充电位置

充电簇划分过程中，重组确定最优充电簇，随之确定节点所属充电簇。最优充电簇圆心(即充电位置)的确定方法因节点关系节点数不同而不同。

1) 关系节点数大于 1 的情况

关系节点数大于 1，即有 3 个及以上圆形充电簇相交或相切，重组后的最优充电簇圆心坐标通过式(7-26)获得，即充电位置，如图 7-22 所示，位于相交公共区域(阴影部分)的中心位置 O 点。

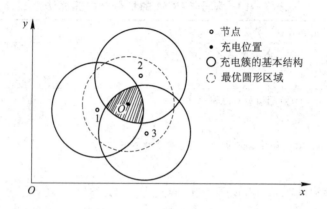

图 7-22 关系节点数大于 1 的圆形充电簇充电位置

2) 关系节点数等于 1 的情况

图 7-8 (a)为两个圆形充电簇相交情况，假设 1 号充电簇圆心坐标为(x_1, y_1)，2 号充电簇圆心坐标为(x_2, y_2)，两个圆心连线的中心 $O(x_0, y_0)$ 坐标见式(7-21)，两个圆的交点 $A(x_A, y_A)$ 和 $B(x_B, y_B)$ 坐标见式(7-22)。

若 A 点离基站的距离大于 B 点，选 B 点作为圆心(即充电位置)，r_c 为半径，形成重组最优充电簇。当两个圆相切时，如图 7-8(d)所示，切点即为最优充电簇的圆心，也是充电位置，其坐标通过式(7-21)计算获得。

3) 没有关系节点的情况

没有关系节点，即充电簇为独立圆形充电簇，如图 7-20(b)所示。取圆心 O(簇头)与基站 BS 连线与圆的交点 A 作为充电位置。设基站 BS 坐标为 (B_x, B_y)，节点为 $O(x_0, y_0)$，半径为r_c，那么节点和基站连线与圆的交点坐标 $A(x, y)$ 见式(7-23)。

基于 CCCM 的节点所属充电簇的充电位置确定算法如表 7-11。

表 7-11 基于 CCCM 的节点所属充电簇及充电位置确定算法

功能：确定节点所属充电簇及充电位置
输入：节点坐标(x, y)，充电簇半径 r_c，节点数 n，充电簇序号 输出：节点所属充电簇的充电位置
1) WRSN 区域初始化 2) 调用 CCCM 方法划分充电簇 3) for $i=1$ to n

4）根据充电簇序号，确定待充电节点所属的充电簇

5）　If 节点关系节点数大于 2 then

6）　　充电位置为重组充电簇时，最优圆形区域的圆心位置

7）　else if 节点关系节点数等于 2 then

8）　　按式(7-22)计算充电簇的充电位置

9）　else then

10）　　按式(7-23)计算孤立圆的充电位置

11）　end if

12）end for

7.3.3　仿真与分析

1. 仿真环境

WRSN 为边长 30 m 正方形区域，节点随机分布，具体参数如表 7-7 所示。以轮数为大循环，分别以 CCCM、CDCM 和 OCDC-CLBS 算法进行充电簇划分，通过充电调度获取距离、时间以及节点能量数据，进行评估分析。

2. 结果分析

1）网络节点死亡数

分别基于 CCCM、CDCM 和 OCDC-CLBS 方法划分充电簇，通过充电调度，网络节点死亡数随着轮数增加而增加，如图 7-23 所示。500 轮前，3 种方法的死亡节点数基本一致，原因在于充电节点数少。600 轮后，随着充电节点数的增加，基于 CDCM 和 OCDC-CLBS 方法的 MC 运行距离随之增加，增加幅度高于 CCCM 方法，导致个别节点没有及时充电而死亡。1200 轮后，基于 CCCM 方法的死亡节点数稳定在 10；1300 轮后，基于 CDCM 和 OCDC-CLBS 方法的网络死亡节点数都稳定在 12，大于 CCCM 方法。

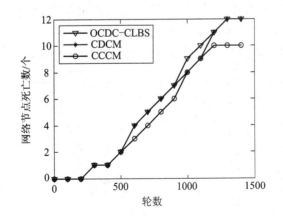

图 7-23　死亡节点数变化情况

2）MC 移动距离

分别基于 3 种充电簇划分方法，通过充电调度，MC 移动距离如图 7-24 所示。图

7-24(a)中，相同的分簇方法，每轮 MC 移动距离却不同，原因在于节点能耗是动态变化的，即每轮充电调度过程中需要充电节点数不同，充电位置也不同。如 CCCM 方法在第 500 轮时，MC 移动距离为 15 m，第 1250 轮时为 25 m，第 1250 轮时为 28 m。不同的分簇方法，每轮 MC 移动距离也不同，这是因为不同充电簇划分方法划分的充电簇不同，待充电节点和充电位置也不同。如 500 轮时，OCDC-CLBS 方法的 MC 移动距离为 21 m，CDCM 方法为 20 m，CCCM 方法为 15 m。对比图 7-24(b)发现，基于这 3 种充电簇划分方法，随着轮数增加 MC 移动总距离增加，总趋势一致。因此，从 MC 移动距离角度来看，充电调度时，CCCM 方法最短，CDCM 方法次之，OCDC-CLBS 方法最长。

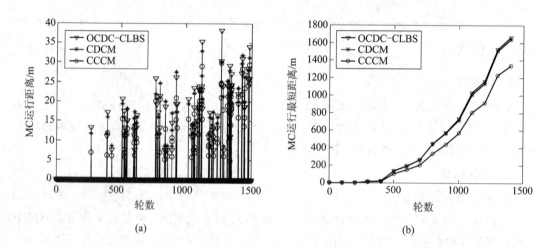

图 7-24 MC 运行最短距离

3）MC 累积消耗时间

通常，随着网络运行需要充电的节点越来越多，MC 累积消耗时间也越来越长，如图 7-25 所示。基于 3 种充电簇划分方法的 MC 累积消耗时间随着轮数增加而增加；消耗时间曲线的斜率与每轮需要充电的节点数有关，也与充电簇划分有关。在 1400 轮时，基于 OCDC-CLBS 方法的 MC 累积消耗时间为 450 s，CDCM 方法为 410 s，CCCM 方法为 320 s。OCDC-CLBS 方法与 CDCM 方法下的 MC 累积时间相差不大，基于 CCCM 方法的

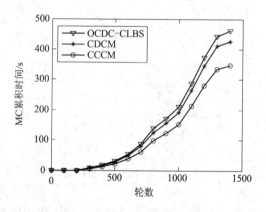

图 7-25 MC 调度累积消耗的时间

MC累积消耗时间少于前两者。这说明CCCM方法通过动态划分充电簇，缩短了MC充电过程中的总时间。

4）MC累积能耗和能量利用率

分别基于3种充电簇分簇方法，通过充电调度，MC累积能耗随轮数增加而增加，如图7-26所示。CDCM方法和OCDC-CLBS方法在MC累积能耗值差异不大。1400轮时，基于CCCM方法的MC累积能耗达为1690 J，CDCM方法为2100 J，OCDC-CLBS方法为2200 J。这说明CCCM方法在相同充电调度方式下比其他两种方法MC累积能耗低。

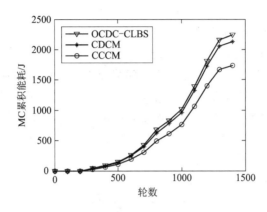

图7-26　MC调度累积能耗

基于3种充电簇分簇方法的MC能量利用率如图7-27所示。1000轮时，基于CCCM方法的能量利用率为0.17，CDCM方法为0.12，OCDC-CLBS方法为0.11。总之，基于CCCM方法的每轮能量利用率高于其他两种方法，充电调度中MC给节点补充能量多，MC移动能耗小，说明充电簇划分较合理。

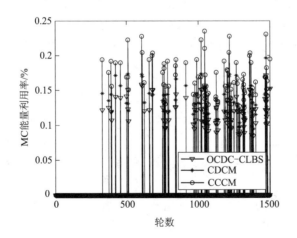

图7-27　能量利用率

第8章　周期性按需充电分配算法

无线可充电传感器网络能量补充过程中，如何有效地调度 SenCar 节点能量，减少 SenCar 节点因运动等因素造成的非充电能量消耗，提高节点能量补充及时性，关系到网络能量稳定性。目前一些学者[42,45]通过构建访问待充电节点的最短回路方法来减少 SenCar 节点移动消耗，提高传感器节点补充能量效率。实际上，受自身能量、移动距离以及网络拓扑结构等因素限制，SenCar 节点很难保证能给网络待充电节点都充满电。本章从网络能量需求平衡及 SenCar 节点能量有限的角度，提出一种周期性按需充电分配算法（Charge-On-Demand Periodically，CODP）。

8.1　系　统　概　述

1. 系统模型

WRSN 系统模型由网络模型和充电模型组成，具体见第 5.1 节，网络中 MC 数 m 取 1，说明网络中只有 1 个 SenCar 节点（又称 MC）。WRSN 中节点数据路由采用基于地理位置的平面路由协议（GPSR[123]）。节点通信能耗模型只考虑节点发送和接收数据的能耗[109,8]，对于单个节点来说，发送数据的能耗模型见式（6-1）。根据节点剩余能量情况，SenCar 节点周期性依次为 A、B、C、D 节点一对一充电，如图 8-1 所示。

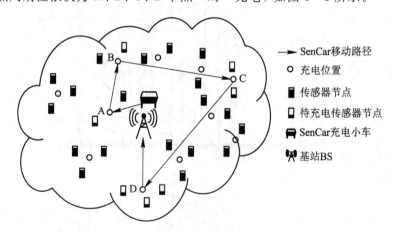

图 8-1　WRSN 网络系统模型图

为便于后续充电调度，在第 5.1 节基础上做如下假设：

假设 8-1　充电过程中，采用一对一充电方式，即 SenCar 节点一次只给 1 个传感器节点充电。

假设 8-2 SenCar 节点具备数据传输、能量传输和移动功能；网络节点位置已知。

假设 8-3 基站能量和通信能力足够大，能够直接给 SenCar 节点传输数据。

系统工作中，每个传感器节点持续监测其所在区域，通过多跳通信方式向基站发送感知消息。同时，传感器节点持续监测自己的剩余能量值，一旦发现剩余能量值低于门限值 E_{min2}，立即向基站发送充电请求。例如，节点 i 充电请求的格式为 ⟨ID_i，RE_i，TS_i，URG=1⟩，其中，ID_i 为传感器节点 i 的 ID 号，RE_i 为节点 i 的剩余能量，TS_i 是发送时间戳，URG=1 表明这是一个充电请求消息，目的是与节点发送给基站的普通能量通告消息相区别。基站既能接收节点的感知消息，又能接收节点的充电请求及能量信息，将充电请求直接发送给 SenCar 节点。初始时，SenCar 节点位于基站所在位置，SenCar 节点维持一个充电服务池，用来存放节点的充电请求消息。当收到充电请求时，SenCar 节点按照本章 8.2 节描述的充电调度算法选择下一个充电节点。SenCar 节点有 4 种状态，分别为空闲、移动、充电和回归状态，如图 8-2 所示。空闲状态表示 SenCar 节点没有任何充电请求；移动状态表示 SenCar 节点已选好下一个待电节点，并向该节点移动；充电状态表示 SenCar 节点正在为节点充电；回归状态表示 SenCar 节点已完成充电任务或能量不足，需返回基站补充能量[116]。

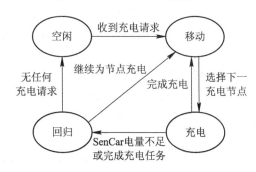

图 8-2 SenCar 节点状态转移

2. 问题描述

传统的 WRSN 充电策略假设传感器节点能耗率是固定不变的，SenCar 节点携带能量无限，每次 SenCar 节点为节点补满电。实际上，受网络路由影响，网络节点能耗是动态变化的，SenCar 节点携带能量是受限的，很难为每个节点充满电。这里涉及 SenCar 节点携带能量和网络节点需求能量等能量受限条件下如何合理调度分配 SenCar 节点所携带能量问题。动态分配调度 SenCar 节点能量需要考虑以下几点：

（1）SenCar 节点所携带能量有限，充电调度要保证 SenCar 节点有足够能量返回 BS 补充能量；

（2）充电调度算法尽量避免待充电节点失效时，降低 SenCar 节点在路径上移动引起的能量开销；

（3）充电响应具有公平性，避免请求充电节点长时间等待，得不到能量补充而造成失效。

8.2 周期性按需分配算法

携带能量的 SenCar 节点依据自身能量和网络节点剩余能量，周期性地根据网络节点需求为其分配能量。能量分配算法分为充电目标节点选择和构建最短充电回路两个阶段[99]。充电目标节点选择阶段，将网络节点剩余能量依次由低到高顺序排序，划分为多个区间，SenCar 节点每轮只对其中 1 个区间节点补充能量。构建最短充电回路阶段，针对区间节点位置，以区间节点剩余能量均方差最小为指标，构造最短汉密尔顿回路，满足节点补充能量不低于能量消耗、区间节点补充能量之和不高于 SenCar 节点携带能量以及充电周期等条件。

8.2.1 充电目标节点选择

在网络能耗不均衡情况下，每个节点能耗及充电需求是不一样的。每一轮充电调度中，受 SenCar 节点本身携带能量限制，只能为一部分节点补充能量，因此需要选取目标节点。选取目标节点的原则是不仅减少每个节点的充电频率，而且要保证网络中节点死亡率低，具体方法如下：

（1）初始化网络，节点将自身剩余能量信息通过路由发送到基站，基站获取网络中全部节点剩余能量信息，由低到高有序排列，形成节点剩余能量序列，记为 Q。

（2）采用 K-means 划分算法[124]，将节点分为 $m(m<n)$ 个区间。从 Q 序列中选取 m 个节点剩余能量值作为质心，计算网络中其他节点与这 m 个质心剩余能量差值的绝对值。当某个节点剩余能量与第 $i(i=1, 2, \cdots, m)$ 个质心剩余能量差值的绝对值小于设定阈值时，则节点属于第 i 个质心所在区间，计算同一区间中节点剩余能量的平均值，作为新质心。将新质心继续与 Q 序列中节点剩余能量作差取绝对值，若绝对值小于阈值，节点归入新区间中。计算新区间的质心，迭代至所有质心都不变化或小于设定阈值为止，即将序列 Q 分成 m 个区间。

本节选取区间内节点剩余能量与质心剩余能量最大差值的绝对值的最大值之和，即区间半径之和，作为区间划分指标。当假设 m 值等于或者高于实际区间数目时，区间半径之和变化趋于平缓[125]；当 m 值低于实际的区间数目时，区间半径之和急剧上升。区间划分半径之和随 m 值变化趋势图如图 8-3 所示。

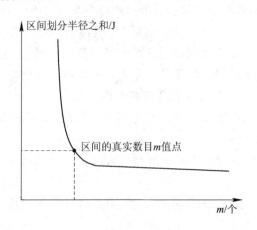

图 8-3　区间划分半径之和与 m 值选取关系图

节点剩余能量区间记为 $\varphi_i(i=1, 2, \cdots, m)$，这 m 个节点剩余能量区间从左到右依次递增，即从低剩余能量区间 φ_1 到高剩余能量区间 φ_m。序列 Q 中的节点根据自身剩余能量，依次归入相应的节点剩余能量区间。每一轮充电调度，SenCar节点只为某一个剩余能量区间节点补充能量。如图8-4所示，SenCar节点从低剩余能量区间到高剩余能量区间依轮补充能量，当SenCar节点为最高剩余能量区间中的节点补充能量完毕，在下一轮充电调度中，SenCar节点又从最低剩余能量区间开始依次为各区间节点补充能量。

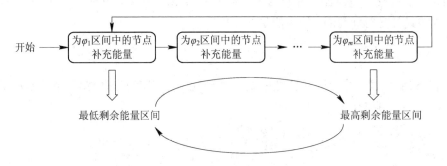

图8-4 充电目标选定示意图

8.2.2 构建最短充电回路

第k轮充电调度中，SenCar节点的充电回路是从起止点（基站），遍历充电目标节点的最短汉密尔顿回路。SenCar节点为充电目标节点补充一定能量后，离开并为下一个节点充电或回到基站补充能量，经过一个周期，SenCar节点又重新为该节点补充能量。

依据充电目标节点选择方法（见8.2.1节），确定第k轮需要充电的传感器节点，构成节点序列P_r^k，寻求最短汉密尔顿充电回路[126]。为了简化描述，假设SenCar节点为网络节点充电顺序重新排列，形成新集合，记为$Q^k = \{S, u_1^k, u_2^k, \cdots, u_{n_k}^k, S\}$，其中$n_k = \| P_r^k \|$，即每轮充电调度选定的目标节点数，$u_i^k (i=1, 2, \cdots, n_k)$表示第$k$轮充电调度中第$i$个节点。为了均衡网络节点剩余能量，充电回路选择应使网络节点剩余能量均方差S_d最小。S_d越小网络节点能量均衡度越高，反之能量均衡度越低。

$$S_d = \sqrt{\frac{1}{n_k} \sum_{i=1}^{n_k} (e_i - \mu)^2} \tag{8-1}$$

式中，$e_i (i=1, 2, \cdots, n_k)$表示节点$i$剩余能量；$\mu$表示节点剩余能量均值，$\mu = \frac{1}{n_k} \sum_{i=1}^{n_k} e_i$。

第k轮充电调度中节点i充电分配时间记为$\tau_i^k (i=1, 2, \cdots, n_k)$，则第$k$轮节点充电总时间$T_c^k$为

$$T_c^k = \sum_{i=1}^{n_k} \tau_i^k \tag{8-2}$$

第k轮充电调度总时间T^k为节点充电总时间T_c^k和SenCar节点移动总时间T_v^k之和：

$$T^k = T_c^k + T_v^k \tag{8-3}$$

考虑到SenCar节点在网络中匀速移动，移动总时间T_v^k与运动距离有关：

$$T_v^k = \frac{\sum_{i=2}^{n_k} d_{u_{i-1}^k, u_i^k} + d_{u_{n_k}^k, S} + d_{S, u_1^k}}{v} \tag{8-4}$$

式中，$d_{u_{i-1}^k, u_i^k}$ 为第 k 轮充电调度中节点 $i-1$ 与节点 i 的距离，$d_{u_{n_k}^k, S}$ 为第 k 轮充电调度中节点 n_k 与基站的距离，d_{S, u_1^k} 为第 k 轮充电调度中基站与节点 1 的距离，v 为 SenCar 节点移动速度。

当某个目标充电节点能量补充完毕，经过 m 轮充电调度，SenCar 节点又为其补充能量。两次能量补充时间间隔，记为能量补充周期 T_p：

$$T_p = \sum_{k=1}^{m} T^k \tag{8-5}$$

寻找 S_d 最小过程中，第 k 轮充电调度中到达充电调度回路中第 i 个节点 u_i^k 的时间 t_i^k（$i=1, 2\cdots, n_k$）满足：

$$t_i^k \geqslant \sum_{j=1}^{i-1} \frac{d_{u_{j-1}^k, u_j^k} + d_{S, u_1^k}}{v} + \sum_{j=0}^{i-1} \tau_j^k,\ 1 \leqslant i \leqslant n_k \tag{8-6}$$

式中，$\sum_{j=1}^{i-1} \frac{d_{u_{j-1}^k, u_j^k} + d_{S, u_1^k}}{v}$ 为 SenCar 节点到达充电目标节点 i 的移动时间，$\sum_{j=0}^{i-1} \tau_j^k$ 为节点 i 充电时间。

为了保证网络中节点在能量耗尽之前被 SenCar 节点补充能量，每轮充电调度中充电目标节点的能量消耗应不超过其剩余能量，即满足：

$$p_{u_i^k} \times T_p \leqslant e_{u_i^k} \tag{8-7}$$

式中，$p_{u_i^k}$、$e_{u_i^k}$ 分别为第 k 轮充电调度中充电目标节点 i 的消耗功率和剩余能量。

节点能量消耗功率小于节点补充能量的有效功率，即

$$p_{u_i^k} < q_c \times \eta \tag{8-8}$$

式中，q_c 为节点充电功率，η 为充电效率；$q_c \times \eta$ 表示 SenCar 节点为节点补充能量的有效功率。第 k 轮充电调度中，SenCar 节点为节点补充能量不低于节点在一个能量补充周期内的消耗能量，即

$$q_c \times \eta \times \tau_i^k \geqslant p_i \times T_p \tag{8-9}$$

相应地，目标节点获得的补充能量与剩余能量之和不超过 SenCar 节点最大携带能量 E_S，即

$$e_{u_i^k} + (q_c \times \eta - p_{u_i^k}) \times \tau_i^k \leqslant E_S \tag{8-10}$$

另外，SenCar 节点每轮充电调度中移动过程消耗能量与充电过程中消耗能量之和不超过 SenCar 节点携带的最大能量 E_m，即

$$E_m > q_m \times \left(\sum_{j=2}^{n_k} d_{u_{j-1}^k, u_j^k} + d_{S, u_1^k} + d_{u_{n_k}^k, S} \right) + q_c \times \sum_{j=1}^{n_k} \tau_j^k \tag{8-11}$$

式中，q_m 为 SenCar 节点单位距离移动能耗，$q_m \times \left(\sum_{j=2}^{n_k} d_{u_{j-1}^k, u_j^k} + d_{S, u_1^k} + d_{u_{n_k}^k, S} \right)$ 表示 SenCar 节点移动能量，$q_c \times \sum_{j=1}^{n_k} \tau_j^k$ 表示 SenCar 节点充电能耗。

相应地，m 轮 SenCar 节点移动与充电过程消耗的总能量不大于 SenCar 节点携带的总能量，即

$$m \times (E_m - E_{\min 1}) \geqslant q_c \times \sum_{k=1}^{m} T_c^k + q_m \times \sum_{k=1}^{m} T_m^k \qquad (8-12)$$

式中，$E_{\min 1}$ 为 SenCar 节点能量下限值，$q_c \times \sum_{k=1}^{m} T_c^k$ 为网络中节点补充总能量，$q_m \times \sum_{k=1}^{m} T_m^k$ 为 SenCar 节点移动过程中总耗能。

寻找 S_d 最小过程中，不断调整节点集合 $Q^k = \{S, u_1^k, u_2^k, \cdots, u_{n_k}^k, S\}$ 中的充电次序，使其满足式(8-6)～式(8-12)条件，即最短汉密尔顿充电回路。

8.2.3 算法流程

周期性按需分配算法如表 8-1 所示。

表 8-1　周期性按需分配算法

功能：构造可调度的充电规划

输入：网络规模、节点数 n、基站位置 L_s，SenCar 节点初始能量 E_m、SenCar 节点能量下限值 $E_{\min 1}$、节点初始能量 E_s、节点能量下限 $E_{\min 2}$、SenCar 节点移动速度 v、SenCar 节点充电功率 q_c、SenCar 节点移动消耗功率 q_m、SenCar 节点能量传输效率 η、节点接收或发送数据能量消耗率 ρ、网络初始运行时间 T、充电周期 T_p

输出：节点剩余能量以及节点剩余能量方差

1) 网络初始化，运行时间 T

2) 传感器节点将自身剩余能量发送至基站，基站汇总数据，将节点剩余能量升序排列 Q

3) 　for $s = 1$ to n do

4) 　　通过 K-means 算法[124]将序列 Q 分为 m 个区间，计算区间半径之和

5) end for

6) 　查看区间半径之和随着 m 选取的变化趋势，选取合适的 m 值，将 Q 分为相应的 m 个区间

7) 通过第 8.2.2 节构造最短汉密尔顿回路，确定各个区间节点充电次序

8) 设定节点充电时间 $\tau_i^k = \dfrac{p_i \times T_p}{q_c \times \eta}$

9) 　for $i = 1$ to m do
　　SenCar 节点从基站出发，为第 i 个区间节点补充能量，完成后返回基站

10) end

8.3　仿真与分析

1. 参数设置

网络覆盖区域为 1000 m×1000 m，节点随机分布，基站位于覆盖区域中心，坐标为 (500 m，500 m)，网络数据传输基于地理位置 GPSR 路由协议，传感器节点数据率在 1～10 kp/s 区间内随机产生。表 8-2 为仿真环境参数设置表。

表 8 - 2　仿真参数设置

参　　数	数　　值
网络规模/m²	1000×1000
节点数 n/个	50～150
基站位置 L_s/m	(500,500)
SenCar 节点初始能量 E_m/J	320 544
SenCar 节点能量下限值 E_{min1}/J	16 027
节点初始能量 E_s/J	10 800
节点能量下限 E_{min2}/J	540
SenCar 节点移动速度 v/(m·s⁻¹)	5
SenCar 节点充电功率 q_c/W	6.25
SenCar 节点移动消耗功率 q_m/W	5
SenCar 节点无线能量传输功率 η/%	80
每接收或发送 1 bit 数据耗费的能量 ρ/nJ	50
网络初始运行时间 T/s	36 000
充电周期 T_p/s	3600

2. 结果分析与讨论

1）m 值确定

随着划分区间数 m 增大，区间划分半径之和呈指数减少，如图 8-5 所示。当 m 值大于 4 时，区间划分半径之和趋于平缓；当 m 值小于 4 时，区间划分半径之和急剧上升。因此权衡区间划分半径之和以及计算复杂度两方面，选取 m 值为 4，即将网络节点剩余能量划分为 4 个区间。

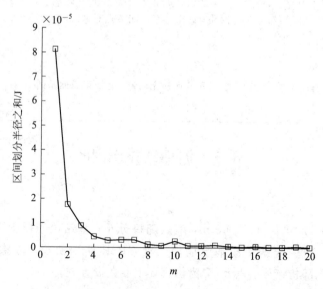

图 8-5　区间半径之和与 m 取值的仿真变化趋势图

2）网络剩余能量均衡度

经过 3 个充电周期，基于 CODP 算法和周期性充电算法（OPT）[42] 的节点剩余能量如图 8-6 所示。基于 OPT 算法的节点剩余能量水平普遍比 CODP 算法高 3 J。基于 OPT 算法的节点剩余能量最大波动为 2.7 J，基于 COPD 算法的节点剩余能量波动最大为 2.3 J，说明后者比前者能量相对均衡。

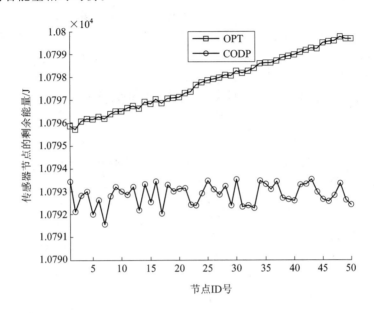

图 8-6　基于 OPT 算法和 CODP 算法的节点剩余能量

为了说明能量补充均衡性，随机生成了 25 个同参数的无线可充电传感器网络，统计两种算法的节点剩余能量均方差，如图 8-7 所示。基于 OPT 算法的节点剩余能量方差最低值为 1.83（第 21 次），而同次的 CODP 算法为 0.21，基于 OPT 算法的节点剩余能量均方差均大于 CODP 算法，说明 CODP 算法更有利于节点剩余能量趋于均衡。

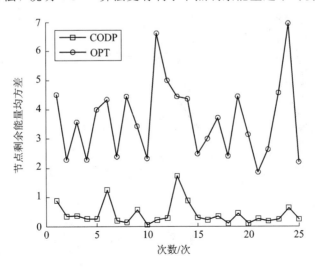

图 8-7　剩余能量均方差统计图

3）充电节点数分析

在 SenCar 节点携带能量有限的情况下，对于不同网络规模，SenCar 节点能够有效充电的节点数与其初始能量关系如图 8-8～图 8-10 所示。图 8-8～图 8-10 分别表示网络节点数在 $n=50$、$n=100$ 和 $n=150$ 情况下，为补全网络节点能量，CODP 算法比 OPT 算法需要的 SenCar 节点初始能量低，因为前者不需要为网络中每个节点充满电。随着 SenCar 节点的初始能量越大，网络中得到能量补充节点数越多；当 SenCar 节点初始能量达到一定程度时，这两种算法都能为网络全部节点充电，因为 SenCar 节点携带的初始能量足以满足网络节点充电需求，即全部节点充满电。因 CODP 算法按需为节点补充能量而不是充满，对于 SenCar 节点为网络节点充电需要的能量低于 OPT 方法，如 $n=100$ 时，基于 CODP 算法的 SenCar 节点初始能量为 3.21 J，而 OPT 方法为 4.95 J。

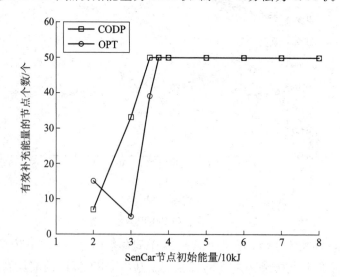

图 8-8　$n=50$ 时 SenCar 节点初始能量与充电节点数之间关系

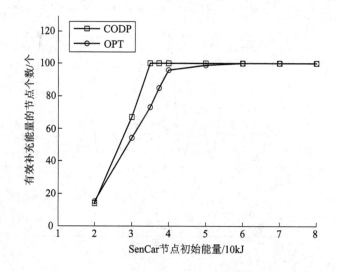

图 8-9　$n=100$ 时 SenCar 节点初始能量与充电节点数之间关系

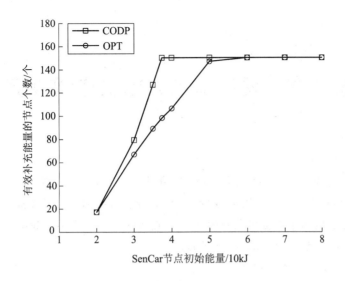

图 8-10　$n=150$ 时 SenCar 节点初始能量与充电节点数之间关系

　　总之，基于 CODP 算法的能量分配，SenCar 节点初始能量越大，得到能量补充的网络节点数越多。当 SenCar 节点初始能量一定时，基于 CODP 算法的能量调度在补充能量节点数方面多于 OPT 算法。通过剩余能量均方差分析，基于 CODP 算法的剩余能量均方差低于 OPT 算法，说明前者在均衡节点能量方面更有优势。

第9章 网络节点充电次序调度算法

对于无线可充电传感器网络(WRSN)能量补充过程,目前一些学者[55,47,24]通过构造访问待充电节点的最短回路方法来减少 SenCar 节点移动消耗,以及提高传感器节点补充能量效率。构造最短回路过程受节点分布、路由结构以及节点剩余能量等影响,为此本章提出一种充电次序调度方法(SANCO_SG)。

9.1 系 统 概 述

1. 系统模型

WRSN 系统模型由网络模型和充电模型组成,具体见第 8.2.1 节,m 取 1,说明网络中只有 1 个 SenCar 节点(又称 MC)。节点数据路由采用分布式分簇路由协议(LeachED)[127]。节点通信能耗模型及剩余能量模型分别见第 6.1 节和第 6.2 节。

系统工作过程如下:每个节点持续监测其所在区域,通过多跳通信方式向基站发送感知消息。同时,节点持续监测自身剩余能量,一旦发现低于门限值,立即发送充电请求。基站既能接收节点的感知消息,又能接收节点的充电请求,将充电请求直接发送给 SenCar 节点。初始时 SenCar 节点位于基站位置,SenCar 节点维持一个充电服务池,用来存放节点的充电请求消息。当收到充电请求时,SenCar 节点按照第 9.2 节描述的充电调度算法选择下一个充电节点。SenCar 节点具有 4 种状态,分别为空闲、移动、充电和回归状态,如图8-2所示,通过状态转化实现节点充电调度。

2. 问题描述

WRSN 中,节点因转发数据消耗能量,需要定期补充能量,保持能量可持续性以及网络能量稳定性。一对一充电方式下,当多个节点需要补充能量时,需要考虑如何调度携带能量的 SenCar 节点。这里调度需要解决两方面问题:一是最需要能量节点优先充电,二是减少 SenCar 节点在充电调度过程中移动消耗。第一个问题是最大限度地保证节点能量稳定性,节点能量有保证,路由结构相对稳定,网络能量也就稳定。第二个问题通过减少 SenCar 节点移动过程中能量消耗,最大限度地将能量补充给节点,提高能量利用率。

文献[128]在充电调度过程中,通过定义充电簇优先级和节点优先级确定调度次序。确定优先级时没有考虑节点类型影响,节点类型不同,节点功能不同,消耗能量也不同。特别是在基于分簇路由协议的网络中,节点在不同轮中承担功能不同,某轮中为普通节点,下一轮可能为簇头节点,因此节点能耗是变化的。文献[128]通过簇平均能量定义充电簇优先级,反映不出簇内节点实际能量需求的紧迫程度,如图 9-1 所示。簇 1 平均剩余能量为55 J，簇2平均剩余能量为50 J，按照CCCP_MMC[128]方法，簇2先充电，但簇1有B、D两个节点承担任过簇头，簇2只有节点3担任过簇头，很明显簇1应该优先充电。因此，充电调度过程中，不仅要考虑网络剩余能量，也要考虑节点类型。

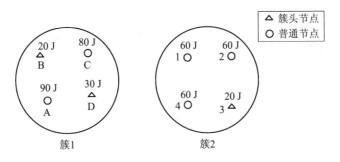

图9-1　充电调度问题

9.2　节点充电次序调度算法

SANCO_SG算法分为数据传输阶段和充电调度阶段。数据传输阶段，数据在节点间以路由簇形式传输，当网络中节点剩余能量低于设定阈值时，发送能量补充请求信息。充电调度阶段，SenCar节点根据充电请求，综合考虑节点所属充电簇优先级以及节点在簇内充电优先级，给优先级高的节点补充能量。

9.2.1　充电簇优先级

1. 充电簇划分

簇头选取与节点剩余能量和基站距离有关，即剩余能量越多、与基站距离越近的节点当选为簇头的概率越大。通过实验研究表明，簇头大部分集中在节点通信距离d_0的二分之一范围内。因此，以基站为中心，$d_0/2$为半径画圆，将网络区域分为圆内区域和圆外区域，圆内区域节点因靠近基站当选为簇头的概率高，能量消耗也比圆外区域节点大，需要进一步划分，如图9-2所示，以形成不均匀的充电簇，具体步骤如下：

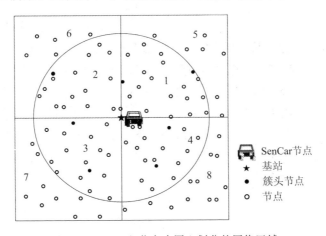

图9-2　以Sink节点为圆心划分的网络区域

（1）以 Sink 节点（基站）为中心、节点通信半径为半径画圆。

（2）以圆和直角坐标轴将网络区域划分 8 个部分，分别为区域 1～区域 8，如图 9 - 2 所示。区域 1～区域 4 内节点距离基站近，能量消耗大，需要补充能量的节点多，充电时间较长。

为了减少 SenCar 节点对圆内区域节点的总充电时间，将区域 1～区域 8 以基站为中心分别进行二等分，即网络被划分为 16 个区域，每个区域即为一个充电簇，形成 16 个充电簇，如图 9 - 3 所示，用 $g_j(j=1, 2, \cdots, 16)$ 表示充电簇集合。

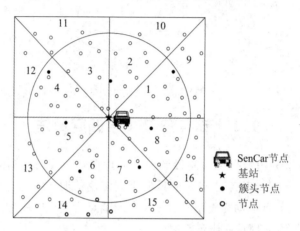

图 9 - 3 以对角线和中心划分的网络区域

（3）依据网络规模以及节点数量和分布，进一步划分区域，形成更细化的充电簇。

2. 确定充电簇优先级

充电簇充电紧迫程度与簇内节点数、节点类型以及节点到 SenCar 节点距离等因素有关，这里给出第 j 个充电簇的优先级 $G(g_j)$ 定义，其值用于度量充电簇需补充能量的紧迫程度。

$$G(g_j) = \frac{\left(1 + \dfrac{N_{btv}(j)}{N_{total}(j)}\right) \times \left(1 + \dfrac{n_j}{r}\right)}{2 + \dfrac{D(g_j, m)}{\sqrt{x^2 + y^2}}} \tag{9-1}$$

式中，$N_{btv}(j)$ 为第 j 个充电簇中低于阈值的节点数，$N_{total}(j)$ 为第 j 个充电簇内节点总数，r 为网络运行轮数，n_j 为第 j 个充电簇内所有担任簇头节点的平均轮数，$D(g_j, m)$ 为第 j 个充电簇的中心位置与 SenCar 节点的距离，x 和 y 分别为网络区域的长度和宽度。

节点数因子 $f_N(j)$ 与充电簇内低于阈值（即进入睡眠状态）的节点数有关，节点类型因子 $f_c(j)$ 与第 j 个充电簇内节点在 r 轮时担任过簇头的平均轮数 n_j 有关，距离因子 $f_d(j)$ 与节点和 SenCar 节点间距离 $D(g_j, m)$ 有关。节点数因子 $f_N(j)$、节点类型因子 $f_c(j)$、距离因子 $f_d(j)$ 的计算公式分别为

$$f_N(j) = \frac{N_{btv}(j)}{N_{total}(j)} \tag{9-2}$$

$$f_c(j) = \frac{n_j}{r} \tag{9-3}$$

$$f_d(j) = \frac{D(g_j, m)}{\sqrt{x^2 + y_2}} \tag{9-4}$$

通过节点数因子、节点类型因子和距离因子，充电簇优先级 $G(g_j)$ 可写为

$$G(g_j) = \frac{(1+f_N(j)) \times (1+f_c(j))}{2+f_d(j)} \tag{9-5}$$

因此，充电簇优先级与距离因子成反比，即簇内节点和 SenCar 节点间距离越远，充电簇优先级越低；充电簇优先级与节点数因子和节点类型因子成正比，说明簇内待充电节点数或簇头越多，充电簇优先级越高。

9.2.2 节点优先级

通常，充电簇内可能同时出现多个低于阈值节点需要补充能量，但在一对一充电方式下，同一时刻 SenCar 节点只能为一个节点补充能量，因此，需要定义节点充电优先级 $L(s_i)$，确定节点充电次序。$L(s_i)$ 确定了节点需要充电的紧迫程度，节点 $L(s_i)$ 越高，充电优先级越高。节点优先级 $L(s_i)$ 定义如下：

$$L(s_i) = \frac{2 + \dfrac{n_i}{r}}{\left(1 + \dfrac{D(s_i, m)}{\sqrt{x^2 + y^2}}\right) \times \left(1 + \dfrac{E_i(r)}{E_0}\right)} \tag{9-6}$$

式中，n_i 为节点 i 在第 r 轮时已担任簇头的总轮数；$E_i(r)$ 为节点 i 在第 r 轮时的剩余能量；E_0 为节点初始能量，即最大容量；$D(s_i, m)$ 为节点 i 与 SenCar 节点间的距离；x 和 y 分别为网络区域的长度和宽度。

能量因子 $f_e(i)$ 与节点剩余能量 $E_i(r)$ 有关，其表达式为

$$f_e(i) = \frac{E_i(r)}{E_0} \tag{9-7}$$

通过能量因子、节点类型因子和距离因子，节点优先级 $L(s_i)$ 可写为

$$L(s_i) = \frac{2 + f_c(j)}{(1 + f_d(j)) \times (1 + f_e(i))} \tag{9-8}$$

因此，节点优先级与节点类型因子 $f_c(j)$ 成正比，与距离因子 $f_d(j)$ 和能量因子 $f_e(i)$ 成反比，意味着簇头充电优先级高于普通节点，距离 SenCar 节点越远、剩余能量越多的节点充电优先级越低。

9.2.3 算法流程

依据网络节点通信距离 d_0，划分充电簇，具体方法见 9.3.1 节。初始化网络，依据 LeachED 路由算法，通过 SANCO_SG 算法进行充电调度，具体算法如表 9-1 所示。

表 9-1 节点充电次序调度算法

功能：实现节点充电次序调度
输入：充电簇数 j_m，节点数 i_n，正方形网络边长 L，基站坐标 (B_x, B_y)，节点初始能量及阈值能量，SenCar 节点的初始能量及阈值能量，轮数 r
输出：节点充电优先序列 $\langle ID \rangle$
1）初始化网络节点的初始能量和能量阈值

2) 节点通过 LeachED 路由算法进行数据传输

3) for $i=1$ to r do

4) 根据节点功能类型选择相应的剩余能量模型(见第 6.2 节),计算剩余能量

5) 根据节点阈值,判断是否有需要补充能量的节点,若有,则记录 ID 和 Num

6) end for

7) for $i=1$ to Num do

8) 根据 ID 号判断是否属于一个充电簇

9) end for

10) 通过式(9-5)计算充电簇优先级

11) for $i=1$ to j_m do

12) 根据充电簇优先级次序从高到低依次选择充电簇

13)   for $j=1$ to i_n do

14)   通过式(9-8)计算节点优先级

15)   end for

16)   选择优先级最高的节点,记录节点 ID

17) end for

9.3 性 能 分 析

1. 仿真环境

1) 参数设置

网络区域为 $100\ \mathrm{m} \times 100\ \mathrm{m}$,节点随机分布,仿真参数设置如表 9-2 所示。

表 9-2 仿真参数设置

参 数	数 值
节点分布区域/m²	100×100
基站位置/m	(50, 50)
节点数/个	100
初始能量/J	0.5
数据包长度 k/bit	4000
控制包长度 k_1/bit	100
簇头选取概率 p	0.05
控制因子 A	0.2
$E_{tx} = E_{rx} = E_{\mathrm{elect}}$/(nJ/bit)	50
ε_{fs}/(pJ/(bit $\cdot$ m^{-2}))	10
ε_{mp}/(pJ/(bit $\cdot$ m^{-4}))	0.0013
E_{DA}/(nJ/(bit $\cdot$ signal))	5
充电效率	0.8
睡眠阈值/J	0.05

2）充电簇划分

依据充电簇划分方法，对 100 m×100 m 仿真区域进行划分，如图 9-4 所示，相应的簇头坐标值如表 9-3 所示。从图 9-4 和表 9-2 中可以看出，簇头大部分集中在以基站为中心、节点通信半径为半径的圆内。

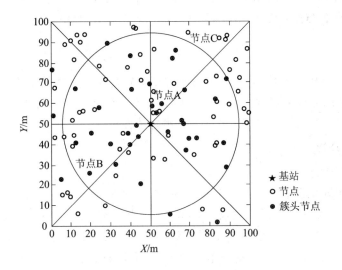

图 9-4 仿真区域网格划分

表 9-3 簇头坐标值

簇头	1	2		3	4	5
坐标	(88.2, 28.5)	(30.0, 40.1)		(66.9, 50.0)	(53.3, 55.4)	(83.2, 61.7)
簇头	6	7		8	9	10
坐标	(50.8,58.6)	(66.2,51.7)		(68.0,36.7)	(32.9,57.9)	(40.7,66.7)
簇头	11	12		13	14	15
坐标	(55.8,59.9)	(45.0,20.6)		(0.5,76.7)	(67.3,66.4)	(12.3,40.7)
簇头	16	17		18	19	20
坐标	(28.3,89.6)	(49.8,69.5)		(83.4,61.0)	(88.4,72.1)	(43.9,43.8)
簇头	21	22		23	24	25
坐标	(59.0,44.0)	(39.6,39.8)		(40.0,83.2)	(32.4,30.2)	(63.1,85.9)
簇头	26	27		28	29	30
坐标	(43.0,49.2)	(61.3,81.9)		(19.1,25.9)	(50.4,61.3)	(20.2,45.4)
簇头	31	32		33	34	35
坐标	(69.5,42.6)	(73.4,43.0)		(5.0,22.9)	(83.4,1.6)	(1.2,54.0)
簇头	36	37				
坐标	(12.2,67.1)	(59.9,5.6)				

注：一格表示路由运行 1 轮，空格说明簇内簇头节点没有变化。

2. 评价指标

从存活节点数和平均存活的邻居节点数两方面对节点充电调度算法的性能进行评估。

1) 存活节点数

网络中存活节点数是衡量节点充电调度策略有效性的一个重要指标。在同一时刻，网络中存活的节点数越多，说明调度策略使 SenCar 节点对网络中低于设定阈值的节点能量补充越及时。

2) 平均存活的邻居节点数

平均存活的邻居节点数[129]，即在当前时刻，节点的存活邻居节点数与总存活节点数比值。平均存活的邻居节点数与路由鲁棒性成正比，反映了充电调度的优劣，即邻居节点数越多，节点间的通信路径越多，网络的路由鲁棒性越好。

3. 仿真与分析

1) 节点剩余能量

在网络区域随机选取节点 A、B 和 C，如图 9-4 所示，节点剩余能量随轮数变化关系如图 9-5 示。节点 A 的存活轮数仅为 946 轮，节点 B 在 1200 轮消耗了总能量的 70%，节点 C 在 1200 轮仅消耗了总能量的 62%。节点 A 和 B 在 1200 轮内担任普通节点、簇头、中继簇头的轮数如表 9-4 示。节点 A 在存活期间担任簇头的轮数为 48，担任中继簇头的轮数为 0。节点 B 在 1200 轮内担任簇头的轮数仅为 8，担任过中继簇头的轮数为 4，其余轮数只是承担普通节点的任务，能量消耗较少，生命周期较长。这说明不同类型的节点因担任任务不同，消耗能量不同，因此节点类型影响充电调度。

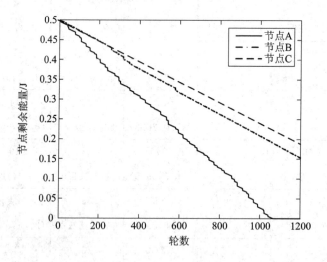

图 9-5　节点 A、B 和 C 的剩余能量与轮数的关系

对照图 9-4、9-5 和表 9-4 进一步分析发现，节点 A 在 1200 轮内担任簇头的轮数比节点 B 多了 40 轮，但其能耗比节点 B 仅仅多了 0.225 J，原因在于：节点 A 担任簇头时所在充电簇内的普通节点数较少，如表 9-5 所示，相应地转发数据所消耗能量少；节点 B 在担任簇头时所在充电簇内的普通节点数较多，如表 9-6 所示，能耗也较大。比较表 9-5～表 9-7，发现簇内的节点因普通节点数不同，造成担任簇头节点转发数据能耗不同，说明充电簇内节点数对节点充电调度是有影响的。

表 9-4　传感器节点担任不同类型节点的总轮数

节点类型	普通传感器节点	簇头	中继簇头
传感器节点 A	898	48	0
传感器节点 B	1192	8	4

表 9-5　节点 A 担任簇头所在簇内的普通节点数

轮数	1	2	3	4	5	6	7	8
节点数	12	11	12	12	10	13	11	12
轮数	9	10	11	12	13	14	15	16
节点数	13	9	13	9	9	11	12	13
轮数	17	18	19	20	21	22	23	24
节点数	12	13	13	13	11	13	12	11
轮数	25	26	27	28	29	30	31	32
节点数	12	11	13	13	9	10	12	11
轮数	33	34	35	36	37	38	39	40
节点数	12	13	8	13	13	13	10	11
轮数	41	42	43	44	45	46	47	48
节点数	9	12	12	6	9	13	12	13

表 9-6　节点 B 担任簇头所在簇内的普通节点数

轮数	1	2	3	4	5	6	7	8
节点数	11	21	13	27	24	16	10	9

表 9-7　节点 B 担任中继簇头的轮数

轮数	2	4	5	6
转发簇头节点数	1	1	1	1

2）存活节点数

网络中存活节点数与轮数的关系如图 9-6 所示。当 SenCar 节点没有对网络节点进行能量补充(无充电调度)时，节点在 2200 轮时全部死亡。当网络节点低于设定阈值时，SenCar 节点依据节点充电的紧迫程度对其补充能量；在 3000 轮时仍有 36 个存活节点，很大程度上延长了网络运行时间。与基于分簇的多移动充电器协同充电方法（CCCP_MMC)[128] 比较发现，随着网络运行轮数增加，基于 SANCO_SG 算法的网络存活节点数多于 CCCP_MMC 算法，说明在充电调度过程中考虑节点类型影响有利于网络能量调度平衡。

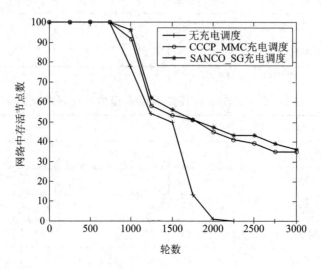

图 9-6　网络中存活的节点数与轮数的关系

3）平均存活的邻居节点数

平均存活的邻居节点数与轮数的关系如图 9-7 所示。若无充电调度，则存活的平均邻居节点数在 2000 轮时为零。SenCar 节点对网络节点进行能量补充，随着网络运行，平均存活的邻居节点数多于无充电调度方式，且维持轮数较长，如 3000 轮时平均邻居节点数维持在 3 以上。网络运行开始，SANCO_SG 算法与 CCCP_MMC 算法在平均存活的邻居节点数接近，当网络运行到 850 轮时，前者平均存活的邻居节点数多于后者，说明基于 SANCO_SG 算法的网络能量鲁棒性好。

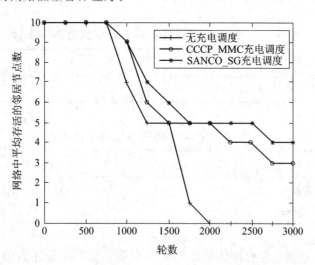

图 9-7　平均存活的邻居节点数与轮数的关系

下篇　一对多充电网络

第 10 章　单因素对能量分配影响分析

第 2 章磁耦合谐振无线传能理论表明：实现一对一无线能量传输时，最直接影响能量传递效率的是发射线圈和接收线圈间的互感。其他因素不变的情况下，节点间位置关系直接影响线圈间互感，进而影响能量分配比率。

节点间位置关系主要体现为距离、角度、高度 3 个因素。第 2.4 节分析了一对一充电方式下，单因素变化引起收发线圈间互感变化，从而对能量传输产生影响。在此基础上，结合无线可充电传感器网络（WRSN）中 1 个 MC（Mobile Charger）同时给多个节点充电情况（简称一对多充电方式），进一步分析单因素变化对能量分配的影响。分析过程中，将 1 个 MC 以及同时充电的多个节点组成一个单元，这个单元称为充电簇。通过改变充电簇大小以及节点的距离、角度和高度，得到节点的接收功率和传输效率等参数。单因素对能量分配影响分析结构如图 10-1 所示[117]。

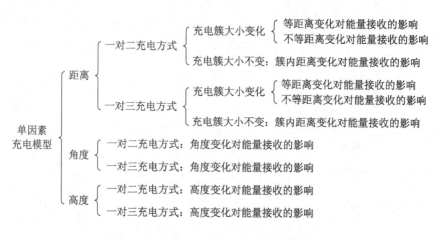

图 10-1　单因素对能量分配影响分析结构图

10.1　节点间距离对能量分配影响分析

10.1.1　一对二充电方式

1. 充电簇大小变化对能量接收的影响

充电簇大小变化，导致节点间距离改变，如图 10-2 所示。图 10-2(a)为 Sensor 节点与 MC 节点间等距离变化。初始时，节点 A 和 B 的接收线圈与 MC 发射线圈间的距离相同且都为 20 mm；节点 A 和 B 与 MC 距离每次都等间隔增加 20 mm，从 20 mm 逐步增加到 300 mm，由此获得传输效率和接收功率与距离之间关系曲线，如图 10 - 3 所示。从图 10 - 3 可知，节点 A 和 B 的传输效率基本相等，且随着距离增加传输效率下降；它们的接收功率也相等，并随距离的增加而先增加再逐渐降低，在距离 80 mm 处达到最大，分别为 1.44 W 和 1.43 W。

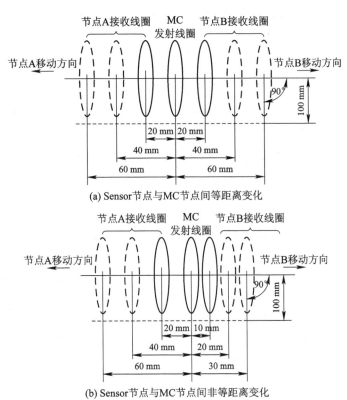

(a) Sensor节点与MC节点间等距离变化

(b) Sensor节点与MC节点间非等距离变化

图 10 - 2　一对二充电方式下，充电簇大小变化图

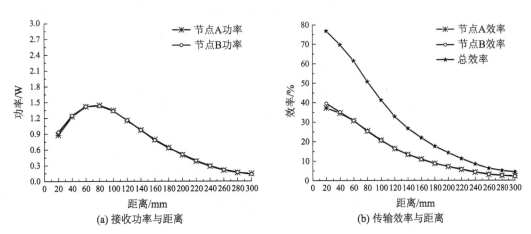

(a) 接收功率与距离

(b) 传输效率与距离

图 10 - 3　节点 A 和 B 与 MC 等距离变化时的节点能量参数曲线

图 10 - 2(b)为 Sensor 节点与 MC 间非等距离变化，初始时，节点 A 和 B 的接收线圈

与 MC 发射线圈间的距离分别为 20 mm 和 10 mm；节点 A 与 MC 距离以间距为 20 mm 逐步增加到 300 mm，节点 B 与 MC 距离以间距为 10 mm 逐步增加到 150 mm，由此获得传输效率和接收功率与距离之间的关系曲线，如图 10 - 4 所示。从图 10 - 4 可知，节点 A 和 B 的接收功率和传输效率随着距离增加而降低，节点 A 的接收功率和传输效率都低于节点 B，因为节点 B 与 MC 的距离总小于节点 A 与 MC 的距离。这说明节点与 MC 距离越小，其传输效率和接收功率越高。节点 B 接收功率在距离为 60 mm 时达到最大，为 1.99 W；节点 A 接收功率在距离为 80 mm 时达到最大，为 0.83 W。

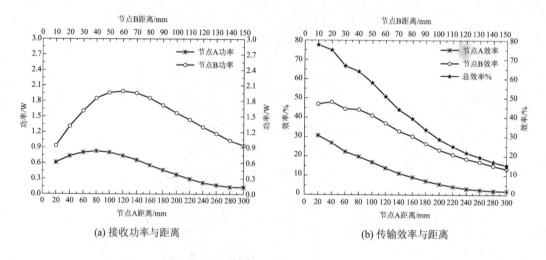

(a) 接收功率与距离　　　　　　　　　(b) 传输效率与距离

图 10 - 4　节点 A 和 B 与 MC 非等距离变化时，节点能量参数曲线

2. 簇内节点间距离变化对能量接收的影响

充电簇大小不变，即 SenSor 节点之间距离是不变化的。移动 MC，即改变节点 A、B 与 MC 之间的距离，其对二节点传能性能的影响如图 10 - 5 所示。节点 A 和 B、MC 构成的充电簇大小固定，即节点 A 和 B 间距离为 300 mm，MC 在两个节点间以间距 20 mm 移动，得到传输效率和接收功率与距离之间关系曲线，如图 10 - 6 所示。当 MC 朝节点 B 移动时，节点 A 的接收功率和传输效率因与 MC 距离增大而减少，节点 B 的接收功率和传输效率因与 MC 距离减少而增大，节点 A 在距离为 40 mm 时接收功率达到最大值 2.41 W。

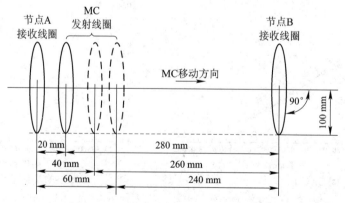

图 10 - 5　一对二充电方式下，充电簇的变化

充电簇总效率在节点 A 和 B 间中点附近最小，但总功率随 MC 移动基本保持不变。

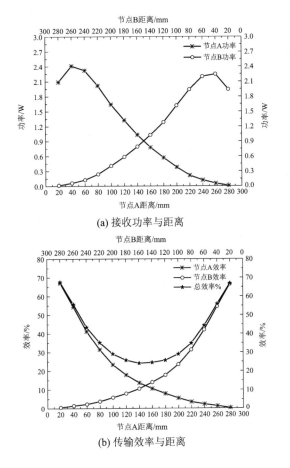

(a) 接收功率与距离

(b) 传输效率与距离

图 10-6　簇内 MC 等距离移动时的节点接收能量参数曲线

10.1.2　一对三充电方式

1. 充电簇大小变化对能量接收的影响

图 10-7 是一对三充电方式下距离对能量分配的影响。保持 MC 位置固定不变，在大小不同的充电簇中 SenSor 节点的能量接收能力如图 10-7 所示，4 个线圈在同一水平面，3 个接收线圈所在平面互成 60°角并垂直于底面，MC 发射线圈位于 3 个接收线圈中心且与节点 A 接收线圈所在的平面平行。

图 10-7(a)为 Sensor 节点与 MC 节点间等距离变化，初始时节点 A、B、C 的接收线圈与 MC 发射线圈间距离相同且都为 100 mm。当节点 A、B、C 与 MC 距离等间隔增加 20 mm 且 MC 同时为节点 A、B、C 充电时，得到传输效率和接收功率与距离之间关系曲线，如图 10-8 所示。在 3 个接收节点同等距离增加的情况下，在 100～300 mm 距离范围内，节点 B 的传输效率与节点 C 的传输效率基本相等，且随着距离增加而下降。类似地，两节点接收功率曲线也基本吻合，随距离增加逐渐降低。节点 A 的传输效率和接收功率均高于节点 B 和 C，这是因为受接收线圈与发射线圈角度的影响，理论上，发射线圈与接收

线圈角度为 0(即平行状态)时效率最大,因此节点 A 接收效果好于其他两个节点。

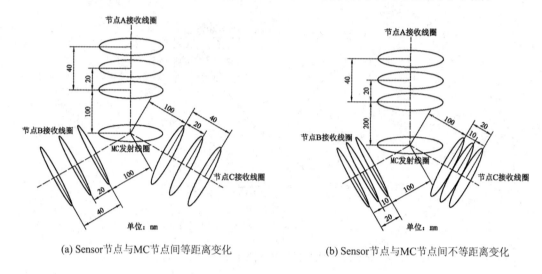

(a) Sensor节点与MC节点间等距离变化   (b) Sensor节点与MC节点间不等距离变化

图 10-7 一对三充电方式下充电簇的变化

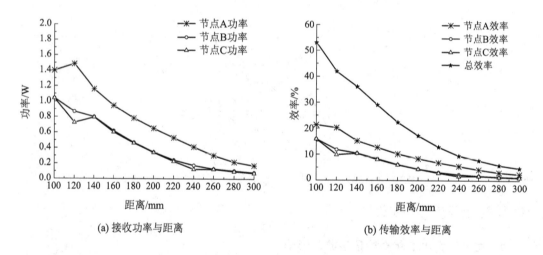

(a) 接收功率与距离   (b) 传输效率与距离

图 10-8 等间隔变化时节点接收能量参数曲线

如图 10-7 所示,为 Sensor 节点与 MC 节点间非等距离变化,初始时节点 A 的接收线圈与 MC 的发射线圈的距离为 200 mm,节点 B、C 的接收线圈与 MC 的发射线圈的距离都为 100 mm。节点 A 与 MC 距离以间距为 20 mm 逐步增加到 360 mm,节点 B、C 与 MC 距离以间距为 10 mm 逐步增加到 180 mm。当 MC 同时为 Sensor 节点 A、B、C 充电时,得到传输效率和接收功率与距离之间关系曲线,如图 10-9 所示。在 3 个接收节点不等距离变化的情况下,在距离为 100~180 mm 之间,节点 B 与节点 C 的传输效率基本相等,且随着距离增加传输效率下降。类似地,两节点接收功率走势曲线也一致,随距离增加逐渐降低。节点 A 的传输效率和接收功率均低于节点 B 和 C,这是因为节点 A 与 MC 距离范围在 200~360 mm 之间,是 B、C 两节点与 MC 距离的两倍,说明距离影响能量分配,距离越远,能量分配比例越少。

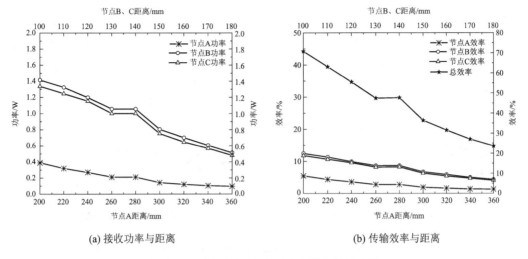

(a) 接收功率与距离　　　　　　　　　　　　(b) 传输效率与距离

图 10-9　不等间隔变化时节点接收能量曲线

2. 簇内节点间距离变化对能量接收的影响

充电簇大小不变,移动 MC,改变节点 A、B、C 与 MC 之间的距离,分析其对节点传能性能的影响。如图 10-10 所示,4 个线圈在同一水平底面上,3 个接收线圈所在平面互成 60°角并垂直于底面,MC 发射线圈位于 3 个平面的中心并与接收线圈 A 所在平面相互平行。节点 A、B、C 所构成的充电簇大小固定,它们的接收线圈到 MC 发射线圈的距离为150 mm。将轴线初始位置坐标定为距离-100 mm,节点 A、B、C 这 3 个接收线圈的轴心交点为坐标 O。MC 沿接收线圈 A 的轴心线从靠近 B、C 的一端向 A 端移动,每次移动20 mm,当 MC 同时为节点 A、B、C 充电时,得到传输效率和接收功率与距离之间关系曲线,如图 10-11 所示。3 个接收节点同等距离变化情况下,节点 B、C 的传输效率和接收功率在不同距离的取值相差甚小,曲线走势基本一致;随着距离的增加,节点 B、C 的传输效率和接收功率在中心轴线距离-100~0 mm 范围内逐渐升高,在距离 0 mm 以后取值逐渐降低,节点 A 的传输效率和接收功率均随着距离增加而逐渐升高,且变化越来越快。说明距离影响能量分配,距离越近,所获能量分配比例越高。

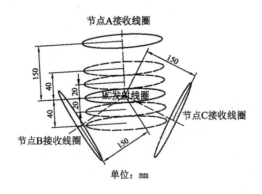

图 10-10　一对三充电方式下充电簇的变化

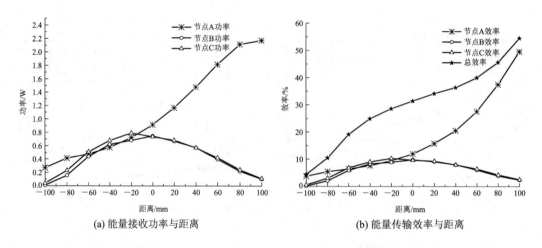

(a) 能量接收功率与距离   (b) 能量传输效率与距离

图 10-11   MC 以固定间隔移动情况下距离变化与节点接收能量的关系

10.1.3   节点传能分析

充电情况可分为 3 种情况：充电簇大小不变情况下距离变化（条件 1）、充电簇大小变化情况下不等距离变化（条件 2）和等距离变化（条件 3）。下面针对这三种情况分析 Sensor 节点 A 的接收功率和效率。

1. 一对二充电方式

一对二充电方式，3 种情况下节点 A 接收功率和效率如图 10-12 所示，随着 MC 节点 A 传输距离增加，3 种充电情况下传输效率呈下降趋势，节点 A 接收功率则是先升高后逐渐降低。MC 与节点 A 距离在 20～150 mm 范围内，节点 A 接收功率及效率较高；对于充电簇大小不变情况，MC 与节点距离变化情况下（条件 1），节点 A 的传输效率和接收功率都高于充电簇大小变化情况。说明能量分配受两个节点间距离影响。MC 与节点 A 距离在 150～300 mm 范围内，节点 A 接收功率及效率较小。

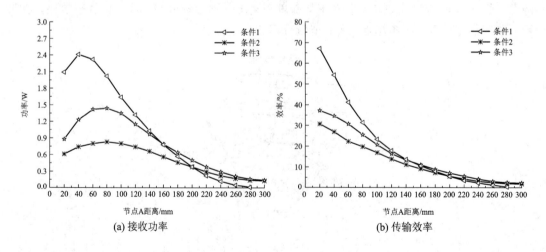

(a) 接收功率   (b) 传输效率

图 10-12   一对二充电方式下距离对节点 A 能量接收影响关系对比图

2. 一对三充电方式

一对三充电方式，3 种情况下节点 A 接收功率和效率如图 10-13 所示。节点 A 的接收线圈与发射线圈平行放置，节点 B 和 C 则与发射线圈存在 60°偏角，因此能量分配在一定程度上受角度影响。若不考虑线圈间角度等因素，当 MC 与节点传输距离增加时，3 种充电情况下传输效率和接收功率均呈下降趋势。

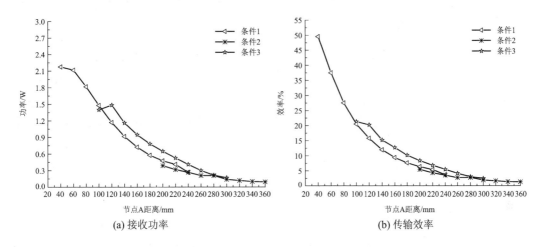

(a) 接收功率　　　　　　　　　　　　(b) 传输效率

图 10-13　一对三充电方式下距离对节点 A 能量接收影响对比

分析结果表明，Sensor 节点能量分配受其与 MC 距离影响，MC 与节点距离越近，其能量分配比例越高。

10.2　线圈角度对能量分配影响分析

10.2.1　一对二充电方式

其他因素不变的情况下，本节将分析 MC 发射线圈角度变化对节点能量分配的影响。充电簇大小不变，将 MC 位置固定，改变其发射线圈角度，如图 10-14 所示。节点 A 和 B 接收线圈的圆心和 MC 发射线圈的圆心处于一个水平面上，MC 发射线圈位于两个节点接收线圈的中心位置不变，节点 A 和 B 与 MC 的距离都为 120 mm。初始时，MC 发射线圈与两个节点的接收线圈所在平面平行，即角度为 0°；当 MC 发射线圈角度从 0°开始每次增加 5°时，得到传输效率和接收功率与角度之间关系曲线，如图 10-15 所示。当 MC 发射线圈与两个节点接收线圈所呈角度均匀增加的情况下，节点 A 与节点 B 的能量分配规律基本相等；在 0°～40°范围内，两个接收节点的传输效率和接收功率变化较

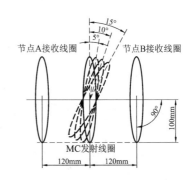

图 10-14　一对二充电方式下角度对节点
能量接收的影响示意图

为平缓；随着角度继续增加，在 50°以后传输效率和接收功率迅速下降，呈陡坡下降趋势，一直到 90°，已无接收能量。

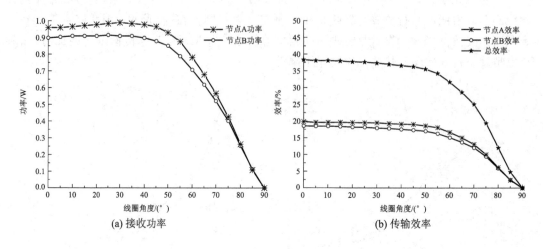

(a) 接收功率   (b) 传输效率

图 10-15 一对二充电方式下角度对节点能量接收的影响曲线

10.2.2 一对三充电方式

一对三充电方式下，充电簇大小不变，MC 发射线圈角度变化对节点能量分配的影响如图 10-16 所示。4 个节点线圈在同一水平面上，节点 A、B、C 接收线圈所在平面互呈 60°并都垂直于底面；MC 发射线圈位于 3 个平面的中心且所在位置固定不变，3 个节点接收线圈与 MC 发射线圈的距离相同且都为 120 mm。初始时，MC 发射线圈与节点 A 接收线圈所在平面平行，即角度为 0°；当 MC 发射线圈角度从 0°开始每次增加 5°时，得到传输效率和接收功率与角度之间关系曲线，如图 10-17 所示。MC 发射线圈角度均匀增加时，节点的传输效率和接收功率都呈周期性变化，以 180°为一个周期，因而也能得出 3 个节点的总传输效率同样呈周期性变化，周期为 60°。以节点 A 为例，在 MC 发射线圈 60°~120°变化范围内，节点传输效率和接收功率均呈先降低后升高的趋势，在此角度变化范围内行成一个波谷；在 0°~60°以及 120°~180°变化范围内，则呈现出波动性较小的高效率和高功率。其他两个节点具有相同特性。

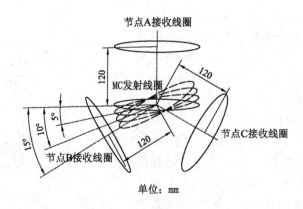

图 10-16 一对三充电方式下角度对节点能量接收的影响示意图

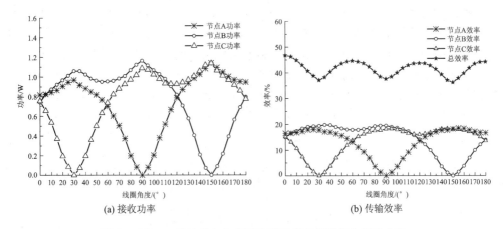

(a) 接收功率   (b) 传输效率

图 10 - 17   一对三充电方式下角度对节点能量接收影响曲线

以接收功率 0.75 W、传输效率 15% 为界限，每个节点随发射线圈角度变化的接收效果能量环如图 10 - 18 所示。每一个圆环代表一个节点在相应角度下的能量接收情况（接收功率和传输效率），深色块代表功率大于 0.75 W、效率 15% 以上的平稳波动段；渐变色块代表功率小于 0.75 W、效率低于 15% 的波谷段，颜色越浅，代表节点接收能量分配率越低。最外环为总能量环，代表节点总传输效率，以 60° 为一个变化周期，如 0°～60° 发射线圈角度变化范围内，0° 为波峰，30° 为波谷，60° 为波峰。通过图 10 - 18 能量环图，形象、清晰地展示出每个节点及其在发射线圈旋转不同度数下的能量分配情况。

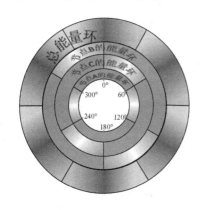

图 10 - 18   一对三充电方式下节点能量分配环形图

10.3   线圈高度对能量分配影响分析

10.3.1   一对二充电方式

其他因素不变的情况下，保持 MC 位置不变，本节将分析 MC 发射线圈高度变化对节点能量分配影响。充电簇大小不变，首先让 MC 位置固定，改变 MC 发射线圈高度，如图 10 - 19。初始时，节点 A 和 B 接收线圈的圆心与 MC 发射线圈圆心处于同一水平线上，MC 发射线圈位于两个接收线圈的中心位置，且 3 个线圈所在平面相互平行。节点 A 和 B

与 MC 距离相等且都为 120 mm，MC 发射线圈与水平面垂直高度为 0，每次等距离向上增高 20 mm，得到传输效率和接收功率与高度之间关系曲线，如图 10-20 所示。在 MC 发射线圈相对水平面高度均等增加下，节点 A 和 B 的能量分配规律基本相等，总趋势均是随着高度增加而逐渐降低。在高度 0～80 mm 范围内，2 个接收节点的传输效率和接收功率下降较为平缓；随着高度继续增加，80 mm 以后节点的传输效率和接收功率下降趋势加快；MC 发射线圈在高度 200 mm 以上时，2 个接收节点接收功率及传输效率较小。

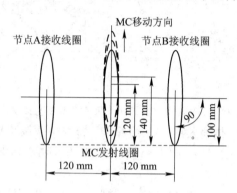

图 10-19　一对二充电方式下，高度对节点能量接收的影响示意图

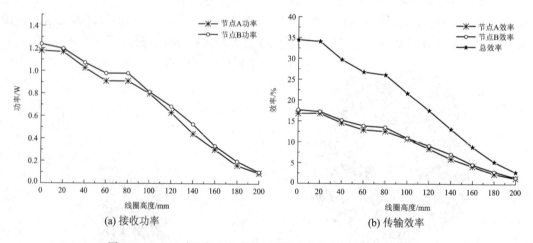

图 10-20　一对二充电方式下，高度对节点能量接收影响曲线

10.3.2　一对三充电方式

保持充电簇大小和 MC 位置不变，MC 发射线圈高度变化对节点能量分配的影响如图 10-21 所示。4 个线圈放置于同一水平底面上，节点 A、B、C 的接收线圈所在平面互成 60°角并都垂直于底面。MC 发射线圈位于 3 个平面中心，与节点 A 接收线圈所在平面平行，每个节点的接收线圈与 MC 发射线圈圆心距离相同且都为 120 mm。初始时，MC 发射线圈垂直于底面且相对圆心所在平面高度为 0，当每次以 20 mm 增加 MC 发射线圈与水平面的垂直高度时，得到传输效率和接收功率与高度之间的关系曲线，如图 10-22 所示。从图 10-22 可知，每个接收节点的传输效率和接收功率随着高度增加而逐渐降低，在高度 0～80 mm 范围内，节点 A、B 和 C 的传输效率和接收功率下降较为平缓；随着高度继续增

加，在 80 mm 以后传输效率和接收功率下降趋势加快。节点 A 发射线圈与 MC 接收线圈角度为 0，因此在 MC 发射线圈高度大于 60 mm 时，节点 A 能量接收效果好于其他两个节点；但是在发射线圈高度在 0~40 mm 范围内，3 个节点所分配能量比率几乎不受角度影响。

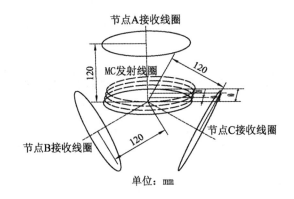

图 10-21　一对三充电方式下高度对节点能量接收的影响示意图

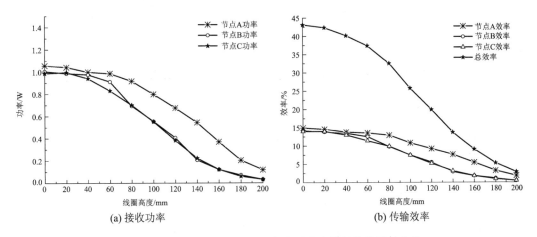

图 10-22　一对三充电方式下高度对节点能量接收影响曲线

一对三充电方式下，每个接收节点的传输效率和接收功率与一对二充电方式下曲线走势相近，总趋势均是随着高度增加而降低。

10.4　一对二充电方式下能量分配分析

一对二充电方式下，节点间距离、MC 发射线圈高度和角度 3 种因素各自对节点能量接收影响的关系曲线如图 10-23 所示。由于节点 B 关系曲线图与节点 A 相似，因此本节只分析讨论节点 A。对于节点 A 接收功率，角度和高度因素对其影响曲线变化趋势最为接近，角度 0°~50° 范围内平稳，50°~90° 范围内随角度增加曲线迅速下降；在高度上升到 80 mm 之前，节点 A 接收功率下降较为平缓，在 80 mm 以后下降趋势加快。距离对节点 A 接收功率影响不同于角度和高度因素，其影响曲线趋势是先高后低。对于节点 A 接收效率，距离和高度对其影响曲线变化趋势比较接近，都是下降；角度不同，变化趋势是先平

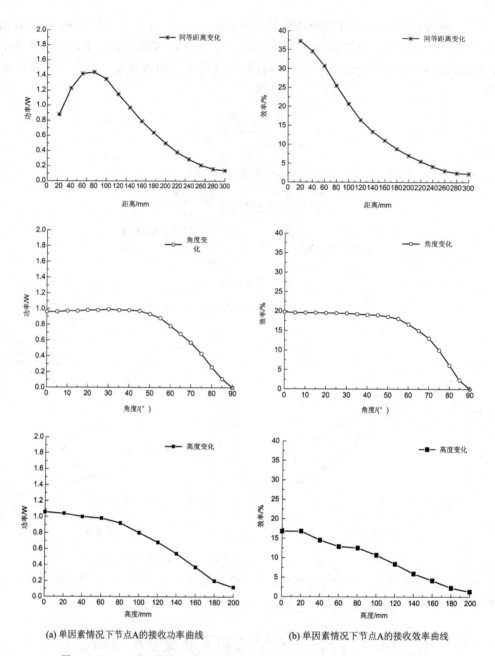

(a) 单因素情况下节点A的接收功率曲线   (b) 单因素情况下节点A的接收效率曲线

图 10-23　一对二充电方式下距离、角度和高度对节点能量接收影响曲线

后降。因此，一对二充电方式下，单因素角度、高度对节点接收功率和传输效率起到抑制作用，角度、高度取值超过一定范围时，抑制接收效果表现明显。对于距离因素，与传输效率成反比关系，但随着距离的增加接收功率是先升高后降低。

图 10-23 中，角度抑制节点能量接收最强范围是 60°～90°；高度抑制作用影响下，能量接收从 80 mm(约为线圈半径)之上开始加速下降，因而应尽量避免在这个范围内搭建能量分配模型。距离则应分短距离和长距离两部分进行考虑，距离 0～80 mm 时，传输效率迅速降低，但接收功率却先升高后降低，存在波峰；距离大于 80 mm 时，传输效率和接收功率均平稳下降。

10.5　一对三充电方式下能量分配分析

一对三充电方式下，节点间距离、MC 发射线圈高度和角度三种因素各自对节点 A 能量接收影响关系曲线如图 10 - 24 所示。节点 A 接收效率随三因素增加而降低，曲线变化趋势相同。角度和高度对节点 A 接收功率影响曲线变化趋势也相同，但距离对节点 A 接收功率影响不同于其他两个因素，先升高后降低。

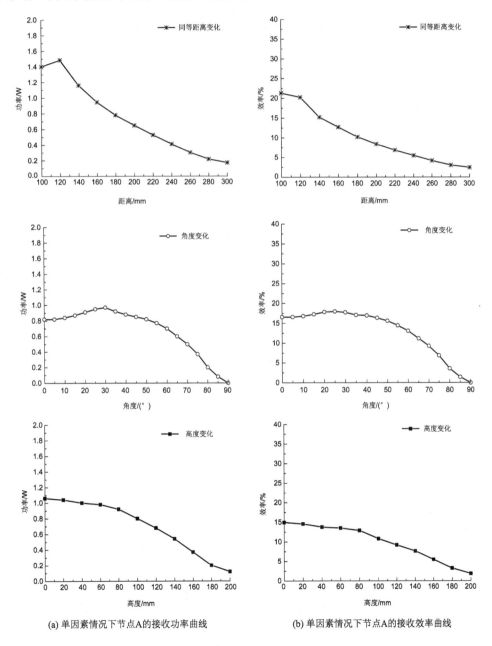

(a) 单因素情况下节点A的接收功率曲线　　　　　(b) 单因素情况下节点A的接收效率曲线

图 10 - 24　一对三充电方式下距离、角度和高度对节点能量接收的影响曲线图

图 10 - 24 中，角度抑制节点能量接收最强范围是 $60°\sim90°$；高度抑制作用影响下，能量接收从 80 mm(约为线圈半径)之上开始下降，因而应尽量避免在这个范围内搭建能量分配模型。距离则应分短距离和长距离两部分进行考虑，距离在 $0\sim120$ mm 范围内，传输效率迅速降低，但接收功率却先升高后降低，存在波峰；距离大于 120 mm 时，传输效率和接收功率均平稳下降。

第11章 双因素对能量分配影响分析

本章分析距离和角度、距离和高度、高度和角度双因素同时变化的情况下，一对多方式下节点接收能量的变化规律。通过改变充电簇大小以及节点距离、角度和高度，得到节点的接收功率和传输效率等参数并进行分析，具体充电分析结构如图11-1所示[117]。

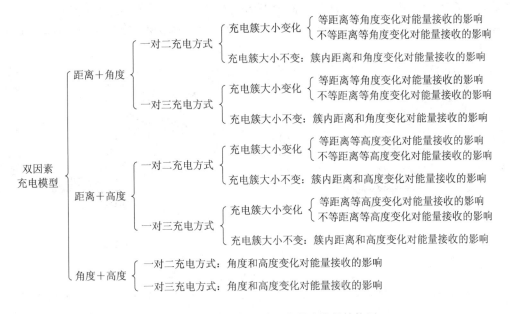

图 11-1 双因素对能量分配的影响分析结构图

11.1 节点间距离和线圈角度对能量分配影响分析

11.1.1 一对二充电方式

1. 充电簇大小和角度变化对节点能量接收影响

MC 发射线圈和 Sensor 节点 A、B 接收线圈的圆心位于同一水平线上，3 个线圈大小相同且位于同一水平底面上。初始时，两接收线圈与发射线圈距离相同且都为 20 mm，发射线圈与 2 个接收线圈平面平行，角度为 0°，如图 11-2 所示。图 11-2(a)为 MC 位置不变，节点 A 和 B 与 MC 节点间等距离变化以及 MC 发射线圈角度变化情况，每次节点 A 和 B 与 MC 距离都等间隔增加 20 mm 时，MC 发射线圈同步旋转 10°，由此获得节点 A 的传输效

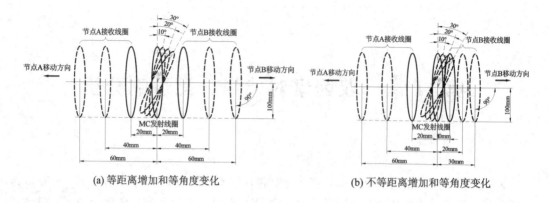

(a) 等距离增加和等角度变化　　　　　　(b) 不等距离增加和等角度变化

图 11-2　一对二充电方式下充电簇大小和角度变化对节点传能的影响示意图

率和接收功率与距离和角度之间关系曲线如图 11-3 所示。从图 11-3 可知，与 MC 距离 0～300 mm、角度 0°～90°范围内，节点 A 的传输效率和接收功率的变化趋势并不是一致的。

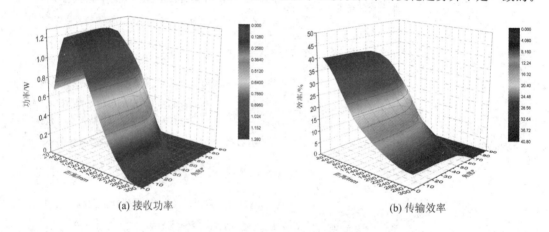

(a) 接收功率　　　　　　　　　　(b) 传输效率

图 11-3　距离等间隔变化及等角度变化对节点 A 传能的影响

　　节点 A 接收功率在距离范围为 50～100 mm 和角度范围为 0～50°时，达到峰值 1.02～1.28 W，如图 11-3(a)。在距离为 120～160 mm、角度为 40°～80°范围内，节点 A 接收功率迅速从 1.02 W 降至 0.64 W；在距离为 160～200 mm、角度为 60°～85°范围内，接收功率只有 0.38～0.64 W。说明节点 A 的接收功率曲面随距离和角度增加而下降。

　　图 11-3(b)中，随着距离和角度的增加，节点 A 传输效率呈逐渐降低趋势，其中随距离变化较为明显。在距离为 0～60 mm、角度为 0°～50°范围内，节点 A 传输效率效果最佳，达到 32%～40%；在距离为 60～130 mm、角度为 0°～60°范围内，传输效率为 20%～30%；在距离为 130～240 mm、角度为 30°～75°范围内，传输效率为 10%～20%；随距离和角度增加而下降，在距离大于 220 mm、角度大于 75°时，传输效率小于 4%。

　　图 11-2(b)为 MC 位置不变，Sensor 节点 A 和 B 与 MC 节点间非等距离变化，但 MC 发射线圈等角度变化情况。初始时，节点 A 和 B 的接收线圈与 MC 发射线圈距离分别为 20 mm 和 10 mm，角度为 0°；当节点 A 与 MC 距离以间距为 20 mm 增加、节点 B 与 MC 距离以间距为 10 mm 增加时，MC 发射线圈同步旋转 10°，由此获得节点 A 的传输效率和接收功率与距离和角度

之间关系曲线如图 11-4 所示；距离小于 300 mm、角度小于 75°时，节点 A 接收功率不小于 0.32 W；在距离小于 300 mm、角度小于 65°时，节点 A 传输效率高于 8%。在角度 65°～85°范围内，节点 A 的传输效率由 28% 跳变至 4%，因此节点 A 传输效率在此情况下受角度影响较大。

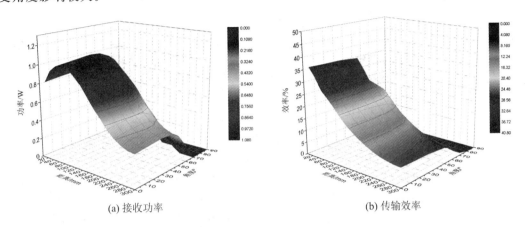

(a) 接收功率　　　　　　　　　　　　(b) 传输效率

图 11-4　距离非等间隔变化及等角度变化对节点 A 传能的影响

对比图 11-3 和图 11-4，不等距离下 Sensor 节点 A 的接收功率峰值均小于同等距离，但不等距离下节点 A 的接收功率最低值却大于同等距离下的最低值。因此，对于不同大小簇距离和角度变化情况，节点 A 的传输效率和接收功率在不等距离条件下比同等距离条件下要低但却平稳。

2. 充电簇大小不变时距离和角度变化对节点能量接收的影响

充电簇大小不变，即 Sensor 节点 A 和节点 B 之间距离不变，通过移动 MC 和改变 MC 发射线圈角度，距离和角度两因素对节点能量分配的影响，如图 11-5 所示。3 个线圈在同一水平底面上，高度相同，且圆心处于同一水平线上。初始时，节点 A 与节点 B 间距离为 300 mm，MC 发射线圈与节点 A 接收线圈间距离为 20 mm，与节点 B 接收线圈间距离为 280 mm，MC 发射线圈和两个接收线圈平行，角度为 0°。每次 MC 发射线圈与节点 A 接收线圈距离增加 20 mm，相应地与节点 B 接收线圈距离减少 20 mm，MC 发射线圈与接收线圈平面的角度同步增加 10°，由此获得节点 A 的传输效率和接收功率与距离和角度之间关系曲线如图 11-6 所示。

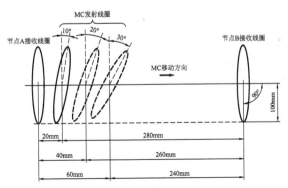

图 11-5　充电簇大小不变情况下距离和角度变化对节点传能的影响示意图

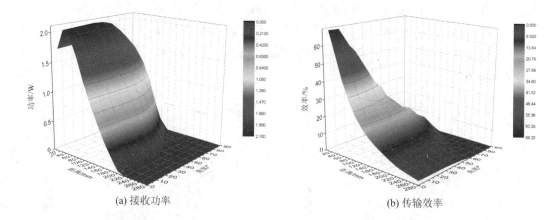

| (a) 接收功率 | (b) 传输效率 |

图 11-6 簇内距离等间隔变化及等角度变化对节点 A 传能的影响

图 11-6 中，与不同大小簇距离和角度变化情况相比，同等大小簇内 Sensor 节点 A 的接收功率和传输效率值大，接收功率最大值为 2.10 W （40 mm，30°），传输效率最大值为 69.08%（20 mm，0°），节点 A 的接收功率和传输效率曲面趋势随距离和角度变化下降坡度陡峭。其中，节点 A接收功率曲面下降最快的范围是 60～150 mm、角度为 70°～90°，功率从 2 W 降至 0.8 W；节点 A 传输效率曲面下降最快的范围是 0～100 mm、角度为 0°～65°，效率从 70%降至 20%。

因此，一对二充电方式下，同等簇内 Sensor 节点 A 的接收功率和传输效率受距离和角度变化影响较为严重。

11.1.2 一对三充电方式

1. 充电簇大小和角度变化对节点能量接收影响

1 个 MC 同时为 3 个 Sensor 节点进行能量补充，如图 11-7 所示。4 个节点线圈位于同一水平底面上，3 个 Sensor 节点的接收线圈平面互成 60°且均垂直于底面及高度一致。

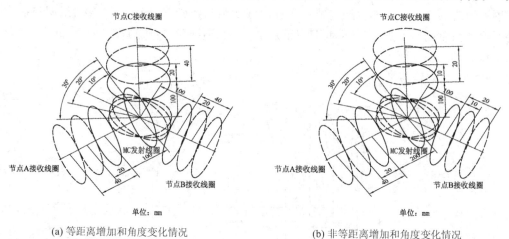

| (a) 等距离增加和角度变化情况 | (b) 非等距离增加和角度变化情况 |

图 11-7 一对三充电方式下不同簇的大小和角度变化对节点能量接收影响示意图

MC 发射线圈与 3 个节点的接收线圈高度一致。初始时，与节点 A 接收线圈平面平行。当 3 个 Sensor 节点与 MC 节点间等距离变化，且 MC 发射线圈角度也随之变化时，其对节点接收能量的影响如图 11 - 7(a)所示。初始时，节点 A、B、C 的接收线圈与 MC 发射线圈距离相同且都为 100 mm，每次节点 A、B、C 与 MC 距离都等间隔增加 20 mm，MC 发射线圈与节点 A 接收线圈平面的角度从 0°同步增加 10°，由此获得节点 A 的传输效率和接收功率与距离和角度之间关系曲线如图 11 - 8 所示。

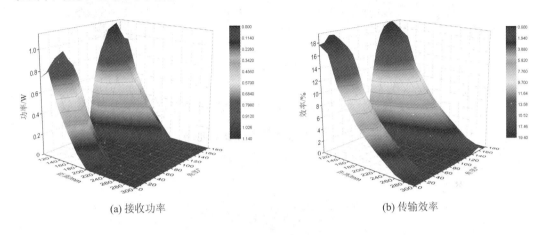

(a) 接收功率   (b) 传输效率

图 11 - 8　一对三充电方式下距离等间隔变化及等角度变化对节点 A 传能的影响

图 11 - 8 中，与 MC 距离为 0～300 mm、角度为 0°～180°范围内，节点 A 的传输效率和接收功率曲面分布略有不同。图 11 - 8(b) 表明节点 A 传输效率呈对称分布，在距离为 100 mm、角度为 20°和 160°处分别取峰值 18.92% 和 19.40%。图 11 - 8(a)显示节点 A 接收功率曲面分布并不对称，在距离为 120 mm、角度为 150°时峰值为 1.

14 W。功率曲面受距离变化影响较为严重，在距离为 220 mm 以后，节点 A 接收功率已经不再存在有效取值。

图 11 - 7(b)为 3 个 Sensor 节点与 MC 节点间非等距离及等角度变化。初始时，MC 发射线圈与节点 A 接收线圈距离为 200 mm，与节点 B、C 接收线圈的距离为 100 mm。每次节点 A 接收线圈与 MC 发射线圈距离增加 20 mm，MC 发射线圈与节点 B 和 C 接收线圈距离分别增加 10 mm，MC 发射线圈与节点 A 接收线圈平面的角度从 0°同步增加 10°，实验获得节点 A 的传输效率和接收功率与距离和角度之间关系曲线如图 11 - 9 所示。节点 A 与 MC 距离为 200～360 mm、角度为 0～180°
范围内，随着距离和角度的增加，节点 A 的传输效率和接收功率取值小，接收功率峰值约为 0.71 W，传输效率峰值只有 7%。因此，构建一对三充电方式时应注意节点间距离，距离不宜过大，否则造成能量流失严重。

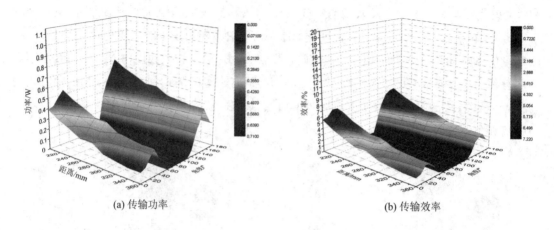

(a) 传输功率   (b) 传输效率

图 11-9　一对三充电方式下距离非等间隔变化及等角度变化对节点 A 传能的影响

2. 充电簇大小不变时距离和角度变化对节点能量接收影响

充电簇大小不变时 MC 与节点间距离和 MC 角度变化下一对三充电模型如图 11-10

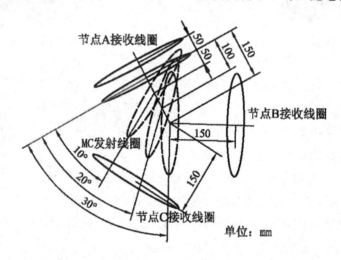

图 11-10　一对三充电方式下簇内等距离和等角度变化对节点能量接收的影响示意图

所示。4 个线圈位于同一水平底面上，3 个 Sensor 节点的接收线圈平面互成 60°并垂直于底面且高度一致，3 个 Sensor 节点构成的充电簇大小固定。初始时，MC 发射线圈与节点 A 接收线圈平面平行重叠，距离为 50 mm，节点 A 接收线圈轴心线坐标刻度定为－100 mm。每次 MC 沿节点 A 接收线圈的轴心线从靠近 A 一端向靠近 B、C 一端移动 20 mm(A、B、C 3 个接收线圈的轴心交点处为坐标 0)，MC 发射线圈与节点 A 接收线圈平面的角度同步增加 10°，由此获得节点 A 的传输效率和接收功率与距离和角度之间关系曲线如图 11-11 所示。

与 MC 距离为 0～300 mm、角度为 0～180°范围内，节点 A 的传输效率和接收功率曲面变化基本一致，均随距离和角度增加呈层状分布。

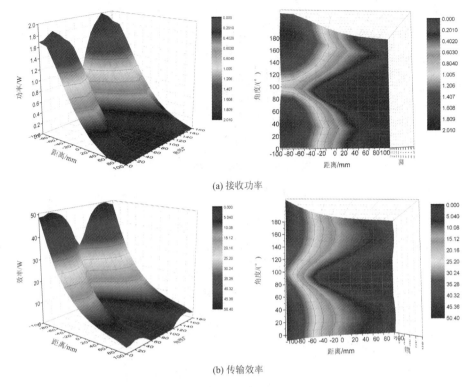

(a) 接收功率

(b) 传输效率

图 11-11　一对三充电方式下簇内等距离及等角度变化对节点 A 传能的影响

11.2　节点间距离和线圈高度对能量分配影响分析

11.2.1　一对二充电方式

1. 充电簇大小变化和高度变化对节点能量接收的影响

MC 发射线圈和 2 个 Sensor 节点接收线圈位于同一水平底面上且相互平行，且 MC 发射线圈位于两个接收线圈的中心位置不变，如图 11-12 所示。初始时，两个节点接收线圈与 MC 发射线圈距离相同且都为 20 mm，MC 发射线圈高度为 0。每次节点 A 和 B 与 MC 距离都等间隔增加 20 mm，MC 发射线圈与底面的高度同步增加 20 mm，但 MC 位置不变，由此获得节点 A 的传输效率和接收功率与距离和高度之间关系曲线如图 11-13 所示。

图 11-13 中，在 MC 距离 0~300 mm、高度 0~200 mm 范围内，节点 A 的传输效率和接收功率随高度增加而呈坡状降低，但节点 A 的接收功率下降坡度更明显，传输效率下降坡度较为平缓。在高度大于 200 mm、距离小于 80 mm 时，节点 A 传输效率值仍能达到 10%，说明同等情况下高度对接收功率的抑制作用明显。图 11-13(a)中，节点 A 的接收功率峰值为 1.47 W 时，高度为 80 mm，距离为 20 mm，从此以后，节点 A 的接收功率曲面呈层状下降。图 11-13(b)显示节点 A 传输效率的变化曲面较为平缓，曲面呈网状逐级下降。

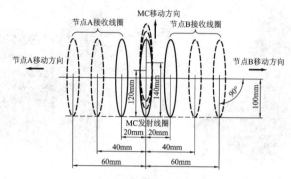

(a) 等距离增加和高度变化

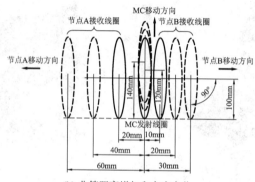

(b) 非等距离增加和高度变化

图 11-12　一对二充电方式下充电簇大小和高度变化对节点传能的影响示意图

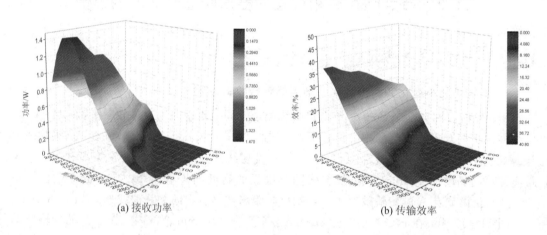

(a) 接收功率　　　　　　　　　　　　(b) 传输效率

图 11-13　距离等间隔变化及等高度变化对节点 A 传能的影响

图 11-12(b)为 MC 位置不变时，Sensor 节点 A 和 B 与 MC 节点间非等距离变化，而 MC 发射线圈等高度变化的情况。初始时，节点 A 和 B 接收线圈与 MC 发射线圈距离分别为 20 mm 和 10 mm。每当节点 A 和 B 与 MC 距离间距分别增加 20 mm 和 10 mm，MC 发射线圈垂直高度同步增加 20 mm，由此获得节点 A 的传输效率和接收功率与距离和高度之间

关系曲线如图 11-14 所示。节点 A 在距离 80 mm、高度 0 处接收功率达到峰值 1.27 W，在距离 20 mm、高度 0 处传输效率达到峰值 33.61%。这是由于在不等距离变化情况下，节点 A 的能量接收受节点 B 抑制作用明显。

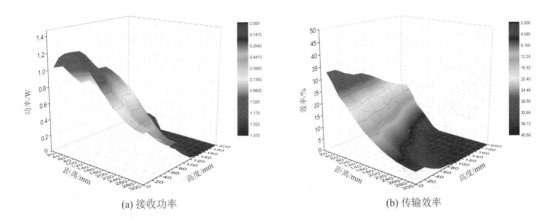

(a) 接收功率   (b) 传输效率

图 11-14　距离非等间隔变化及等高度变化对节点 A 传能的影响

比较图 11-14 和图 11-13，不等距离变化时节点 A 的接收功率和传输效率与等距离变化时曲面趋势十分相似，但前者曲面取值要比后者更低。

2. 充电簇大小不变时距离和高度变化对节点能量接收的影响

充电簇大小不变，即 Sensor 节点 A 和节点 B 之间距离不变，通过移动 MC 和改变 MC 发射线圈高度，距离和高度两因素对节点能量分配的影响如图 11-15 所示。节点 A 和 B 的接收线圈之间距离固定为 300 mm。初始时，MC 发射线圈与节点 A 接收线圈距离为 20 mm，与节点 B 的距离为 280 mm，MC 发射线圈和两个接收线圈平行，高度为 0。水平移动 MC，使 MC 发射线圈与节点 A 接收线圈距离以步长 20 mm 增大，与节点 B 接收线圈距离以步长 20 mm 减小，MC 发射线圈与水平面高度同步增高 20 mm，由此获得节点 A 的传输效率和接收功率与距离和高度之间关系曲线如图 11-16 所示。

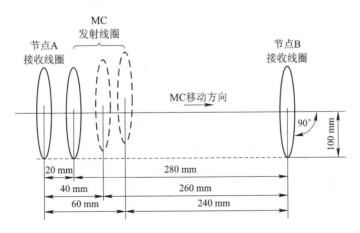

图 11-15　一对二同等簇内距离变化和高度变化对节点能量接收的影响示意图

图 11-16 中，距离为 40 mm、高度为 0 时，获得节点 A 接收功率最大值 2.29 W；距离为 20 mm、高度为 0 时，获得节点 A 传输效率最大值 66.1%。总体上看，节点 A 的接收

功率和传输效率随着距离和高度的增加而降低，距离 80～160 mm、高度 0～80 mm 时，节点 A 的接收功率从 2 W 降至 0.8 W；距离 0～100 mm、高度 0～80 mm，节点 A 的传输效率从 65％降至 20％。

一对二充电方式下，与不等大小簇距离和高度变化情况比较，同等簇距离和高度变化情况下，节点 A 的接收功率和传输效率曲面随着距离和

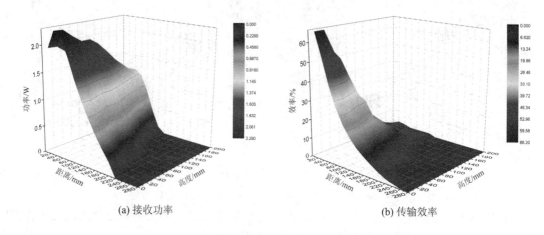

(a) 接收功率　　　　　　　　　　　　(b) 传输效率

图 11-16　簇内距离等间隔变化及等高度变化对节点 A 传能的影响

高度的增加下降快，易受距离和高度因素影响。

11.2.2　一对三充电方式

1. 充电簇大小变化和高度变化对节点能量接收影响

MC 发射线圈和 3 个节点接收线圈处于同一水平底面上，3 个接收线圈平面互成 60°角并都垂直于底面，MC 发射线圈与节点 A 接收线圈平面平行，如图 11-17 所示。初始时，节点 A、B、C 接收线圈与 MC 发射线圈距离相同且都为 100 mm，MC 位置固定。每次节点 A、B、C 分别以步长 20 mm 远离 MC，MC 发射线圈高度同步增加 20 mm，由此获得节点 A 的传输效率和接收功率与距离和高度之间关系曲线如图 11-18 所示。

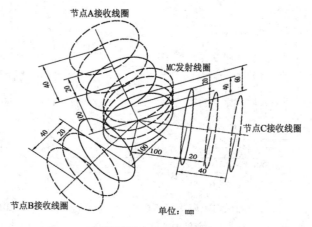

(a) 等距离增加和高度变化情况

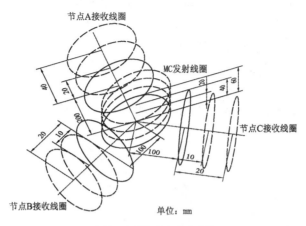

(b) 非等距离增加和高度变化情况

图 11-17　一对三充电方式下不同簇的大小和高度变化对节点能量接收影响示意图

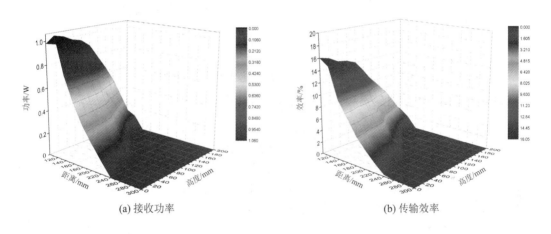

(a) 接收功率　　　　　　　　　　　　(b) 传输效率

图 11-18　一对三充电方式下距离等间隔变化及等高度变化对节点 A 传能的影响

图 11-18 中，与 MC 距离 0～300 mm、高度 0～200 mm 范围内，节点 A 的传输效率和接收功率曲面最大的特点是 0 值区域面积较大，即一对三等距离充电时在较高高度、较远距离情况下，节点能量分配比率低。节点 A 的传输效率和接收功率在距离 100 mm、高度 0 处分别取得峰值 0.98 W 和 16.05%，之后随着距离和高度增加，节点 A 的接收功率和传输效率均迅速下降。图 11-18(a) 中，距离大于 240 mm、高度 0～200 mm 以及距离 160～240 mm、高度 100～200 mm 范围内，节点 A 传输功率都基本为 0。类似地，图 11-18(b) 中显示节点 A 传输效率的 0 值区域与图 11-18(a) 中节点 A 传输功率的 0 值区域覆盖范围基本相同，在这些区域内节点 A 的传输效率和接收功率均无有效值。

图 11-17(b) 为 3 个 SenSor 节点与 MC 节点间非等距离及等角度变化。初始时，MC 发射线圈与节点 A 接收线圈距离为 200 mm，与节点 B、C 接收线圈的距离为 100 mm。每次节点 A 接收线圈与 MC 发射线圈距离增加 20 mm，MC 发射线圈与节点 B 和 C 接收线圈的距离分别同步增加 10 mm，MC 发射线圈与底面垂直高度同步增加 20 mm，由此获得

节点 A 的传输效率和接收功率与距离和角度之间关系曲线如图 11-19 所示。与 MC 距离 200~360 mm、高度 0~200 mm 变化范围内，随着距离和高度的增加，节点 A 的传输效率和接收功率取值都较小。在距离 100 mm、高度 0 时节点 A 接收功率取峰值为 0.63 W，节点 A 传输效率峰值只有 3.87%。另外，图 11-19(b)中，节点 A 传输效率的 0 值区域约占曲面总面积 3/4，传输效率有效区域面积占比小。

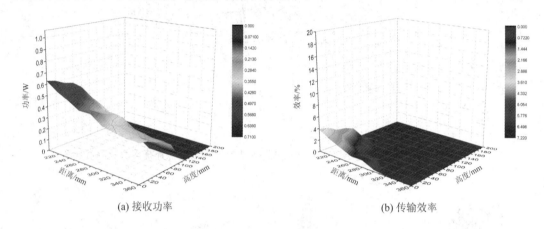

(a) 接收功率　　　　　　　　　　　(b) 传输效率

图 11-19　一对三充电方式下距离非等间隔变化及等高度变化对节点 A 传能的影响

2. 充电簇大小不变时距离和高度变化对节点能量接收的影响

充电簇大小不变时 MC 与节点间距离和 MC 高度变化的一对三充电模型如图 11-20 所示。4 个线圈放置在同一水平底面上，3 个 Sensor 节点的接收线圈平面互成 60°并垂直于底面且高度一致，3 个 Sensor 节点构成的充电簇大小固定。初始时，MC 发射线圈与节点 A 接收线圈平行重叠，距离为 50 mm，节点 A 接收线圈轴心线坐标刻度定为 -100 mm，高度为 0。每次 MC 沿节点 A 接收线圈的轴心线从靠近 A 一端向靠近 B、C 一端移动 20 mm（A、B、C 三个接收线圈的轴心交点处为坐标 O），MC 发射线圈与水平面的相对高度同步

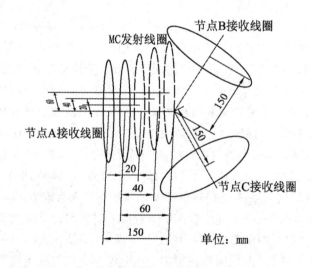

图 11-20　一对三充电方式下簇内等距离和等高度变化对节点能量接收的影响示意图

增加 20 mm，由此获得节点 A 的传输效率和接收功率与距离和高度之间关系曲线如图 11-21 所示。

图 11-21 中，节点 A 的传输效率和接收功率曲面变化基本一致，随距离和高度增加呈层状分布，都是在近距离、低高度时取得最大值，分别为 1.93 W 和 47.02%。与不同大小簇的能量接收相比，在与 MC 距离

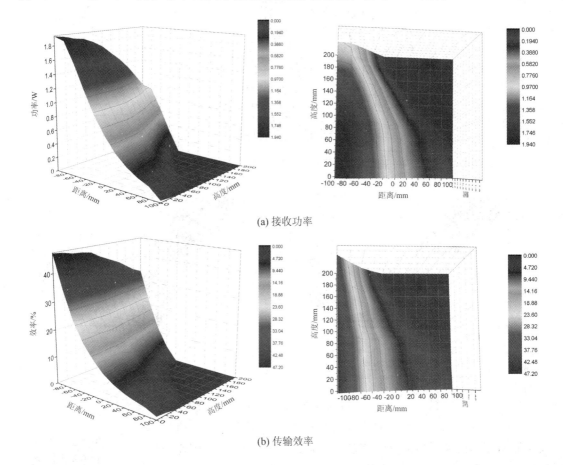

(a) 接收功率

(b) 传输效率

图 11-21 一对三充电方式下簇内等距离及等高度变化对节点 A 传能的影响

0～300 mm、高度 0～200 mm 范围内，同等大小簇内节点 A 的接收功率和传输效率大。

11.3 线圈角度和高度对能量分配影响分析

当充电簇大小不变（即节点间距离不变）时，通过改变 MC 发射线圈高度和角度，来分析角度和高度两因素对节点能量分配的影响。

11.3.1 一对二充电方式

一对二充电方式如图 11-22 所示，MC 发射线圈和 2 个节点的接收线圈同时垂直于底面，2 个接收线圈同轴放置，MC 发射线圈位于两个接收线圈中心，距离二者都为 120 mm。初始时，MC 发射线圈与 2 个节点的接收线圈同轴且平行。MC 发射线圈每次旋转 10°，高

度同步增加 20 mm，由此获得节点 A 的传输效率和接收功率与角度和高度之间关系曲线如图 11-23 所示。

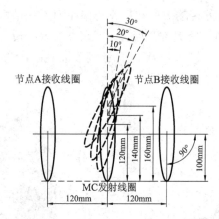

图 11-22　一对二充电方式下角度和高度变化对节点能量接收的影响示意图

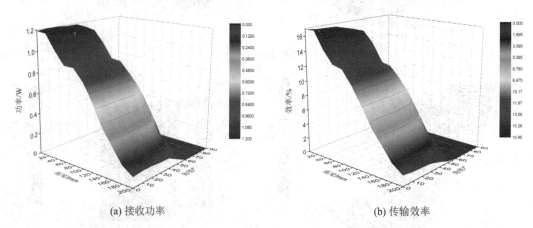

(a) 接收功率　　　　　　　　　　　　(b) 传输效率

图 11-23　一对二充电方式下角度和高度变化对节点 A 传能的影响

图 11-23 中，节点 A 的传输效率和接收功率曲面变化趋势基本一致，随角度和高度增加呈层状分布，随高度增加逐级递减，但受角度增加影响不大。在角度 0～50°、高度 0～40 mm 范围内，节点 A 的接收功率达到 1.0 W 以上，节点 A 的传输效率达到 15.0% 以上；在角度 0～80°、高度 40～130 mm 范围内，节点 A 的接收功率取值范围为 0.60～0.96 W，节点 A 的传输效率取值范围为 8.47%～15.26%。

11.3.2　一对三充电方式

一对三充电方式如图 11-24 所示，4 个线圈放置在同一水平底面上，3 个 Sensor 节点的接收线圈距离 MC 发射线圈都为 120 mm，且接收线圈平面互成 60°并垂直于底面。初始时，MC 发射线圈与节点 A 接收线圈平行，高度为 0。每次 MC 发射线圈与节点 A 接收线圈角度从 0 以 10°步长增加，MC 发射线圈与水平面的相对高度同步增加 20 mm，由此获得节点 A 的传输效率和接收功率与距离和高度之间关系曲线如图 11-25 所示，节点 A 的接收功率和传输效率曲面变化均呈波状分布。图 11-25(a) 中，在角度 30°、高度为 0 时，节

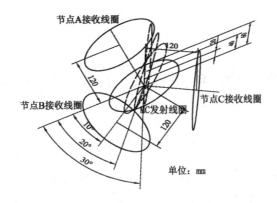

图 11-24 一对三充电方式下角度和高度变化对节点能量接收的影响示意图

点 A 的接收功率取得最大值 1.21 W，之后，随着角度增加，后面的两条波峰曲线呈逐渐降低趋势。图 11-25(b) 中，与接收功率波峰曲线不同，节点 A 传输效率波峰曲线受角度影响不大，在高度为 0 时，角度 20°和 160°处分别取得传输效率波峰值 16.21％和 16.69％。图 11-25 中的波峰曲线说明，节点 A 的接收功率和传输效率随高度增加而降低，在 0～80 mm 范围内取值较为稳定，但在 80～200 mm 范围内取值迅速下降。

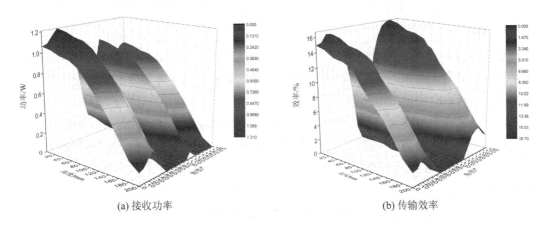

(a) 接收功率   (b) 传输效率

图 11-25 一对三充电方式下角度和高度变化对节点 A 传能的影响

一对二不等大小簇等距离变化和非等距离变化中，当 MC 线圈角度或高度变化时，不等距离下 Sensor 节点 A 的传输效率和接收功率比同等距离下取值低但更为平稳；相比较不等大小簇，同等簇内距离变化时，节点 A 的接收功率和传输效率受距离和角度（或高度）抑制作用严重。

一对三不等大小簇距离变化和非等距离变化中，当 MC 线圈角度或高度变化时，不等距离下节点 A 的传输效率和接收功率比同等距离下取值低且有效值区域占比小，因此同等情况下一对三充电簇构建时不建议簇内节点距离大于 300 mm；与不等大小簇相比，同等簇内 MC 距离变化时，节点 A 的接收功率和传输效率曲面变化在距离和角度（或高度）影响下趋势基本一致。

第 12 章　充电簇中充电组能量分配算法

WRSN 中,当充电簇中有多个传感器节点同时发出充电请求时,受传能线圈间角度、距离等因素影响,待充电节点尽管在 SenCar 节点(又称 MC)无线传能距离内,但在一对多能量传输方式下,节点能量补充效率不佳。针对这种情况,结合簇内节点剩余能量和传能效率,本章将待补充能量节点进行分组,形成充电组,组内实行一对多充电。当充电簇中存在多个充电组时,从节点动态和静态能耗两个角度分别构建充电组静态调度和动态调度算法,力图实现能量补充效率最大化。

12.1　系 统 概 述

1. 系统模型

WRSN 系统模型由网络模型和充电模型组成,具体见第 5.1 节。WRSN 中节点数据路由采用 GPSR 路由协议,节点通信能耗模型及剩余能量模型分别见第 6.1 节和 6.2 节,充电组及充电簇剩余能量模型见第 6.3 节。

为了准确获取节点地理位置的同时能更好地动态划分充电簇,建立和分析充电簇中充电组能量补充调度模型,在第 5.1 节的基础上做如下假设。

假设 12-1　网络是时变系统网络,即节点数据速率是动态变化的,节点能耗也是动态变化的。

假设 12-2　节点通过最优覆盖随机部署,且位置固定。

假设 12-3　SenCar 节点能量上限值为 E_0,能量下限值为 E_{min}。SenCar 节点主要负责无线能量传输、移动和数据传输。忽略 SenCar 节点通信过程中的能量消耗;移动速度恒定,为 v_{sen}。SenCar 节点单位距离移动能耗固定为 q_{sen}。

假设 12-4　SenCar 节点充电位置位于充电簇的几何中心,SenCar 节点的发送能量线圈可进行 360°转动,且采用磁耦合谐振无线传能方式。

假设 12-5　网络采用充电簇最优覆盖。位于充电簇中心位置的 SenCar 节点的能量发射线圈与节点接收线圈平面中心同轴,且发射和接收线圈平面平行。

假设 12-6　位于充电簇边缘地带的节点,充电过程不受来自相邻充电簇能量补充的电磁干扰。

假设 12-7　SenCar 节点每次为节点补满能量。

2. 问题描述

WRSN 中，受传能线圈间角度、距离等因素对传能效率影响，节点的接收效率会出现不一致现象。如果不对待充节点进行甄别，虽然待充节点在 SenCar 节点无线传能距离范围内，也可能会出现节点能量补充效率不佳，导致充电簇能量补充效率下降。因此需要对充电簇内的待充节点进行分组，形成充电组。如图 12-1 所示，组内实行一对多充电，这就涉及如何分组的问题，分组好坏直接关系到充电效率。

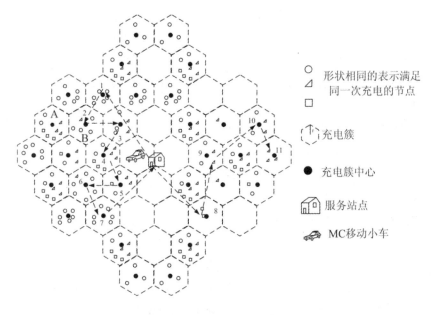

图 12-1　WRSN 系统模型

充电簇内节点通过划分充电组，进行一对多充电。充电组划分完成后涉及另一个问题：哪个充电组先充电，哪个充电组后充电，即充电组充电调度问题。调度是否合理直接关系到网络能量稳定性。

12.2　充　电　组

1. 划分方法

当充电簇（C）出现多个需要能量补充节点时，如何判断待补充节点是否满足充电组划分要求以及如何划分充电组，关系到充电簇的充电效率。

当 SenCar 节点到达充电簇 C 时，首先初始化待补充能量节点的角度。SenCar 节点的发射线圈顺时针转动时，每个停留位置都会有多个节点需要补充能量。考虑到充电簇中不可能存在两个节点有完全一致的充电时间，故以充电时间作为划分充电组约束条件。将充电时间近似相等或者在一个差值范围内的节点划分在同一个充电组中，达到充电组中各节点在近似一个时间段内完成各自能量补充的目的。

下面分析 SenCar 节点发射线圈相对初始位置转动 θ 角时，分析待补充能量节点集合 Q_C 中的节点分组情况。充电组划分步骤如表 12-1 所示，流程如图 12-2 所示。

表 12-1 充电组划分算法

功能：SenCar 节点发射线圈转动 θ 角时待补充能量节点充电组划分

输入：充电簇中待补充能量节点集合 Q_C 以及集合 Q_C 中节点数 C_{Num}

输出：SenCar 节点发射线圈转动 θ 角时，集合 Q_C 划分充电组

1) 计算 Q_C 中 C_{Num} 个节点的各自能量补充时间，按照升序排列记为集合 Q_{cht}，设置分组区间阈值 T_{hr}

2)　if $C_{Num} > 0$ 　　　　　　//待补充能量节点数不为 0

3)　　if $\max\{Q_{cht}\} - \min\{Q_{cht}\} < T_{hr}$

4)　　　将能量补充时间位于区间 $(\min\{Q_{cht}\}, \max\{Q_{cht}\})$ 的节点划分至同一充电组 G_1

5)　　　更新未分组的节点数：$C_{Num} = C_{Num} -$ 充电组 G_1 中节点数

6)　　　剔除集合 Q_{cht} 中包含充电组 G_1 中节点能量补充时间，更新集合 Q_{cht}

7)　　else

8)　　　剔除集合 Q_{cht} 中最大值 $\max\{Q_{cht}\}$，更新集合 Q_{cht}

9)　　　更新未分组的节点数：$C_{Num} = C_{Num} - 1$

10)　　end

11)　else

12)　　输出 SenCar 节点发射线圈转动 θ 角时分组

13) end

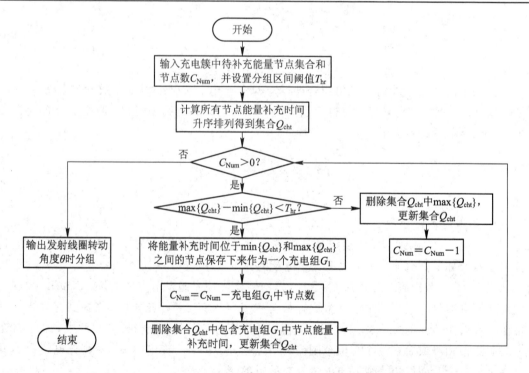

图 12-2　SenCar 发射线圈转动 θ 角时待补充能量节点充电组划分流程

2. 优先级判别

网络运行过程中,当充电簇中某一时刻出现多个充电组需要补充能量时,如何实现充电簇中多个充电组能量合理调度分配,对提高充电簇充电效率具有重要意义。依据充电组划分方法和充电时间,定义充电组(G)单位时间充电节点吞吐量 TP:

$$\text{TP} = \frac{N_G}{T_{G\_cht}} \tag{12-1}$$

式中,N_G表示充电组(G)中节点数,T_{G_cht}表示完成当前充电组(G)任务的总时间。

相同时间内,完成补充能量节点数越多,反映出 SenCar 节点的能量补充效率越高,减少了充电簇中其他充电组平均等待时间,提高了 SenCar 节点充电时效性。因此,选取充电组单位时间充电节点吞吐量作为评判充电组优先级指标,TP 值越大,充电组的优先级别越高。

12.3 充电组充电调度算法

充电组充电调度过程中,依据是否考虑节点能量动态变化,本节分别提出了一种静态分组排序算法(Static Grouping Sorting Algorithm,SGSA)和动态分组算法(Dynamic Grouping Algorithm,DGA)。

12.3.1 静态分组排序算法

静态分组排序算法分为发射线圈遍历转动过程、寻找集合 Q_c 中最大 TP 值过程和分组次序确定过程。

1. 发射线圈遍历转动过程

SenCar 节点发射线圈到达目标充电簇时,初始化发射线圈位置和目标充电簇中待补充能量节点的初始线圈夹角(即发射线圈和接收线圈间夹角),发射线圈按照角度间隔 $\sigma \in (0, \pi)$ 顺时针转动至 π 角度,完成一次转动遍历过程。

2. 寻找 Q_c 中最大 TP 值过程

发射线圈遍历转动过程中,发射线圈每转动一个角度间隔 $\sigma \in (0, \pi)$ 时,计算目标充电簇中 C_{Num} 个待补充能量节点在当前发射线圈位置时完成能量补充的时间;然后,采用第12.2.1 节中充电组划分方法,划分充电组,结合式(12-1)计算 TP 值。

如果当前发射线圈位置不满足划分任何一个充电组,则继续转动发射线圈至下一个位置,直至发射线圈遍历转动过程结束。

根据 TP 值对充电组进行排序,选择拥有最大 TP 值的充电组为优先级最高的充电组。将优先级最高的充电组中的节点从待补充能量序列中删除,将最新的待补充能量节点序列重复进行筛选最优充电组过程,直至没有充电组划分为止。

为了更好地表述静态分组排序算法思想,下面定义几个标识符:

$G_{Num}^k (k=1, 2, 3, \cdots, m)$ 表示 SenCar 节点发射线圈转动第 k 次时,待补充能量节点分组数。

$N^k(g) (g=1, 2, 3, \cdots, G_{Num}^k; k=1, 2, 3, \cdots, m)$ 表示 SenCar 节点发射线圈转动第 k

次时第 g 个分组中的节点数，且 $N^k(g)$ 满足关系式：

$$\sum_{g=1}^{G_{\text{Num}}^k} N^k(g) = C_{\text{Num}} \quad (g=1,2,3,\cdots,G_{\text{Num}}^k; k=1,2,3,\cdots,m) \quad (12-2)$$

$q_c^k(n_g)(k=1,2,3,\cdots m; n_g=1,2,3,\cdots,N_G^k(g); g=1,2,3,\cdots,G_{\text{Num}}^k)$ 表示 SenCar 节点发射线圈转动第 k 次时，第 g 个分组中包含的节点 ID 号。

$T^k(g)(g=1,2,3,\cdots,G_{\text{Num}}^k; k=1,2,3,\cdots,m)$ 表示 SenCar 节点发射线圈转动第 k 次时，第 g 个充电组的充电任务完成时间，且 $T^k(g)$ 满足关系式：

$$\max\{T_{\text{cht}}^k(\text{ID}_i)\} \leqslant T^k(g) < \sum_{\text{ID}_i} T_{\text{cht}}^k(\text{ID}_i) \quad (\text{ID}_i \in Q_C) \quad (12-3)$$

$\text{TP}_{\max}^k(k=1,2,3,\cdots,m)$ 表示 SenCar 节点发射线圈转动第 k 次时，G_{Num}^k 分组中 TP 最大值。

根据式(12-1)有以下关系式：

$$\text{TP}^k(g) = \frac{N^k(g)}{T^k(g)} \quad (g=1,2,3,\cdots,G_{\text{Num}}^k; k=1,2,3,\cdots,m) \quad (12-4)$$

结合式(12-4)筛选 SenCar 节点发射线圈转动第 k 次时最大的 TP 值：

$$\text{TP}_{\max}^k = \max\{\text{TP}^k(1), \text{TP}^k(2), \cdots, \text{TP}^k(G_{\text{Num}}^k)\} \quad (k=1,2,3,\cdots,m)(12-5)$$

结合式(12-5)筛选 SenCar 节点发射线圈遍历转动完成时最大的 TP 值：

$$\text{TP}_{pri} = \max\{\text{TP}_{\max}^1, \text{TP}_{\max}^2, \cdots, \text{TP}_{\max}^m\} \quad (12-6)$$

其中，TP_{pri} 表示最优充电组的 TP 值。

3. 分组次序确定过程

根据式(12-2)~式(12-6)可获得待补充能量节点集合 Q_C 中的一个优先级最高的充电组，记为 G_1。假设 G_1 对应的 SenCar 节点发射线圈的位置为 k_1 时，g 值为 g1，用集合 $q_c=\{q_c^{k_1}(n_{g1})\}$，$n_{g1}=1,2,3,\cdots,N^k(g1)$，$N^k(g1)$ 表示 G_1 充电组中的节点 ID 号集合。

确定优先级最高的充电组 G_1 后，目标充电簇(C)中需要能量补充的节点数更新为

$$G_{\text{Num}} = C_{\text{Num}} - N^{k_1}(g1) \quad (12-7)$$

目标充电簇中需要能量补充节点 ID 号的集合 Q_C 更新为

$$Q_C = \{\text{ID} \mid \text{ID} \in Q_C \text{ 且 ID} \notin q_c\} \quad (12-8)$$

根据更新后的目标充电簇 C 中需要能量补充节点 ID 号的集合 Q_C，重复寻找 Q_C 中最大 TP 值过程，得到第二次序充电组 G_2、第三次序充电组 G_3 等充电组充电次序，直至集合 Q_C 中节点无组可分为止。静态分组排序算法步骤如表 12-2 所示，流程如图 12-3 所示。

表 12-2　静态分组排序算法

功能：确定当前时刻目标充电簇中充电组能量补充顺序
输入：目标充电簇中待补充能量节点集合 Q_C **输出**：当前时刻目标充电簇中充电组能量补充顺序
1）初始化发射线圈转动间隔角度 σ，转动次数 $m = \text{mod}(\pi/\sigma)$，SenCar 节点发射线圈与集合 Q_C 中节点接收线圈间初始夹角记为 α_{ID_i}，$\text{ID}_i \in Q_C$，令 $g=1$ 2）if　集合 Q_C 不是空集 3）　if　$0 \leqslant k \leqslant m$

4) 在发送线圈位置 k 时，集合 Q_c 进行充电组划分(具体参见表 12 - 1)

5) 排序寻找发射线圈位置 k 时的最大 TP 值，保存对应的分组 G

6) else

7) 比较发射线圈 k 个位置上的最大 TP 值，重新排序，寻找最大 TP 值对应的分组 G

8) 保存分组 $G_g = G$，同时更新集合 Q_c，删除集合 Q_c 与分组 G_g 中相同的节点

9) 更新充电组次序下标：$g = g + 1$

10) end

11) else

12) 输出"无分组"或者分组次序 G_g

13) end

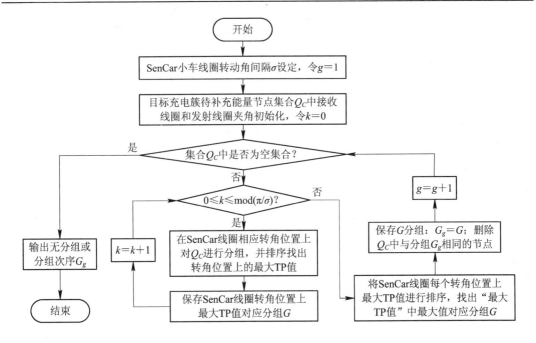

图 12 - 3　静态分组排序算法流程

12.3.2　动态分组算法

　　静态分组排序算法(SGSA)中，按照预先的充电组次序完成充电簇能量补充任务。当充电次序最高的充电组进行能量补充时，其他节点正常工作，但因节点承担功能不同其能耗也不同，进而节点剩余能量也不同。因此，SGSA 算法没能充分体现节点剩余能量或充电组剩余能量情况，可能出现原先排序好分组中的节点可能在时刻 t_1 时不再满足分组要求，使得充电簇能量补充效率变低。

　　考虑到 SGSA 算法这种缺陷，本节结合节点动态能量消耗，提出了动态分组算法(DGA)。DGA 算法主要体现在 SenCar 节点不是按照预先排序好的充电组次序完成能量补充任务，而是在完成充电簇中优先级最高的充电组充电任务后，更新待补充能量节点 ID 集合 Q_c 以及 Q_c 包含节点的剩余能量，即 SenCar 节点重新寻找最优充电组过程。动态分组

算法如表 12 - 3 所示。

表 12 - 3　动态分组算法

功能：确定当前时刻目标充电簇中优先级最高的充电组

输入：目标充电簇中待补充能量节点集合 Q_C

输出：优先级最高充电组

1) 初始化发射线圈转动间隔角度 σ，转动次数 $m = \pi/\sigma$，Sencar 节点发射线圈与集合 Q_C 中节点接收线圈间初始夹角记为 $\alpha_{\text{ID}i}$，$\text{ID}_i \in Q_C$。

2) 　for $k = 0 : 1 : m$

3) 　　$\theta^k_{\text{ID}_i} = \alpha_{\text{ID}_i} + k * \sigma$　　//更新发送线圈位置 k 时，Q_C 中节点线圈夹角

4) 　　计算 $F_k(D_{\text{ID}_i}, \theta^k_{\text{ID}_i})$　　//计算发送线圈位置 k 时，Q_C 中节点线圈传能效率

5) 　　计算 $T^k_{\text{cht}}(\text{ID}_i)$　　//计算发送线圈位置 k 时，Q_C 中节点能量补充时间

6) 　　计算 $TP^k_{\max}$　　//计算发送线圈位置 k 时，Q_C 中节点分组情况时的最大 TP 值

7) 　end

8) 　$TP_{\text{pri}} = \max\{TP^k_{\max}\}$　　//　其中 $k = 1, 2, 3, \cdots, m$，选择 m 个 $TP^k_{\max}$ 中最大的 TP 值

9) 　查询 TP_{pri} 值对应的分组 G

10) 　输出优先级最高充电组 G

11) end

DGA 算法是在 SGSA 算法的基础上做了以下几点修改：

（1）获得最优充电组 G_1 后，SenCar 节点线圈立刻完成最优充电组的充电任务，而不是继续将 Q_C 中其他待补充能量节点进行分组。

（2）完成最优充电组 G_1 任务后，删除待补充能量的节点 ID 集合 Q_C 中已补充能量节点 ID 号，更新剩下节点的能量信息，重新寻找最优充电组 G_1。

（3）充电组补充能量的总时间是根据当前最新剩余能量、SenCar 节点发射线圈最佳位置获取的。

12.4　性 能 分 析

1. 仿真环境

1）SenCar 节点发射线圈转动角间隔 σ 的确定

发射线圈转动角间隔 σ 关系到发射线圈转动总时间，σ 值越小，算法运行时间越长，同时转角间隔 σ 偏小时，传能效率较为接近。在实验测试过程中发现转动角度变化在 $\sigma = 5°$ 时，传能效率变化较为明显。

2）分组区间阈值 T_{hr} 的确定

分组区间阈值 T_{hr} 直接关系到目标充电簇中划分在同一充电组中的节点是否合理。T_{hr} 过大，使得充电组中节点不能在近似同一时间完成能量补充；T_{hr} 值无法设置成 0，因为实际上充电簇中不可能存在完全符合第 5.3 节划分充电组要求的节点，所以需要设置一个合

理 T_{hr} 值。本章在反复测试过程中，得到经验值 $T_{hr} = 6$。

3）仿真环境

网络参数和节点参数如表 12-4 所示。

表 12-4　仿真参数设置

参　　数	数　　值
WRSN 网络区域大小/m^2	60×60
基站位置/m	(30, 30)
传感器节点数量/个	600
$\varepsilon_{fs}/(pJ/(bit \cdot m^{-2}))$	10
$\varepsilon_{mp}/(pJ/(bit \cdot m^{-4}))$	0.0013
$\rho/(nJ/bit)$	50
节点初始能量 E_0/J	100
传感器节点数据产生速率/(kb/s)区间	(4000, 9000)
$\sigma/(°)$	5
分组区间阈值 T_{hr}	6
节点能量阈值/J	50
网络运行时间/min	10 000

WRSN 运行周期内，随机选择 12 个可划分多个充电组的目标充电簇，对比分析充电簇充电完成时间和充电簇平均能量补充速率。12 个目标充电簇在网络运行时间 T 内出现的时刻如表 12-5 所示，在网络中的位置如图 12-4 阴影部分。

表 12-5　目标充电簇出现时刻

目标充电簇标号	目标充电簇 ID	网络运行时刻/s
1	83	2322
2	97	3392
3	93	4775
4	104	5700
5	132	6293
6	134	6419
7	142	6777
8	66	6933
9	157	7329
10	70	7636
11	97	8230
12	33	9125

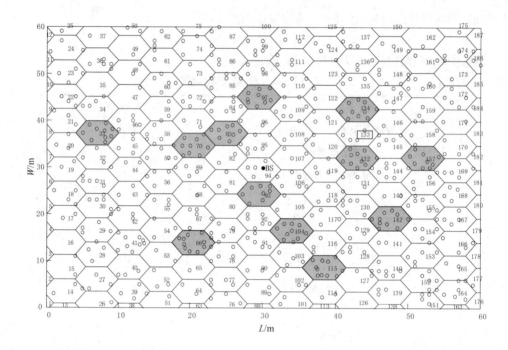

图 12-4 目标充电簇在 WRSN 网络中位置示意图

2. 评价指标

下面采用充电簇充电完成时间和充电簇平均能量补充速率作为衡量指标,来验证充电簇中充电组划分的有效性。

充电簇充电完成时间 T_C:

$$T_C - \sum_g T_{G\_cht}(g) + \sum_n T_{cht}(n) \qquad (12-9)$$

式中,$T_{G\_cht}(g)$ 表示充电组 g 完成能量补充任务的时间,$T_{cht}(n)$ 表示充电簇中不符合划分充电组的节点 n 单独进行能量补充任务的时间。

充电簇平均能量补充速率 $\bar{V}_C(t_1)$:

$$\bar{V}_C(t_1) = \frac{\sum_{i \in Q_C}(E_0 - RE_i(t_1))}{T_C} \qquad (12-10)$$

式中,$\sum(E_0 - RE_i(t_1))$ 表示在时刻 t_1 时目标充电簇 C 中待补充能量节点的补充能量之和,T_C 表示目标充电簇中待补充能量节点能量补充任务的总时间。

3. 仿真与分析

1) 分组算法性能分析

分别从充电簇充电完成时间和充电簇平均能量补充速率两方面比较和分析 SGSA 算法和 DGA 算法的性能。基于 SGSA 算法和 DGA 算法的充电簇充电完成时间仿真对比图如图 12-5 所示。

图 12-5 中,12 个目标充电簇中基于 SGSA 算法的能量补充时间普遍比 DGA 算法的能量补充时间长。DGA 算法比 SGSA 算法的电簇充电完成时间平均约少 3 min,原因在于

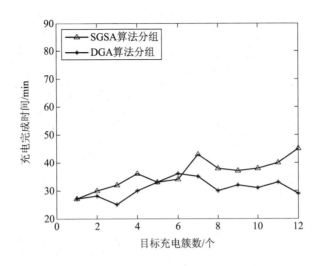

图 12-5　分组算法充电簇充电完成时间对比

DGA 算法始终依据的是当前时刻的节点剩余能量信息，使得在前一时刻不满足充电组划分要求，但在当前时刻满足划分充电组的节点不被遗漏，或者在前一时刻基于 SGSA 算法的 2 个充电组在当前时刻合二为一成为一个充电组。因此基于 DGA 算法的充电组充电吞吐量大，充电效率高。

针对图 12-5 中目标充电簇 6（在 WRSN 中充电簇 ID 号为 134），簇中待补充能量节点在 SGSA 算法和 DGA 算法下的分组情况如图 12-6 所示。

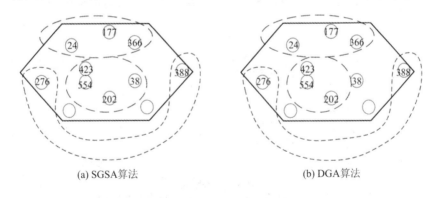

(a) SGSA算法　　　　　　　　　　　　(b) DGA算法

图 12-6　目标充电簇 6 中待补充能量节点分组示意图

目标充电簇 6 中，待补充能量节点 ID 号分别是 24、177、366、276、388、423、554、202、38 等 9 个节点。基于 SGSA 算法分组，预先将这 9 个待补充能量节点分成 3 组，即充电组 1（节点 ID：24、177、366）、充电组 2（节点 ID：388、276）和充电组 3（节点 ID：423、554、202、38），进行能量补充。基于 DGA 算法，分析目标充电簇 6 内待补充节点分组情况发现，节点 ID 为 38 的节点可能由于能耗过快，其剩余能量关系不满足充电组划分要求，致使节点 ID 38 节点从充电组中单独划分出来，增加了目标充电簇任务完成的总时间，使得图 12-5 中 DGA 算法比 SGSA 算法的目标充电簇任务完成的总时间长。但是从网络运行时间看，出现目标充电簇 6 的特殊情况仅有一次。所以，总体上来看 DGA 算法的充电簇充电完成时间要比 SGSA 算法短。

基于 SGSA 算法和 DGA 算法的充电簇平均能量补充速率仿真对比如图 12-7 所示。

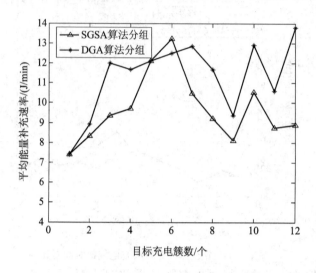

图 12-7　分组算法充电簇平均能量补充速率对比

图 12-7 中，12 个目标充电簇中基于 SGSA 算法的充电簇平均能量补充速率比基于 DGA 算法低，DGA 算法比 SGSA 算法的充电簇平均能量补充速率平均高约 2.5 J/min。针对图 12-7 中目标充电簇 6 的特殊情况，其出现原因与图 12-5 中的目标充电簇 6 一致。

2）对比分析

图 12-8 为关于分组和不分组情况下充电簇充电完成时间的仿真对比图。

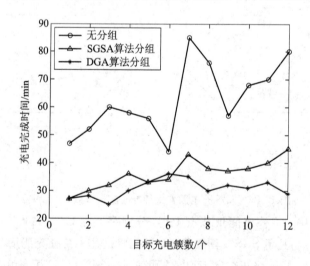

图 12-8　分组与不分组充电簇充电完成时间对比

图 12-8 中，使用分组充电算法的充电簇充电完成时间普遍比不分组时平均缩短约 40%。原因在于，分组算法综合考虑了节点的剩余能量和传能效率，将符合充电需求的节点划分至一个充电组，通过一对多充电来合理调度充电组，从而提高了充电簇的能量补充效率，减少了充电簇充电完成时间。分析图 12-8 中分组算法仿真数据，基于 DGA 算法的能量补充时间比 SGSA 算法平均缩短约 13.3%。

分组和不分组情况下充电簇平均能量补充速率仿真对比如图 12-9 所示。分组情况下的充电簇平均能量补充速率较不分组情况下提高了近 40%。原因在于，同一个目标充电簇，分组算法综合考虑节点的剩余能量和传能效率，将充电时间一致的节点划分至一个充电组，合理调度充电组，从而提高了充电簇的能量补充效率和平均能量的补充速率。从图 12-9 中分组算法仿真数据对比分析可知，大多数目标充电簇中基于 DGA 算法的充电簇平均能量补充速率比基于 SGSA 算法提高了约 20%。

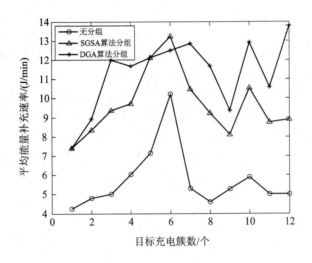

图 12-9　分组与不分组充电簇平均能量补充速率对比

第13章　WRSN 网络充电簇能量调度算法

WRSN 中，将多个待补充能量节点组合成为一个充电组，组内实施一对多充电，以提高充电效率。如果充电组内只有一个节点，则充电组退化为一个节点，这时可以将普通节点认为充电组的一个特例。通常，网络充电簇包含多个充电组，以充电组作为充电单元，根据充电组能量变化，对充电簇进行能量调度，如图 13 - 1 所示。本章基于充电组能量变化，综合考虑充电组中节点类型数、充电簇平均能耗速率、充电簇剩余能量平均值、SenCar 节点（又称 MC 节点）移动距离等因素，对网络充电簇进行能量调度。

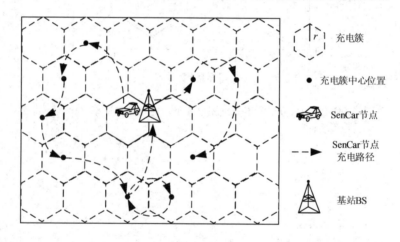

图 13 - 1　充电簇间 SenCar 节点能量调度示意图

13.1　系　统　概　述

1. 系统模型

WRSN 系统模型由网络模型和充电模型组成，具体见第 12.2.1 节。WRSN 中节点数据路由采用 GPSR 路由协议，节点通信能耗模型及剩余能量模型分别见第 6.1 节和 6.2节，充电组及充电簇剩余能量模型见第 6.3 节。

2. 问题描述

WRSN 中，通常 SenCar 节点携带能量有限，无论是一对一充电方式还是一对多充电方式，如何调度携带能量的 SenCar 节点及时为网络节点补充能量，保证节点能量的可持续性和网络能量的稳定性，是一个亟待解决的问题。

为了有效地进行能量补充，依据磁耦合谐振无线能量传输理论，将网络划分为多个充电簇。考虑到节点间距离、角度等因素,将多个待补充能量的节点构建成一个充电组,组内实施一对多充电,以提高网络能量补充效率。在此架构下,首先如何选择充电簇,其次充电簇内选择合适的充电组(选择充电组的方法见第12章)。选择充电簇应考虑两点:一是哪个充电簇最需要能量补充,其次是减少 SenCar 节点在充电调度过程中移动消耗。这就需要综合考虑充电组中节点类型数、充电簇的平均能耗速率、充电簇的剩余能量平均值、SenCar 节点移动距离等因素,对网络充电簇进行合理的能量调度。

13.2 充电簇充电次序调度算法

13.2.1 充电簇优先级

网络运行中会出现多个充电簇发出能量补充请求消息(Energy Replenish Request Message,ERRM)。ERRM 主要包含三方面数据信息:充电簇位置信息、充电簇平均剩余能量信息、充电簇中能量低于阈值的节点数。

最优全覆盖 WRSN 网络中的充电簇集合用 H 表示,将含有充电请求充电组的充电簇用集合 H^R 表示。在时刻 t,充电簇 C 中发出充电请求的充电组数用 $N_C^L(t)$ 表示,充电簇 C 中发出充电请求的充电组包含节点数用 $G_C(g)(C \in H^R, g=1, 2, \cdots, N_C^L(t))$ 表示。充电簇 C 中发出充电请求的节点用集合 $Q_C(C \in H^R)$ 表示。SenCar 节点在时刻 t 根据集合 H^R 中充电簇信息选择目标充电簇进行能量补充。

为了提高 SenCar 节点的携带能量利用率,减少 SenCar 节点行驶路程,降低充电簇平均充电延迟,结合第6章无线通信能耗模型,在时刻 t 选择充电的目标充电簇应考虑以下五大因素。

1. 充电簇中充电组的剩余能量

充电组剩余能量多少与组内节点剩余能量有直接关系。充电簇中充电组剩余能量之和越少,充电簇的充电紧迫性越强,充电簇的优先级别越高,可用充电组能量因子度量。充电组能量因子是充电簇中包含的充电组剩余能量 $RE_{G(g)}^C(t)$ 之和与充电簇中充电组初始能量 $G_C(g)$ 之和的比值,用 $f_{ge}(t)$ 表示:

$$f_{ge}(t) = \frac{\sum\limits_{g=1}^{N_C^L(t)} RE_{G(g)}^C(t)}{E_0 \times \sum\limits_{g=1}^{N_C^L(t)} G_C(g)} \tag{13-1}$$

2. 充电簇的平均能耗速率

当充电簇平均能耗速率偏高时,若簇内待补充能量节点得不到及时补充,节点死亡概率要比其他平均能耗低的充电簇中节点高,所以充电簇的平均能耗速率越高,充电簇的优先级越高。用 $\overline{p_C(t)}$ 表示充电簇 C 在时刻 t 的平均能耗速率,$\max \overline{p_C^k(t)}$ 表示充电簇 C 中第 k 个节点平均能耗速率在时刻 t 的最大值,二者比值称为能耗因子,用 $f_P(t)$ 表示:

$$f_P(t) = \frac{\overline{p_C(t)}}{\max\limits_{k \in Q_C}\{\overline{p_C^k(t)}\}} \tag{13-2}$$

3. 充电簇中待补充能量充电组包含的节点类型数

节点功能不同能耗不同。充电簇中担任路由转发的节点（路由节点）数越多，充电簇能耗越高，若得不到及时能量补充，则增加路由节点死亡概率，从而影响网络通信的稳定性。因此，充电簇中待补充能量充电组包含路由节点越多，充电簇的优先级越高。用 $f_C(i)$ 表示充电簇 C 中节点 i 的类型（普通节点或路由节点），其定义为

$$f_C(i) = \begin{cases} 0, & \text{普通节点} \\ 1, & \text{路由节点} \end{cases} \quad (i \in Q_C) \tag{13-3}$$

将充电簇 C 中待补充能量节点集合 Q_C 中节点类型函数式 $f_C(i)$ 之和称为节点功能类型因子 f_A，即

$$f_A = \sum_{i \in Q_C} f_C(i) \tag{13-4}$$

4. SenCar 节点移动距离

当 SenCar 节点与充电簇距离越近，SenCar 节点响应速度越快，移动距离越短，充电簇的充电等待时间越短，充电簇的优先级越高。以 $d_t(\text{sen}, C)$ 表示 SenCar 节点在时刻 t 距离充电簇 C 的直线距离，$\sqrt{L^2 + W^2}$ 表示网络区域（$L \times W$）中最大欧氏距离，二者比值称为 SenCar 节点距离因子 f_d：

$$f_d = \frac{d_t(\text{sen}, C)}{\sqrt{L^2 + W^2}} \tag{13-5}$$

5. 充电簇剩余能量平均值

充电簇剩余能量平均值反映充电簇内节点需要补充能量的紧迫性。若簇内待补充能量节点得不到及时补充，则出现因能量耗尽死亡。因此，充电簇剩余能量平均值越小，充电簇的优先级越高。以 $\text{RE}_C(t)$ 表示充电簇 C 在时刻 t 时的簇剩余能量，E_0 表示节点的初始能量，将簇剩余能量与节点初始能量的比值称为充电簇能量因子 $f_{ce}(t)$：

$$f_{ce}(t) = \frac{\text{RE}_C(t)}{N_C \times E_0} \tag{13-6}$$

综合考虑这五大因素与充电簇优先级的正反比关系，提出目标充电簇的动态选择算法（Dynamic Selection Algorithm，DSA）。DSA 算法的核心是确定 SenCar 节点充电簇优先级别函数 $F_t(C)$：

$$F_t(C) = \frac{\left(1 + \dfrac{\overline{p_C(t)}}{\max\limits_{k \in C}\{p_C^k(t)\}}\right) \times \left(1 + \sum\limits_{i \in Q_C} f_C(i)\right)}{\left(1 + \dfrac{d_t(\text{sen}, C)}{\sqrt{L^2 + W^2}}\right) \times \left(1 + \dfrac{\text{RE}_C(t)}{N_C \times E_0}\right) \times \left[1 + \dfrac{\sum\limits_{g=1}^{N_C^L(t)} \text{RE}_{G(g)}^C(t)}{E_0 \times \sum\limits_{g=1}^{N_C^L(t)} G_C(g)}\right]} \tag{13-7}$$

式中，$F_t(C)$ 表示充电簇 C 在时刻 t 的充电簇优先级别函数，$F_t(C)$ 值越大，表示充电簇 C 能量需求优先级越高。$F_t(C)$ 函数式中各影响因子均保持与 1 求和再求乘积的原因是各影响因子均有可能出现值为 0 的情况。当 $F_t(C)$ 函数式分子中某个因子值为 0 时，则无论其他因子大小，$F_t(C)$ 函数值始终为 0；当 $F_t(C)$ 函数式分母中的某个因子值为 0 时，$F_t(C)$

函数值趋于无穷大。所以，为避免这种极端情况出现，将影响因子与1求和再求乘积。

结合式(13-1)~式(13-6)，式(13-7)可简化为

$$F_t(C) = \frac{[1 + f_P(t)] \times [1 + f_A]}{(1 + f_d) \times [1 + f_{ce}(t)] \times [1 + f_{ge}(t)]} \quad (13-8)$$

能耗因子 $f_P(t)$ 值越大，即充电簇 C 平均能耗速率越高，充电簇的级别越高；功能类型因子 f_A 越大，即充电簇 C 中待补充节点集合 Q_C 中路由节点越多，充电簇 C 级别越高。距离因子 f_d 越小，即 SenCar 节点距离充电簇 C 越近，充电簇 C 的级别越高；充电簇能量因子 $f_{ce}(t)$ 越小，即充电簇 C 中平均剩余能量越少，充电簇 C 级别越高；充电组能量因子 $f_{ge}(t)$ 值越小，即充电簇 C 中充电组剩余能量之和越低，充电簇 C 级别越高。综合考虑各个因子参数，确保在选择目标充电簇时优先级最高的充电簇得到及时充电响应，减少 SenCar 节点移动距离和充电延迟。

13.2.2　充电调度算法及步骤

依托 WRSN 网络模型及节点通信能耗模型，结合充电簇优先级(见第13.2.1节)，目标充电簇的动态选择算法(DSA)执行流程如图13-2所示，具体操作步骤如下：

(1) 网络初始化，包括网络规模、节点数 n、基站位置 L_s、SenCar 节点初始能量 E_{sen}、SenCar 节点能量下限值 E_{sen}^{min}、节点初始能量 E_0、节点能量下限 E_{min}、SenCar 节点移动速度 v_{sen}、SenCar 节点移动单位距离能耗 q_{sen}、网络初始运行时间 T。

(2) 网络节点信息监听，即基站根据接收节点信息确定是否接收网络中节点的充电请求信息。如果有，则继续第(3)步，否则继续监听网络中节点信息。

(3) 统计发送充电请求信息的节点所属各自充电簇的 $F_t(C)$ 函数值。

(4) 选择最大充电簇 $F_t(C)$ 函数值作为目标充电簇。

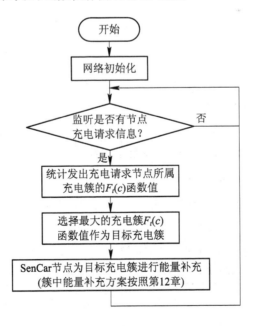

图 13-2　DSA 算法能量调度流程

（5）SenCar 节点前往目标充电簇。SenCar 节点的发射线圈在目标充电簇中心位置转动一周，根据目标充电簇簇内待补充能量节点的剩余能量和传能效率对待补充能量节点进行分组。计算充电组的单位时间充电节点吞吐量，筛选单位时间充电节点吞吐量最大的充电组作为充电簇中能量补充的充电组。完成充电任务后，SenCar 节点的发射线圈重新转动一周，将充电簇中剩下的待补充能量节点重新进行充电组划分，找单位时间充电节点吞吐量最大的充电组，直至目标充电簇中无待补充能量节点（簇内能量分配算法具体见第12.3.2 节）。

（6）完成目标充电簇的充电任务后，返到第（2）步监听网络节点信息。

13.3 性 能 分 析

1. 参数设置

网络仿真参数如表 13-1 所示。节点分布、充电簇覆盖以及节点路由路径见图 13-3，其中正六边形表示充电簇，数字表示充电簇 ID 号，线表示节点路由。

表 13-1 仿真参数设置

参　　数	数　　值
WRSNs 网络区域大小/m^2	60×60
基站位置/m	(30, 30)
传感器节点数/个	600
ε_{fs}/(pJ/(bit·m^{-2}))	10
ε_{mp}/(pJ/(bit·m^{-4}))	0.0013
ρ/(nJ/bit)	50
传感器节点数据产生速率/(kb/s)	(4000, 9000)
σ/(°)	5
分组区间阈值 T_{hr}	6
SenCar 节点初始能量 E_{sen}/kJ	10.8
SenCar 节点能量下限值 E_{sen}^{min}/J	108
节点初始能量 E_0/J	100
节点能量下限 E_{min}/J	50
SenCar 节点移动速度 v_{sen}/(m/s)	5
SenCar 节点移动消耗速率 q_{sen}/(J/m)	1
网络运行时间 T/min	10 000

2. 评价指标

从 SenCar 节点携带能量利用率、SenCar 节点平均移动距离、充电簇平均充电延迟、网络中存活节点数等方面对算法性能进行仿真分析。

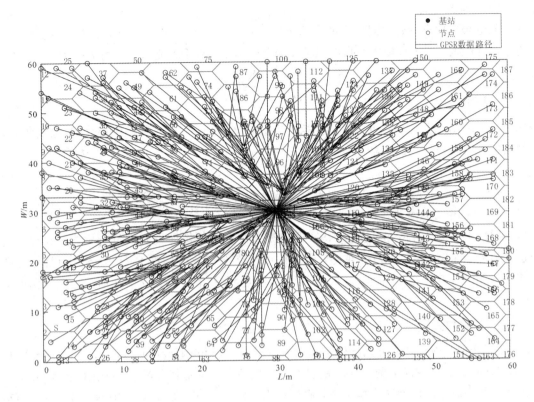

图 13-3 无线可充电传感器网络部署效果图

1）能量利用率

能量利用率反映 SenCar 节点携带能量用于补充节点能量时的利用效率。以 SenCar 节点返回服务站补充能量为一个 SenCar 能量周期，统计计算 SenCar 节点携带能量利用率。通常情况下，SenCar 节点携带能量主要用于自身移动和节点能量补充，其中自身移动消耗的能量属于无效能量，为节点补充的能量属于有效能量。那么 SenCar 节点携带能量利用率可表示为

$$\eta_{\mathrm{sen}} = \frac{E_{\mathrm{sen}} - q_{\mathrm{sen}} \times \sum\limits_{j \in H^R} d(\mathrm{sen}, C_j)}{E_{\mathrm{sen}}} \qquad (13-9)$$

式中，$\sum d(\mathrm{sen}, C_j)$ 表示 SenCar 节点完成集合 H^R 中待补充能量充电簇 C_j 时 SenCar 节点行驶的总路程；q_{sen} 表示 SenCar 节点移动单位距离能耗；E_{sen} 表示 SenCar 节点初始能量。

2）平均移动距离

平均移动距离间接反映网络中调度 SenCar 节点完成目标充电簇充电任务的合适度。SenCar 节点的移动距离一方面带来自身能量消耗，另一方面带来充电簇充电延迟。具体定义如下：

$$D_{\mathrm{ave}} = \frac{\sum\limits_{j \in H^R} d(\mathrm{sen}, C_j)}{m_c} \qquad (13-10)$$

其中，m_c 表示完成集合 H^R 中能量补充的充电簇总数。

3)充电簇平均充电延迟

充电簇平均充电延迟间接反映了 SenCar 节点执行充电调度任务的效率。充电簇平均充电延迟越低，则充电簇中节点能量补充越及时。充电簇平均充电延迟可表示为

$$t_d^{ave}(C) = \frac{\sum_{i \in Q_C} t_d(i)}{n_C} \tag{13-11}$$

式中，n_C 表示充电簇 C 中集合 Q_C 包含的节点数；$t_d(i)$ 表示充电簇 C 中集合 Q_C 包含节点 i 的充电延迟时间，可表示为

$$t_d(i) = t_c(i) - t_r(i) \tag{13-12}$$

式中，$t_c(i)$ 表示节点 i 充电完成时间，$t_r(i)$ 表示节点 i 发送充电请求时间。

4)网络中存活节点数

网络中存活节点数是衡量 WRSN 网络充电调度有效性的重要衡量指标之一。在网络运行的各个时刻，存活节点数越多，说明调度策略能够及时调度 SenCar 节点为目标充电簇中的低阈值节点补充能量，减少得不到及时补充而死亡的节点数，从而验证充电调度策略的有效性。

3. 仿真与分析

文献[130]中移动充电调度的在线启发式算法(Online Heuristic Algorithm，OHA)是在单 SenCar 节点情况下的一对一能量补充调度算法。本章将文献[130]中筛选 SenCar 节点目标任务思想应用到网络框架中，通过对比与分析，说明文献[130]中的 OHA 算法与本章的 DSA 算法应用到一对多能量补充的网络中各自的特点。

1)SenCar 节点携带能量利用率

网络运行时间 $T=10\,000$ min 内，统计在 OHA 算法和 DSA 算法下 SenCar 节点每次返回服务站前的总行驶距离，如表 13-2 所示。结合式(13-9)计算 SenCar 携带能量利用率，如图 13-4 所示。

表 13-2　SenCar 在能量周期内行驶总距离　　　　　　　　　　　　　　　m

	第 1 次返回	第 2 次返回	第 3 次返回	第 4 次返回	第 5 次返回
OHA 算法	1216	1042	992.1	1054	748.3
DSA 算法	1160	904.5	831.4	916.4	653.9

	第 6 次返回	第 7 次返回	第 8 次返回	第 9 次返回	第 10 次返回
OHA 算法	848.5	681.7	653.9	564.7	959
DSA 算法	708.6	523.1	578.1	508.3	832.6

网络运行周期内，SenCar 节点第一个能量周期内的总移动距离较远且能量利用率较低，原因在于网络运行初始阶段，发送充电请求的节点分布区域较广，SenCar 节点能量周期内需要完成访问网络中不同区域的充电簇节点充电任务，造成 SenCar 节点移动能耗偏多，进而 SenCar 节点能量利用率偏低。随着网络运行，网络中同一充电簇中出现多个发出充电请求的节点，且充电请求节点分布较为集中，使得 SenCar 节点在能量周期内访问充电簇数上有所减少，缩短了 SenCar 节点的行径距离，减少了 SenCar 节点自身能量消耗，

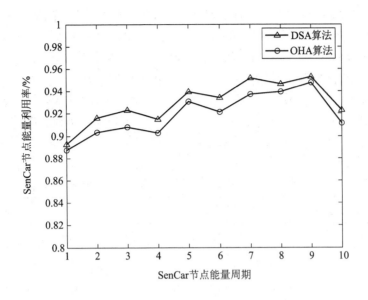

图 13 - 4 SenCar 节点各能量周期内能量利用率

提高了 SenCar 节点的能量利用率。通过表 13 - 2 和图 13 - 4 对比 DSA 算法和 OHA 算法下的 SenCar 节点能量利用率,在网络运行某一阶段,当出现多个充电簇中发出充电请求时,能量调度周期内 DSA 算法比 OHA 算法 SenCar 节点移动距离短、能量利用率高。

2) SenCar 节点平均移动距离

网络运行过程中,出现多个充电簇发出充电请求时,需要选择目标充电簇。在相同补充能量充电簇数情况下,对比 DSA 算法和 OHA 算法完成充电任务时的 SenCar 节点平均移动距离。在网络运行周期 10 000 min 内,选取待补充能量充电簇数分别是 1,2,3,…,20,共 20 组(这里待补充能量充电簇数是与时间无关量),分别基于 DSA 算法和 OHA 算法的能量调度,计算完成不同待补充能量充电簇数量下的 SenCar 平均移动距离,如图 13 - 5 所示。

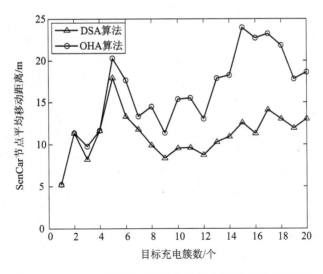

图 13 - 5 SenCar 平均移动距离与待补充能量充电簇数关系

图 13 - 5 中,当充电簇数少于 5 时,两种充电调度算法的 SenCar 平均移动距离近似相

等；当充电簇数大于 5 时，DSA 算法明显比 OHA 算法的 SenCar 平均移动距离少。随着充电簇数增加，DSA 算法下 SenCar 平均移动距离趋于一个相对平稳变化，OHA 算法下 SenCar 平均移动距离变化幅度相对较大。这说明 DSA 算法下的 SenCar 节点在一定程度上缩短了目标充电簇的等待时间，减少了目标充电簇的充电延迟。

分析图 13-5 中充电簇数分别为 5、6 和 7 的情况，无论是 DSA 算法还是 OHA 算法，当充电簇数递增时，SenCar 平均移动距离减小。其原因主要是待补充能量充电簇的 ID 号、分布位置和优先级次序不同。在待补充能量充电簇数分别为 5、6 和 7 情况下，统计待补充能量充电簇分布和 DSA 算法下 SenCar 节点路径如表 13-3 所示。

表 13-3　待补充能量充电簇分布和 DSA 算法下 SenCar 节点路径统计表

待补充能量充电簇数量	待补充能量充电簇 ID	DSA 算法下 SenCar 路径
5	54、56、94、104、107	104→54→94→107→56
6	54、68、71、83、96、106	83→96→54→68→106→71
7	54、56、82、104、105、107、130	82→105→104→130→107→54→56

通过表 13-3 记录的 DSA 算法下 SenCar 节点访问充电簇的顺序，在 WRSN 网络模型中绘制出 SenCar 节点的行驶路径，如图 13-6(a)～(c)所示。分析图 13-6 中不同数量的待补充能量充电簇在 WRSN 网络中分布以及 SenCar 节点行驶路径，当待补充能量充电簇数为 7 时，待补充能量充电簇分布相对集中，且 SenCar 节点行驶路径也相对较短；当待补充能量充电簇数为 5 时，虽然待补充能量充电簇数较少，但是待补充能量充电簇分布较为稀疏，且 SenCar 节点行驶路径相对较长。因此，导致图 13-5 中待补充能量充电簇数为 5、6、7 递增时 SenCar 平均移动距离反而减小的现象发生。

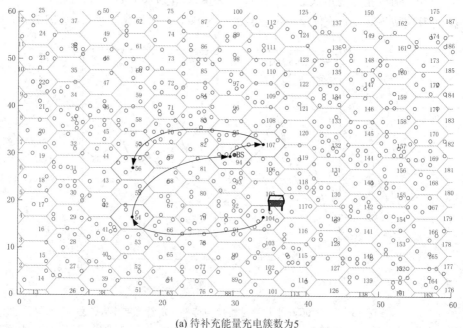

(a) 待补充能量充电簇数为5

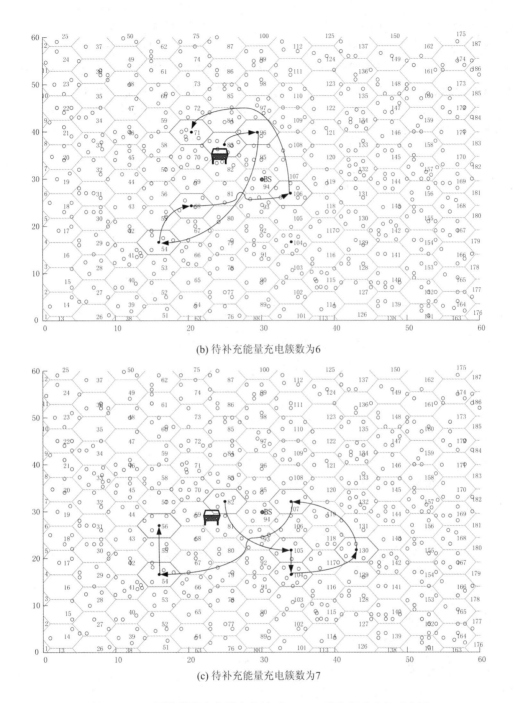

(b) 待补充能量充电簇数为6

(c) 待补充能量充电簇数为7

图 13-6 不同数待补充能量充电簇下 SenCar 节点行驶路径示意图

3) 充电簇平均充电延迟

图 13-7 中，当待补充能量充电簇数少于 9 时，基于 DSA 算法和 OHA 算法的充电时间平均延迟近似相同；当待补充能量充电簇数大于 9 时，充电簇数不断增加，OHA 算法下的充电时间平均延迟呈现缓慢上升趋势，DSA 算法下的充电时间平均延迟呈现出一个波动式上升过程，但是总体上充电时间平均延迟要少于 OHA 算法。通常，网络中优先发出

充电请求的节点，一般为中继路由节点，所在充电簇的平均能耗速率偏高，在 DSA 算法下综合考虑充电簇的平均能耗速率、节点能量和 SenCar 节点的距离选取目标充电簇，优先保证发出充电请求的节点或者能耗速率偏高的节点得到及时能量补充，减少了节点充电等待时间，降低了充电延迟。OHA 算法下的目标充电簇选择，仅考虑节点能量和 SenCar 节点的距离，使得优先发出充电请求的节点不一定能得到优先充电，从而增加了节点能量补充的等待时间和充电延迟。

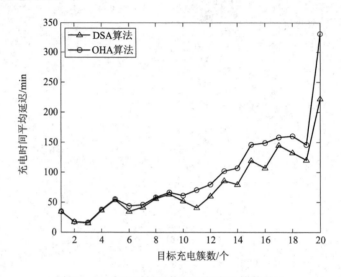

图 13-7　充电时间平均延迟与充电簇数关系

4）网络中存活的节点数

随着 WRSN 网络的运行，节点能量不断消耗，当节点能量耗尽得不到及时补充时便会出现节点死亡现象。基于 DSA 算法和 OHA 算法的网络中存活节点数与网络运行时间的关系如图 13-8 所示。

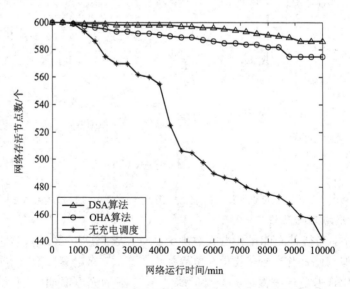

图 13-8　网络中存活节点数与网络运行时间关系

图 13-8 中，当网络运行过程中没有充电调度时，在 10 000 min 内死亡节点数达到 160，存活数为 440。当 WRSN 中出现低于能量阈值的节点时，SenCar 节点根据 DSA 算法选择目标充电簇，进行能量补充，在网络运行时间 10 000 min 内，死亡节点数仅为 14，存活数为 586，降低了节点死亡率，延长了 WRSN 的生命周期。与文献[130]中 OHA 算法相比，DSA 算法更加有效，不仅考虑了能量因子和 SenCar 距离因子，同时也考虑了节点能耗因子、充电簇的节点因子和节点类型因子，使得节点得到及时能量补充，降低了节点死亡率。

第 14 章 基于能量平衡的 MC 数确定算法

在无线可充电传感器网络（WRSN）中，通过规划携带能量的可移动节点（MC）的移动轨迹，可以实现充电调度[131,116]。这种方式对于小规模网络来说可能有效，但对于大规模网络来说，MC 移动距离较远，相应的移动能量消耗不能忽略，且因 MC 远距离移动带来充电延迟，导致部分节点不能及时补充能量，造成网络能量不稳定。因此，针对大规模网络，一些学者[56,57,44]考虑引入多个 MC 通过一对多充电方式为网络节点补充能量，以减少 MC 移动距离及移动能耗，增强节点补充能量实时性及网络能量稳定性。

采用多 MC 方式下的一对多 WRSN 中，在网络规模一定的情况下，首先需要确定 MC 数，否则能量调度无法进行。MC 过多，造成成本过高，调度复杂；MC 过少，影响节点充电实时性及增加 MC 移动能耗。因此合理确定 MC 数对于 WRSN 能量调度尤为重要。如何确定 MC 数量，主要取决于网络能量需求和平衡因素，节点越多，数据传输量越大，能量消耗越大，对 MC 数需求越大；此外，MC 携带能量也影响网络 MC 数量。本章从单 MC 能耗平衡和网络全局能量平衡两方面，推导局部能量平衡约束条件和网络全局能量平衡约束条件，以优化网络 MC 数为目标，提出基于能量平衡的 MC 数确定算法（Mobile Charger Number Algorithm based on Energy Balance，MCNAEB）。

14.1 系 统 概 述

1. 系统模型

WRSN 系统模型由网络模型和充电模型组成（具体见第 5.1 节），m 取值大于 1，说明网络中有多个 MC，如图 14 - 1 所示。WRSN 中节点数据路由采用洪泛路由算法（Flooding[85]），充电调度采用基于模拟退火的多 MC 充电调度算法（MMCCS - SA[132]）。为便于后续研究与分析，在第 5.1 节基础上做如下假设。

假设 14 - 1 MC 从基站出发，遍历区域内充电簇，以充电簇中心为充电位置，对簇内节点实施一对多充电。

假设 14 - 2 与 MC 移动时间相比，MC 给节点补充能量时间较短，忽略不计。

假设 14 - 3 当 MC 能量低于阈值时，能够返回基站，为自身补充能量。

假设 14 - 4 充电过程中，MC 之间互不干扰，相互独立。

假设 14 - 5 同一时刻 1 个 MC 只能为 1 个充电簇内节点补充能量。

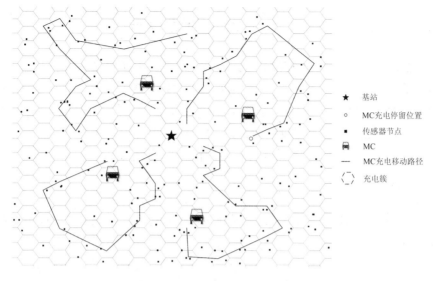

图 14-1　一对多 WRSN 系统模型

2. 问题描述

当 1 个 MC 无法满足网络能量需求时，需要多个 MC 协同为节点补充能量。假设网络需要 m 个 MC，结合洪泛路由[85]特点，依据 MC 数 m，以基站为中心，以 $2\pi/m$ 弧度角将网络划分成 m 个连续区域，如图 14-2 所示，用 $A=\{A_1, A_2, \cdots, A_m\}$ 表示，1 个 MC 负责 1 个区域节点能量补充，则第 l 个 MC 负责 l 个区域 $A_l(1\leqslant l\leqslant m)$ 内节点的能量补充。任意区域内，1 个 MC 通过正六边形充电簇为簇内节点实施一对多充电。当 MC 能量低于阈值时，返回基站进行自我能量补充和维护。MC 只负责所监管区域内的充电簇充电，对于跨越两个区域的充电簇，以簇中心所属区域作为判断充电簇所属区域标准，可降低充电调度复杂度。对于图 14-2 所示的充电结构模型来说，网络 MC 数 m 如何确定、确定依据是什么、MC 数是否合理，关系到网络充电调度的合理性。

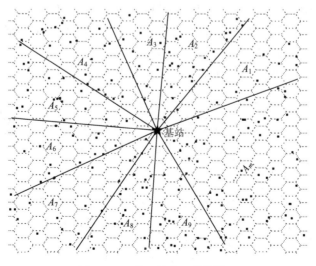

图 14-2　分区域充电结构模型

14.2　MC 数确定算法

网络中部署多少个 MC，需要综合考虑网络全局能耗平衡以及 MC 自身能耗平衡，即满足全局约束条件和局部约束条件。假设网络节点初始能量 E_0 等于 E，节点维持正常工作的能量阈值为 E_{th}^{node}，MC 初始能量为满容量 P（即最大值 E_{max}^{mc}），MC 能量阈值为 E_{th}^{mc}（即保证 MC 从区域任意位置返回到基站的能量）。将网络划分为 m 个区域，节点被分配到 k 个充电簇中，其中第 $q(1 \leqslant q \leqslant m)$ 个区域内有 N_{A_q} 个节点，被分配到 $K_{A_q}(<k)$ 个充电簇中。

14.2.1　全局约束条件

边长为 L 的正方形区域 WRSN 内，划分 k 个正六边形充电簇，充电簇中心间的平均欧氏距离 d 为

$$d = \frac{1}{k^2} \sum_{i=1}^{k} \sum_{j=1}^{k} d_{ij} \tag{14-1}$$

式中，d_{ij} 为充电簇 i 与充电簇 j 中心之间的欧氏距离。

节点 MC 的移动能耗 E_{move1} 为

$$E_{move1} = d \times (k-1) \times \nu_{con} \tag{14-2}$$

式中，ν_{con} 为 MC 移动单位能耗。

当充电簇内节点（初始为阈值状态）都被充满电时，网络最大需求总能量 E_{need1} 为

$$E_{need1} = \frac{(E_0 - E_{th}^{node}) \times n}{\eta} \tag{14-3}$$

式中，E_0 为节点初始容量，E_{th}^{node} 是节点能量阈值，η 为充电效率。

节点 MC 提供补充的总能量 E_{repli1} 为

$$E_{repli1} = m \times (E_{max}^{mc} - E_{th}^{mc}) \tag{14-4}$$

式中，E_{max}^{mc} 为 MC 满容量，E_{th}^{mc} 为 MC 能量阈值，m 为 MC 个数。

为保证网络能耗均衡，MC 提供的能量不低于维持自身在网络中移动能耗以及给节点补充能量，则全局约束条件如下：

$$E_{repli1} \geqslant E_{move1} + E_{need1} \tag{14-5}$$

即

$$m \times (E_{max}^{mc} - E_{th}^{mc}) \geqslant \frac{1}{k^2} \sum_{i=1}^{k} \sum_{j=1}^{k} d_{ij} \times (k-1) \times \nu_{con} + \frac{(E_0 - E_{th}^{node}) \times n}{\eta} \tag{14-6}$$

14.2.2　局部约束条件

第 $q(1 \leqslant q \leqslant m)$ 区域内 MC 连续给 2 个充电簇内节点充电时，最长移动距离是 $\sqrt{2}/2$，即从基站位置到区域边界顶点的距离，此时 MC 移动能耗最大，则 MC 移动能耗 E_{move2} 为

$$E_{move2} = (K_{A_q} - 1) \times \frac{\sqrt{2}}{2} \times L \times \nu_{con} \quad (1 \leqslant q \leqslant m) \tag{14-7}$$

式中，K_{A_q} 为第 q 区域内的充电簇数。

$$\sum_{q=1}^{m} K_{A_q} = k \qquad (14-8)$$

当第 q 区域中的充电簇内节点从阈值状态被充满时,区域能量需求 E_{need2} 最大,则

$$\begin{cases} E_{need2} = \dfrac{(E_0 - E_{th}^{node}) \times N_{A_q}}{\eta} & (1 \leqslant q \leqslant m) \\ \sum\limits_{q=1}^{m} N_{A_q} = n \end{cases} \qquad (14-9)$$

式中, N_{A_q} 为第 q 区域内的节点数。

任意 MC 在其区域内能够提供最大充电能量 E_{repli2} 为

$$E_{repli2} = E_{max}^{mc} - E_{th}^{mc} \qquad (14-10)$$

式中, E_{th}^{mc} 满足:

$$E_{th}^{mc} \geqslant \frac{\sqrt{2}}{2} \times L \times \nu_{con} \qquad (14-11)$$

为保证区域能耗均衡,任意区域的 MC 提供能量不低于区域内节点能量和维持自身移动能量,具体约束条件如下:

$$E_{repli2} \geqslant E_{move2} + E_{need2} \qquad (14-12)$$

即

$$E_{max}^{mc} - E_{th}^{mc} \geqslant (K_{A_q} - 1) \times \frac{\sqrt{2}}{2} \times L \times \nu_{con} + \frac{(E_0 - E_{th}^{node}) \times N_{A_q}}{\eta} \quad (1 \leqslant q \leqslant m) \tag{14-13}$$

14.2.3 m 边界

通过全局约束条件式(14-5)和局部约束条件式(14-12),以最小化 MC 数 m 为目标,即

$$\min m \qquad (14-14)$$

获得 m 值。

联立式(14-5)和式(14-12),求解目标式(14-14),有

$$E_{repli1} + E_{repli2} \geqslant E_{move1} + E_{move2} + E_{need1} + E_{need2} \qquad (14-15)$$

式(14-15)两边同乘 $\sum\limits_{q=1}^{m}$,得一元二次不等式方程:

$$\sum_{q=1}^{m} m(E_{max}^{mc} - E_{th}^{mc}) + \sum_{q=1}^{m} \left\{ (E_{max}^{mc} - E_{th}^{mc}) - d \times (k-1) \times \nu_{con} - \right.$$

$$\frac{(E_0 - E_{th}^{node}) \times n}{\eta} + \frac{\sqrt{2}}{2} \times L \times \nu_{con} \right\} - \frac{\sum\limits_{q=1}^{m}(E_0 - E_{th}^{node}) \times N_{A_q}}{\eta} - $$

$$\sum_{q=1}^{m} K_{A_q} \times \frac{\sqrt{2}}{2} \times L \times \nu_{con} \geqslant 0 \tag{14-16}$$

因为 $\sum\limits_{q=1}^{m} N_{A_q} = n$, $\sum\limits_{q=1}^{m} K_{A_q} = k$,所以有

$$m^2 (E_{\max}^{\mathrm{mc}} - E_{\mathrm{th}}^{\mathrm{mc}}) + m \left\{ (E_{\max}^{\mathrm{mc}} - E_{\mathrm{th}}^{\mathrm{mc}}) - d \times (k-1) \times \nu_{\mathrm{con}} - \frac{(E_0 - E_{\mathrm{th}}^{\mathrm{node}}) \times n}{\eta} + \frac{\sqrt{2}}{2} \times L \times \nu_{\mathrm{con}} \right\} -$$

$$\frac{(E_0 - E_{\mathrm{th}}^{\mathrm{node}}) \times n}{\eta} - k \times \frac{\sqrt{2}}{2} \times L \times \nu_{\mathrm{con}} \geqslant 0 \qquad (14-17)$$

将不等式(14-17)转化为以 m 为变量的一元二次等式方程进行求解，根据解确定 m 边界。因为 $E_{\max}^{\mathrm{mc}} - E_{\mathrm{th}}^{\mathrm{mc}} > 0$，因此由式(14-17)得到开口向上的抛物线。假设式(14-17)的两个解分别为 m_1 和 m_2，且 $m_1 \leqslant m_2$，则 m 的取值范围应为 $m \leqslant m_1$ 或者 $m \geqslant m_2$。

根据一元二次等式根与系数的关系，得

$$m_1 \times m_2 = -\frac{(E_0 - E_{\mathrm{th}}^{\mathrm{node}}) \times n / \eta - k \times \frac{\sqrt{2}}{2} \times L \times \nu_{\mathrm{con}}}{E_{\max}^{\mathrm{mc}} - E_{\mathrm{th}}^{\mathrm{mc}}} < 0 \qquad (14-18)$$

由式(14-18)确定 m_1 和 m_2 是异号的，又因为 $m_1 \leqslant m_2$，所以有 $m_1 < 0, m_2 > 0$，因此依据 m_2 可确定 m 的边界值。

14.3 性能分析

1. 参数设置

WRSN 节点随机分布，具体参数如表 14-1 所示。以轮数为循环，通过充电调度[132]，分析节点初始能量、网络区域大小、网络节点数、MC 容量及移动能耗、充电半径、充电效率等因素对 m 值的影响。

表 14-1 参 数 设 置

参　　　数	数　　值
数据包长度/bit	4000
充电半径/m	1
节点初始能量/J	2
最大迭代数/轮	1500
数据包生存周期 TTL	6
邻居节点搜索范围/m	3
节点能量阈值/J	0.1
MC 容量/J	60
MC 能量阈值/J	0.042
MC 移动能耗速率/(J/m)	0.002
充电效率 η	0.6

2. 评价指标

以参数影响率(即 m 变化值与参数变化值间的比值)作为衡量指标分析 m 值如何受节点初始能量 E_0、网络区域长度 L、MC 容量 $E_{\max}^{\mathrm{mc}}$、网络节点数 n、充电半径 r_c、MC 移动能耗 ν_{con}、充电效率 η 等因素影响。

当确定某个参数影响率时，其他参数不变，相应地，节点初始能量E_0、区域长度L、MC容量E_{max}^{mc}、网络节点数n、充电半径r_c、MC移动能耗ν_{con}、充电效率η对m的影响率分别为λ_{E_0}、λ_L、$\lambda_{E_{max}^{mc}}$、λ_n、λ_{r_c}、$\lambda_{\nu_{con}}$和λ_η，具体计算如下：

$$\begin{cases} \lambda_{E_0} = \dfrac{|\Delta m|/m_{max}}{|\Delta E_0|/E_0} \\[2mm] \lambda_L = \dfrac{|\Delta m|/m_{max}}{|\Delta L|/L_{max}} \\[2mm] \lambda_{E_{max}^{mc}} = \dfrac{|\Delta m|/m_{max}}{|\Delta E_{max}^{mc}|/E_{max}^{mc}} \\[2mm] \lambda_n = \dfrac{|\Delta m|/m_{max}}{|\Delta n|/n_{max}} \\[2mm] \lambda_{r_c} = \dfrac{|\Delta m|/m_{max}}{|\Delta r_c|/r_{c_{max}}} \\[2mm] \lambda_{\nu_{con}} = \dfrac{|\Delta m|/m_{max}}{|\Delta \nu_{con}|/\nu_{con_{max}}} \\[2mm] \lambda_\eta = \dfrac{|\Delta m|/m_{max}}{|\Delta \eta|/\eta_{max}} \end{cases} \qquad (14-19)$$

3. 仿真与分析

基于表14-1数据，初始区域为边长30 m的正方形，节点数为200，依据式(14-18)，得$m_1 = -1.0027$，$m_2 = 10.6472$，m_1为负数，舍弃。又因约束条件中E_{move1}、E_{move2}、E_{need1}、E_{need2}都取得最大值，因此将m_2值截尾取整赋给m，即$m=10$。图14-3给出了$m=10$时网络区域划分情况，即将网络划分成10个不交叠的区域。

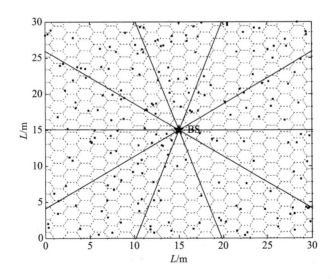

图14-3　$m=10$时网络区域划分

1）m随节点初始能量E_0变化关系

E_0取值范围为$0.5 \sim 5$ J，m随节点初始能量E_0变化关系如图14-4所示，m随节点初始能量E_0变化近似线性变化。随着E_0增加，MC数线性增加，是因为节点容量E_0增大时，对应每次充电需求中补充能量增加。MC 能量一定情况下，从能量平衡角度，每个 MC 负责区域变小，需要更多数量的 MC 维持网络能耗均衡，因此 m 增加。当 E_0 从 0.5 增加到 5 时，m 从 2 增加到 27，则 E_0 对 m 的影响率 λ_{E_0} 为 0.97。

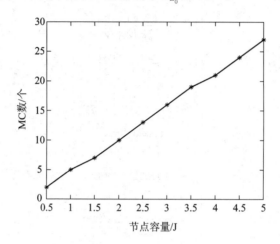

图 14-4　m 随节点容量 E_0 变化关系

2）m 随网络区域长度 L 变化关系

区域长度 L 取值范围为 30～100 m，m 随 L 变化关系如图 14-5 所示。当 L 从 40 m 增大到 60 m 时，m 取值几乎不变化。随着 L 增加，m 缓慢增加，因为 L 增大，网络会被划分成更多的充电簇，MC 在充电簇间移动距离增加，导致 MC 移动能耗增大。在 MC 能量一定的情况下，MC 负责区域变小，即需要增加 MC 数维持网络能耗均衡。全局来看，当 L 由 30 m 增加到 100 m 时，m 由 10 增加到 16，L 对 m 的影响率 λ_L 为 0.54，说明 L 变化对 m 取值影响不大，主要因为网络节点数没变，能量需求变化不大。

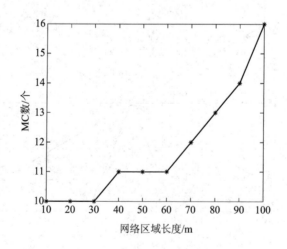

图 14-5　m 随区域长度 L 变化关系

3）m 随 MC 容量 $E_{\max}^{mc}$ 变化关系

MC 容量 $E_{\max}^{mc}$ 取值范围为 30～120 J，m 随 $E_{\max}^{mc}$ 变化关系如图 14-6 所示。随着 $E_{\max}^{mc}$ 增大，m 近似线性减小，因为当 MC 容量增加时，每次充电调度过程中，MC 为网络补充能量增加，相应地 MC 负责区域相对增大，网络区域一定的情况下，需要 MC 数减少。图 14-6 中，当 $E_{\max}^{mc}$ 由 50 J 增大到 120 J 时，m 取值由 12 下降到 5，因此 $E_{\max}^{mc}$ 对 m 的影响率 $\lambda_{E_{\max}^{mc}}$ 为 1。

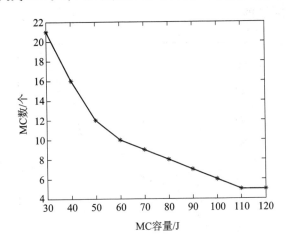

图 14-6　m 随 MC 容量 $E_{\max}^{mc}$ 变化关系

4）m 随网络节点数 n 变化关系

网络节点数 n 取值范围为 100～600，m 随 n 变化关系如图 14-7 所示。随着网络节点数的增加，m 近似线性增加，当节点数增加时，网络规模增大，相应地充电簇中待充电节点数增加，能量需求增加；因而 MC 负责的区域变小，即需要更多数量的 MC 维持网络能耗均衡。当节点数由 100 增加到 600 时，m 取值由 5 增加到 31，则 n 对 m 的影响率 λ_n 为 1.01。

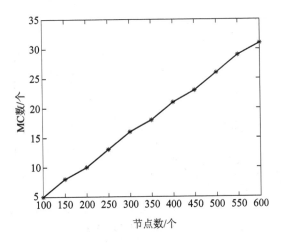

图 14-7　m 随网络节点数 n 变化关系

5）m 随充电半径 r_c 变化关系

充电半径 r_c 取值范围为 0.3～3 m，m 随 r_c 变化关系如图 14-8 所示。当其他参数保持不变且 r_c 由 0.3 增大到 1 时，充电簇变大，充电簇数减小，但 m 取值几乎不变，因为节点数不变，路由协议保持不变，所以数据传输产生的能耗不会随充电半径改变而改变。网络能耗主要是由数据传输造成的，MC 移动能耗只占 MC 输出能量的一小部分，因此进行充电调度时，节点能量需求不变，所以 MC 数不变。类似地，r_c 由 1 增大到 2 时，MC 数增加缓慢。但 r_c 由 2 增大到 2.5 时，MC 数几乎增加 1 倍，原因是当 r_c 大于 2 m 时，能量传输效率下降非常明显，为了满足网络充电需求，需要增加 MC 数量。图 14-8 表明 m 对 r_c 的变化并不敏感，r_c 对 m 的影响率 λ_{r_c} 为 0.41。

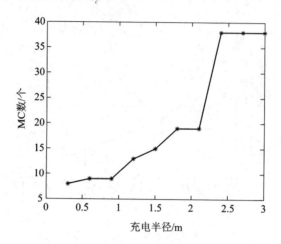

图 14-8　m 随充电半径 r_c 变化关系

6）m 随 MC 移动能耗 ν_{con} 变化关系

MC 移动能耗 ν_{con} 取值范围为 0.001～0.2 J/m，m 随 ν_{con} 变化关系如图 14-9 所示。当 ν_{con} 逐渐增大时，m 随之增大。ν_{con} 越大，行驶相同距离 MC 移动能耗越大。MC 移动能耗增加，相应地 MC 负责区域变小，因此需要增加 m 数以维持网络能耗平衡。图 14-10 中，当 ν_{con} 由 0 增大到 0.18 时，m 由 10 增大到 32，则 ν_{con} 对 m 的影响率 $\lambda_{\nu_{con}}$ 为 0.69。

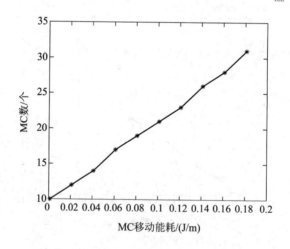

图 14-9　m 随 MC 移动能耗 ν_{con} 变化关系

7）m 随充电效率 η 变化关系

充电效率 η 取值范围为 0.1～1，m 随 η 变化关系如图 14-10 所示。当 η 逐渐增大时，m 逐渐减小。这是因为当充电效率越高时，MC 传能损耗相对减少，补充给网络节点的能量越多，MC 负责区域变大，相应地 MC 数降低。当 η 由 0.2 增大到 1 时，m 取值近似由 32 下降到 7，因此 η 对 m 的影响率 λ_{η} 为 0.98。

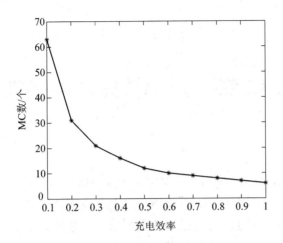

图 14 - 10 m 随充电效率 η 变化关系

不同参数对 m 的影响率如表 14 - 2 所示，相应地有以下关系：

$$\lambda_n > \lambda_{E_{\max}^{mc}} > \lambda_\eta > \lambda_{E_0} > \lambda_{v_{con}} > \lambda_L > \lambda_{r_c}$$

表 14 - 2　不同参数对 m 的影响率

参数名	λ_{E_0}	λ_L	$\lambda_{E_{\max}^{mc}}$	λ_n	λ_{r_c}	$\lambda_{v_{con}}$	λ_η
影响率	0.97	0.54	1	1.01	0.41	0.69	0.98

λ_n、$\lambda_{E_{\max}^{mc}}$、λ_η 和 λ_{E_0} 变化对 m 取值影响较大，说明网络节点数及初始能量、MC 容量和充电效率对 MC 数有较大决定作用。网络节点数越多，网络规模越大，能量需要越大，MC 容量一定情况下，需要 MC 数越多；相反 MC 容量越大或充电效率越高，网络规模一定情况下，需要 MC 数减少。L 和 r_c 变化对 m 影响较小，说明网络规模对 MC 影响有限，因为网络区域增大，节点数不变，网络能量需要基本不变，MC 移动能耗增加但有限。类似地，r_c 增大，充电簇变大，但网络节点和能量需求不变，MC 移动能耗因充电簇数减少而降低但也有限。因此，对于一定规模网络来说，应从网络节点数、MC 的容量和充电效率等方面确定 MC 数。

第 15 章 多 MC 充电调度算法

WRSN 中，采用多个 MC 通过一对多充电方式为网络节点补充能量，这就涉及充电调度问题。在解决充电调度问题前，首先确定 MC 数，否则能量调度无法进行；其次根据网络规模、结构合理分配 MC 数；最后结合节点剩余能量进行充电调度。可以以数据方式将节点剩余能量传递给 MC，但这会增加节点能耗且延时较长；也可以根据节点位置、属性以及网络结构推算节点剩余能量，误差却较大。本章基于预测思想，将节点剩余能量预测过程作为马尔科夫链随机过程，引入模拟退火算法，提出一种基于模拟退火的多 MC 充电调度(Multiple Mobile Chargers Charge Schedule Based on Simulated Annealing, MMCCS-SA)算法。

15.1 系 统 概 述

1. 系统模型

WRSN 系统模型由网络模型和充电模型组成，具体见第 14.2.1 节。为便于后续研究与分析，在第 14.2.1 节的基础上做如下假设。

假设 15-1 MC 只负责为 WRSN 中有能量需求的充电簇补充能量，不参与节点能量和数据信息的收集工作。

假设 15-2 MC 每次为充电簇内节点补充相同的能量。

假设 15-3 网络节点和 MC 的地理位置已知。

2. 问题描述

大规模无线可充电传感器网络中，当多个节点需要能量补充时，对于携带有限能量的 MC 来说，应确定给哪个节点或哪几个节点补充能量，即能量调度问题。在解决能量调度问题之前，首先要确定 MC 数，因为 MC 通常较昂贵，不可能布置太多。依据网络规模，结合 MC 自身携带能量，将 WRSN 划分区域，不同区域分配独立的 MC 进行充电调度，如图 14-2 所示。分区应从全局和局部能量需求综合考虑，保证节点能量需求以及网络能量稳定。其次，MC 应掌握需要补充能量节点的剩余能量，进行合理能量调度。为了避免因节点传输剩余能量信息带来能耗，我们采用预测方法获取节点的剩余能量。如何预测节点的剩余能量，以及预测的剩余能量是否反映网络节点的能量消耗情况，这些问题直接影响到能量调度的效果。最后，根据节点剩余能量进行能量调度。对于一对多充电方式，通常采用充电簇划分网络节点及簇内节点同时充电的方法，这将能量调度问题转化为充电簇充电次序调度问题。解决充电簇充电次序调度问题需要考虑：① 使用充电调度算法在尽量避免待充电节点失效的同时，降低 MC 节点在路径上移动引起的能量开销；② 充电响应具有公平性，避免请求充电节点长时间等待得不到能量补充而造成失效。

15.2　基于模拟退火的充电调度算法

15.2.1　确定 MC 数

网络 MC 数 m 需要满足全局能耗平衡约束条件，即网络中全部 MC 输出的能量能够维持自身能量消耗以及充电簇能量需求。另外，每个 MC 需要保证网络局部区域的能耗平衡，即每个区域的 MC 能量能维持自身能量消耗以及各自负责区域内的充电簇能量需求，以最小化 m 作为优化目标。

为保证网络能耗均衡，MC 提供的能量不低于维持自身在网络中移动能量以及给节点补充能量，全局约束条件见第 14.2.1 节。为保证区域能耗均衡，任意区域 MC 提供能量不低于区域内节点能量需求和维持自身移动的能量需求，具体约束条件见第 14.2.2 节。以能量全局和局部约束为条件，以最小化 m 作为优化目标，确定 m 数，具体方法见第 14.2 节。

15.2.2　预测网络剩余能量

将节点剩余能量预测过程看作马尔科夫链过程。节点能量消耗最大的通信过程分为发送（T 态）、接收（R 态）、空闲（I 态）和睡眠（S 态）四种状态[31]，通过节点状态转变，构建马尔科夫转移矩阵。将每轮时间划分成多个时隙，统计某个时隙中节点四种状态的频数，构成节点频数向量。通过节点频数向量确定每轮节点状态转移矩阵，由每轮节点状态转移矩阵，通过递推方式预测节点剩余能量，具体见第 6.3.3 节。根据预测的节点剩余能量，充电簇剩余能量为节点剩余能量之和，具体见第 6.3.3 节。

15.2.3　充电调度次序及流程

依据 MC 数将网络分成 m 个区，每个区分配一个 MC，每个区依据充电簇平均剩余能量进行独立充电调度。假设负责第 $q(1 \leqslant q \leqslant m)$ 区域（A_q）充电任务的 MC 为 mc_q，将区内需求补充能量的充电簇编号并保存在充电列表 $Q_q(1 \leqslant q \leqslant m)$ 中，设 Q_q 长度为 l_q。因此，对 A_q 区域内充电调度转化为对其充电列表 Q_q 中充电簇序号进行充电优先级排序问题。

根据系统模型假设，忽略充电时间，但充电调度过程中 MC 移动能耗不能忽略，应减少 MC 移动能耗，相应地减少 MC 移动距离。因此，对 Q_q 中充电簇序号进行充电优先级排序过程中，应使 MC 移动距离最短。从这个角度看，充电簇充电优先级排序问题是一个 TSP 问题。精确求解 TSP 问题时间复杂度较高，一些学者给出近似最优启发式算法，如遗传算法、模拟退火算法和最小生成树代换法等[133-134]。模拟退火算法是从基于物理中固体物质的退火过程中抽象出一种随机寻优算法，通过优化组合，形成概率性全局最优[135-136]。综合考虑模拟退火算法特点以及充电簇充电优先级排序需求，本节采用模拟退火算法对每个区充电簇的充电优先级进行排序。

对于 A_q 区域长度为 l_q 的充电簇充电列表 Q_q，基于模拟退火算法，寻求遍历列表 Q_q 中充电簇的最优路径，具体步骤如下：

（1）参数初始化，初始迭代能量值 I_0 充分大，初始解 ω（优先级排序算法迭代的起点，是按照充电簇的编号顺序遍历列表中的充电簇次序；$f(\omega)$ 是 MC 按照初始解 ω 遍历列表 Q_q 中充电簇时的移动距离，也是评价函数）。

（2）每个 I 值迭代次数为 iter，对 $k'=1,\cdots$，iter 进行第（3）至第（6）步。

（3）随机扰动产生新解 ω'（ω' 是通过随机扰动产生的 MC 遍历列表中充电簇的新次序；$f(\omega')$ 是 MC 按照新解 ω' 遍历列表中的充电簇时新距离）。

（4）计算增量 $\Delta f = f(\omega') - f(\omega)$。

（5）若 $\Delta f < 0$，则接受 ω' 作为新解，否则以概率 $\exp(-\Delta f/I)$ 接受 ω' 作为新的当前解。

（6）若连续多个新解都没有被接受，则终止，当前解为最优解输出，结束程序。

（7）I 逐渐减小，并且 $I-\Delta I > 0$，然后转第（2）步。

一个区充电簇充电优先级排序流程如图 15-1 所示。网络中其他区内的充电簇充电优先级确定类似于 A_q 区域，相应地，基于模拟退火的多 MC 充电调度 MMCCS-SA 算法流程如图 15-2 所示，具体步骤如下：

（1）节点随机部署，采用正六边形充电簇结构覆盖全网络。

（2）根据网络能量需求，依据全局和局部能耗平衡约束条件，确定 MC 数；依据 MC 数将网络分区，每个区域分配一个 MC。

（3）根据节点能耗特征和状态转移规律，建立节点状态转移概率矩阵，基于马尔科夫链构建剩余能量模型，预测节点和充电簇的剩余能量。

（4）参考网络节点的初始能量 E_0 及网络结构，设置节点的能量阈值 E_{min}。

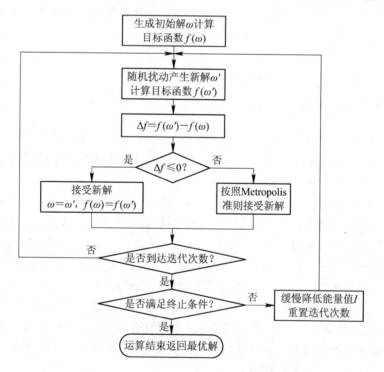

图 15-1 区内充电簇充电优先级排序流程

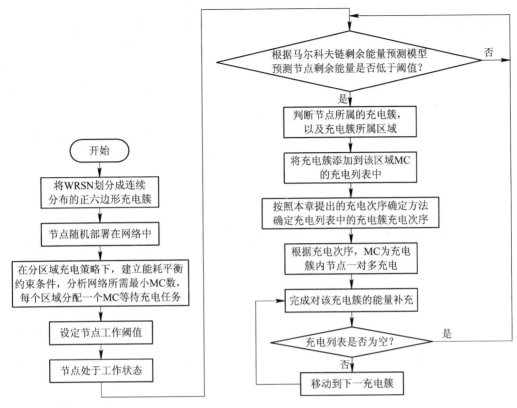

图 15 - 2　MMCCS - SA 算法流程

（5）依据节点预测剩余能量，监测网络中是否有节点剩余能量低于阈值 $E_{\min}$，若有，则进入第（6）步，若无，则继续监测。

（6）判断能量低于阈值的节点所在的充电簇以及充电簇所在区域，将其添加到各自区域充电簇充电优先级列表中。

（7）每个区域按照区内充电簇充电优先级排序方法确定充电簇充电次序。

（8）每个区域的 MC 根据各自充电次序，为充电列表中充电簇内的节点进行一对多充电。

（9）当前充电簇能量补充完成之后，将其从充电列表中删除。依据充电簇充电优先级，MC 继续移动到下一个充电簇进行一对多充电，直至充电任务列表为空。若充电任务列表为空，则开始新一轮充电调度，即跳入第（5）步，否则继续充电。

MMCCS - SA 算法基于马尔科夫链预测节点和充电簇剩余能量，减少因传输剩余能量信息带来的能量消耗。另外，将区域 MC 充电调度问题看成 TSP 问题，引入模拟退火算法，随机寻优获取区内充电簇充电优先级次序，缩短了 MC 移动距离，降低 MC 移动能耗。

15.3　性 能 分 析

1. 参数设置

WRSN 节点随机分布，具体参数设置如表 15 - 1 所示。以轮数为循环，通过充电调度，比较分析 MMCCS - SA 算法、NRPS 算法[52] 和 C - MMCCC 算法[31] 的性能。

表 15 - 1 参 数 设 置

参　　数	数　　值
区域长度 $L \times L$/(m×m)	30×30
基站坐标/m	(15,15)
节点数/个	200
数据包长度/bit	4000
充电半径/m	1
节点初始能量/J	2
网络运行轮数/轮	2000
发送或接收数据的能耗 E_{elect}/nJ	50
自由空间衰落信道模型能耗系数 ε_{fs}/(pJ/(bit·m^{-2}))	10
多径衰落信道模型能耗系数 ε_{mp}/(pJ/(bit·m^{-4}))	0.0013
数据包生存周期	6
邻居节点搜索范围/m	3
节点能量阈值/J	0.1
MC 电池容量/J	60
MC 能量阈值/J	0.042
MC 移动能耗速率/(J/m)	0.002
状态转移概率矩阵更新/轮	20
初始迭代值 I_0/J	97
停止迭代值 I_f/J	3
初始值 I 衰减函数的参数 I_c	0.9
内部蒙特卡洛循环迭代次数 iter/次	100

2. 评价指标

下面将从网络死亡节点数、网络剩余能量、网络充电簇平均剩余能量方差、MC 移动距离和充电簇能耗均衡度五个方面分析充电调度算法性能。

1) 网络死亡节点数

统计某一时刻网络的死亡节点数,是衡量充电调度算法有效性的重要指标之一。采用不同的充电调度算法,在网络运行的同一时刻,节点存活数越多,说明节点充电越及时,网络稳定性好。

2) 网络剩余能量

假设 A_q 区域部署的充电簇有 K_{A_q} 个,任意轮充电调度完成后,通过预测 A_q 区域内任意一个充电簇的剩余能量为

$$E_R^{(r, C_x^{A_q})} = E_P^{(r, C_x^{A_q})} \quad (1 \leqslant x \leqslant K_{A_q}) \tag{15-1}$$

A_q 区域剩余能量 $E_R^{(r, A_q)}$ 为

$$E_R^{(r, A_q)} = \sum_{j=1}^{K_{A_q}} E_R^{(r, C_j^{A_q})} \tag{15-2}$$

网络剩余能量 E_R^r 为

$$E_R^r = \sum_{q=1}^{m} E_R^{(r,A_q)} \tag{15-3}$$

同一时刻，网络剩余能量越多，说明充电调度算法的及时性和有效性越好。

3）网络充电簇平均剩余能量方差

假设 $C_j^{A_q}$ 内有 $N_{C_j^{A_q}}$ 个节点，则任意轮充电调度完成后，充电簇 $C_j^{A_q}$ 的平均剩余能量 $\overline{E_R^{(r, C_j^{A_q})}}$ 为

$$\overline{E_R^{(r,C_j^{A_q})}} = \frac{E_R^{(r,C_j^{A_q})}}{N_{C_j^{A_q}}} \tag{15-4}$$

网络充电簇的平均剩余能量均值 M^r 为

$$M^r = \frac{\sum\limits_{q=1}^{m} \sum\limits_{j=1}^{K_{A_q}} \overline{E_R^{(r,C_j^{A_q})}}}{k} \tag{15-5}$$

网络充电簇的平均剩余能量方差 V^r 为

$$V^r = \frac{\sum\limits_{q=1}^{m} \sum\limits_{j=1}^{K_{A_q}} (\overline{E_R^{(r,C_j^{A_q})}} - M^r)^2}{k-1} \tag{15-6}$$

充电簇平均剩余能量方差越小，说明网络中充电簇的平均剩余能量值之间的离散程度越小，能量越均衡。

4）MC 移动距离

任意轮充电调度，A_q 区域的 MC_q 移动距离 $S_{\mathrm{MC}_q}^r$ 为

$$S_{\mathrm{MC}_q}^r = S_{\mathrm{MC}_q}^{r-1} + \sum_{x=1}^{l_q-1} S_{C_x^{A_q} C_{x+1}^{A_q}} \quad (1 \leqslant r \leqslant r_{\max}) \tag{15-7}$$

式中，$C_x^{A_q}$ 表示 MC_q 历经的第 x 个充电簇，$S_{C_x^{A_q} C_{x+1}^{A_q}}$ 表示 MC_q 从充电簇 $C_x^{A_q}$ 移动到充电簇 $C_{x+1}^{A_q}$ 的距离。

若考虑到受 MC_q 所携带能量限制，调度过程中出现 MC_q 能量低于阈值返回基站进行自身能量补充情况，则 A_q 区域的 MC_q 移动距离 $S_{\mathrm{MC}_q}^r$ 修正为

$$S_{\mathrm{MC}_q}^r = S_{\mathrm{MC}_q}^{r-1} + \sum_{x=1}^{l_q-1} S_{C_x^{A_q} C_{x+1}^{A_q}} + 2 \times n_r \times S_{c_0 C_j^{A_q}} \quad \begin{bmatrix} n_r = 0, 1, 2, \cdots \\ j = 1, 2, \cdots, l_q-1, l_q \\ 2 \leqslant r \leqslant r_{\max} \end{bmatrix} \tag{15-8}$$

式中，c_0 表示基站，n_r 表示 MC 返回基站的次数。

网络中所有 MC 移动距离之和 S^r 为

$$S^r = \sum_{q=1}^{m} S_{\mathrm{MC}_q}^r \tag{15-9}$$

MC 移动距离 S^r 越短，MC 移动能耗越少；相应地 MC 移动时间越短，充电簇充电等待

时间越短，网络能量补充的实时性越好。

5）充电簇能耗均衡度

能耗均衡度能够反映网络充电簇的能耗均衡特性。假设网络部署有 k 个充电簇，$C_{c_j}^r$ 代表充电簇 c_j 的第 r 轮能耗，则充电簇 c_j 的能耗均衡度 $\mathrm{var}(c_j,r)$ 为

$$\mathrm{var}(c_j,r)=\frac{C_{c_j}^r-\min\{C_{c_1}^r,C_{c_2}^r,\cdots,C_{c_{k-1}}^r,C_{c_k}^r\}}{\max\{C_{c_1}^r,C_{c_2}^r,\cdots,C_{c_{k-1}}^r,C_{c_k}^r\}-\min\{C_{c_1}^r,C_{c_2}^r,\cdots,C_{c_{k-1}}^r,C_{c_k}^r\}}$$

$$(15-10)$$

$$\mathrm{var}(c_j,r)=\frac{C_{c_j}^r-C_{\min}^r}{C_{\max}^r-C_{\min}^r}$$

$$(15-11)$$

式中，$C_{\min}^r=\min\{C_{c_1}^r,C_{c_2}^r,\cdots,C_{c_{k-1}}^r,C_{c_k}^r\}$ 表示 k 个充电簇中第 r 轮能耗最小值，$C_{\max}^r=\max\{C_{c_1}^r,C_{c_2}^r,\cdots,C_{c_{k-1}}^r,C_{c_k}^r\}$ 表示 k 个充电簇中第 r 轮能耗最大值。充电簇的能耗均衡度值波动幅度越大表明能耗的不均衡性越强[137]。

3. 仿真与分析

1）网络死亡节点数

分别基于 MMCCS-SA 算法、NRPS 算法和 C-MMCCC 算法进行充电调度，随着网络运行，网络节点死亡数情况如图 15-3 所示。当没有 MC 为网络充电簇进行能量补充时，即网络没有充电调度，在 2000 轮时死亡节点数接近于 150，节点死亡率达 75%。当有 MC 为网络充电簇补充能量时，如果簇内节点能量低于阈值，MC 分别依据这三个调度算法进行充电调度，为充电簇内节点补充能量，在 2000 轮的时候，死亡活节点数基本维持在 30 左右，节点死亡率约为 15%。说明相较无充电调度，有充电调度节点死亡率减少了 60%。与 NRPS 和 C-MMCCC 算法相比，MMCCS-SA 算法的节点死亡率最低。

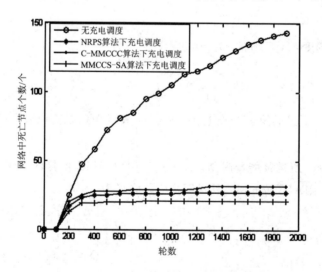

图 15-3 网络死亡节点数变化情况

2）网络剩余能量

基于三种调度算法的网络剩余能量变化情况如图 15-4 所示。当网络中没有 MC 为充电簇补充能量时，在 2000 轮时，网络剩余能量只有 50 J。当有 MC 为网络充电簇补充能量

时，随着网络运行轮数增加，网络剩余能量与无充电调度情况的差值越大，如1000轮时，前者比后者增加了22 J，1600轮时增加了40 J。说明基于三种调度方法的网络剩余能量相差不大，因为充电簇是簇内节点剩余能量总和，对有无能量补充反应不敏感。

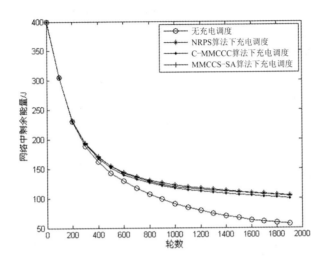

图15-4 网络剩余能量变化情况

3) 充电簇平均剩余能量方差

基于不同调度算法的充电簇平均剩余能量方差如图15-5所示。基于C-MMCCC算法的充电簇平均剩余能量方差最大，原因在于C-MMCCC算法中将圆形网络区域均匀划分为等大小的充电簇，基于充电簇位置确定那个MC为其充电以及簇的充电优先级，增加了充电簇等待时间，导致充电簇剩余能量少，分布不均等。NRPS和MMCCS-SA算法根据节点剩余能量，确定簇的充电优先级，剩余能量少的充电簇优先补充能量，相应地，充电簇平均剩余能量较均匀。

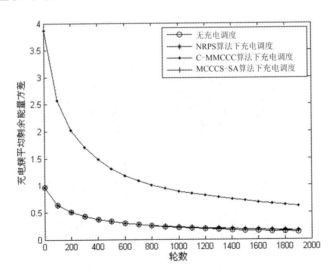

图15-5 充电簇平均剩余能量方差图

4）MC 移动距离

基于三种调度算法的 MC 移动距离如图 15-6 所示。基于 MMCCS-SA 算法的 MC 移动距离低于 NRPS 和 C-MMCCC 算法。例如，2000 轮时，基于 MMCCS-SA 算法的 MC 移动距离为 292 km，基于 NRPS 和 C-MMCCC 算法的 MC 移动距离分别为 330 km 和 340 km。原因在于，基于 MMCCS-SA 算法的充电调度在充电簇内实现一对多充电，后者采用一对一充电，增加了 MC 移动距离。

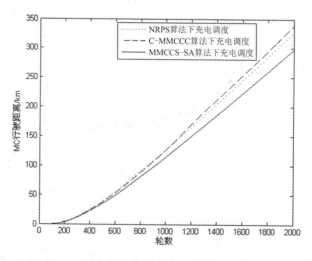

图 15-6　MC 移动距离

5）充电簇能耗均衡度

基于不同调度算法的充电簇能耗均衡度如图 15-7 所示。无充电调度时网络充电簇能耗均衡度分布在 0～1 之间，经过充电调度之后，能耗均衡度分布在 0～0.9 之间。说明有充电调度时充电簇能耗均衡度较无充电调度时更集中，即通过充电调度网络能耗均衡性得到了改善。图 15-7 中，基于 NRPS 算法、C-MMCCC 算法和 MMCCS-SA 算法的充电簇能耗均衡度比较接近，说明三种调度算法在改善充电簇能耗均衡性方面差异性不明显。

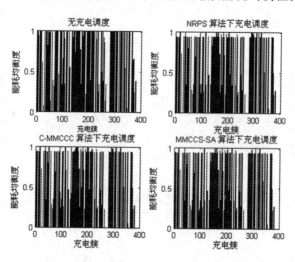

图 15-7　充电簇能耗均衡度

分析结果表明：与无充电调度相比，有充电调度的网络死亡节点数少、充电簇均衡度高。与 NRPS 算法和 C-MMCCC 算法相比，MMCCS-SA 算法在网络死亡节点数、MC 移动距离方面具有明显优势，而在网络剩余能量、充电簇平均剩余能量方差、充电簇能耗均衡度方面没有明显改善。

参 考 文 献

[1] 李建中，高宏. 无线传感器网络的研究进展[J]. 计算机研究与发展，2008，45(1)：1-15.

[2] 赵仕俊，唐懿芳. 无线传感器网络[M]. 北京：科学出版社，2013.

[3] 孙利民，李建中. 无线传感器网络[M]. 北京：清华大学出版社，2005.

[4] 李建奇，曹斌芳，王立，等. 一种结合 LEACH 和 PEGASIS 协议的 WSN 的路由协议研究[J]. 传感器技术学报，2012，25(2)：263-267.

[5] CHAND J H, TASSIULAS L. Energy Conserving Routing Inwireless ad-hoc networks [C]. // Conference on Computer Communications. Tel Aviv：Proceedings IEEE INFOCOM，2000，22-31.

[6] Fan K W, ZHEND Z, SINHA P. Steady and Fair Rate Allocation for Rechargeable Sensors in Perpetual Sensor Networks [C]. //6thACM Conference on Embedded Networked Sensor Systems. Raleigh, NC. November 05-07, 2008, 239-252.

[7] TONT B, LI Z, WANG G, et al. On-demand Nodereclamation and Replacement for Guaranteed Area Coveragein Long-lived Sensor Networks [C]. //6th Int ICST Conf on Heterogeneous Networking for Quality, Reliability, Security and Robustness. Palmas, SPAIN. November 23-25, 2009, 148-166.

[8] 胡诚，汪芸，王辉. 无线可充电传感器网络中充电规划研究进展[J]. 软件学报，2016，27(1)：72-95.

[9] 杜冬梅，何青，张志. 无线传感器网络能量收集技术分析[J]. 微纳电子技术，2007，44(z1)：430-433.

[10] LEE J B, CHEN Z, ALLEN M G, et al. A Miniaturized High-voltage Solar Cell Array as an Electrostatic MEMS Power Supply[J]. Microelectromechanical Systems Journal of，1995，4(3)：102-108.

[11] TAN Y K, PANDA S K. Self-autonomous wireless sensor nodes with wind energy harvesting for remote sensing of wind-driven wildfire spread [J]. Instrumentation and Measurement，IEEE Transation on，2011，60(4)：1367-1377.

[12] PARIDA R K, THYAGARAJAN V, MENON S. A Thermal Imaging Based Wireless Sensor Network for Automatic Water Leakage Detection in Distribution Pipes[C]. //IEEE International Conference on Electronics, Computing and Communication Technologies. Bangalore, India. January, 17-19, 2013, 1-6.

[13] MENINGER S, MUR-MIRANDA J O, AMIRTHARAJAH R, et al. Vibration-to-electric Energy Conversion[J]. IEEE Transactions on Very Large Scale Integration Systems，1999，9(1)：48-53.

[14] 叶奇明. 无线充电技术在无线传感器网络中的应用现状[J]. 广东石油化工学院学报，2015(1)：45-49.

[15] 张茂春，王进华，石亚伟. 无线电能传输技术综述[J]. 重庆工商大学学报：自然科学版，2009，26(5)：485-488.

[16] 魏红兵，王进华，刘锐，等. 电力系统中无线电能传输的技术分析[J]. 西南大学学报：自然科学版，2009，31(9)：163-167.

[17] 杨芳勋. 基于 ICPT 的无线电能传输网关键技术研究[D]. 重庆：重庆大学，2012.

[18] 李方红. 人体植入式电子设备无线传能系统中的电磁辐射安全性研究[D]. 青岛：中国海洋大学，2015.

[19] 杨庆新，章鹏程，祝丽花，等. 无线电能传输技术的关键基础与技术瓶颈问题[J]. 电工技术学报，

2015，30(5)：1 - 8.

[20] KURS A，KARALIS A，MOFFATT R，et al. Wireless Power Transfer via Strongly Coupled Magnetic Resonances [J]. Science，2007，317(5834)：83 - 86.

[21] 孙利民，张书钦，李志，等. 无线传感器网络：理论及应用[M]. 北京：清华大学出版社，2018.

[22] 俞姝颖，吴小兵，陈贵海，等. 无线传感器网络在桥梁健康监测中的应用[J]. 软件学报，2015，26 (6)：1486 - 1498.

[23] 刘波，刘桂雄，何学文. 无线传感器网络 OPNET 能量建模方法与仿真[J]. 科学技术与工程，2009，9(20)：6025 - 6029.

[24] 刘创，王珺，吴涵. 无线可充电传感器网络的移动充电问题研究[J]. 计算机技术与发展，2016，26 (3)：162 - 167.

[25] 徐新黎，皇甫晓洁，王万良，等. 基于无线充电的 Sink 轨迹固定 WSN 路由算法[J]. 仪器仪表学报，2016，37(3)：570 - 578.

[26] 刘海洋，杨宇航. 一种改进的无线传感器网络分簇路由算法[J]. 计算机工程与应用，2010，46 (23)：82 - 84.

[27] Abd-El-Barr，Mostafa I. Al-Otaibi，et al. Youssef，Mohamed A. Wireless Sensor Networks- part Ⅱ：Routing Protocols and Security issues[C]. //Canadian Conference on Electrical and Computer Engineering 2005，Saskatoon，SK，Canada，May 1 - 4，2005，69 - 72.

[28] 魏锐，蔺莉. 基于半马尔科夫链的无线网络能耗模型的研究[J]. 电子技术应用，2015，41(4)：112 - 115.

[29] 李伟，张溪. 半马尔科夫链的无线传感网络能耗模型的设计与分析[J]. 电子设计工程，2016，24 (11)：95 - 98，101.

[30] 刘俊辰，梁俊斌，王田，等. 可充电传感网中移动式能量补给及数据收集策略研究[J]. 计算机科学，2016，43(10)：107 - 113.

[31] 林恺，赵海，尹震宇. 一种基于能量预测的无线传感器网络分簇算法[J]. 电子学报，2008，36(4)：824 - 828.

[32] CHEN X H，CHEN ZH G，ZHANG D Y，et al. C-MCC：A Clustering-based Coordination Charge Policy of Multiple Mobile Chargers in Wireless Rechargeable Sensor Networks[J]. Journal of Chinese Computer Systems，2014，10(35)：2231 - 2236.

[33] 陈雪寒，陈志刚，曾锋，等. RWSN 中一种基于移动数据收集和移动充电的全网能量均衡机制[J]. 仪器仪表学报，2015，10(36)：2184 - 2192.

[34] CHEN ZH G，CHEN X H，ZHANG D Y，et al. Collaborative Mobile Charging Policy for Perpetual Operation in Large-scale Wireless Rechargeable Sensor Networks[J]. Neurocomputing，2017，270：137 - 144.

[35] HAN G J，LI Z F，JIANG J F，et al. MCRA：A Multi-charger Cooperation Recharging Algorithm Based on Area Division for WSNs[J]. IEEE Access，2017，5：15380 - 15389.

[36] ANGELOPOULOS C M，NIKOLETSEAS S，THEOFANIS P R. Wireless Energy Transfer in Sensor Networks with Adaptive，Limited Knowledge Protocols[J]. Computer Networks，2014，70：113 - 141.

[37] KHELLADI L，DJENOURI D，LASHLA N，et al. MSR：Minimum-Stop Recharging Scheme for Wireless Rechargeable Sensor Networks[C]. //Proceedings - 2014 IEEE International Conference on Ubiquitous Intelligence and Computing. Denpasar，Bali，Indonesia，December 9 - 12，2014，378 - 383.

[38] ZHONG P，LI Y T，LIU W R，et al. Joint Mobile Data Collection and Wireless Energy Transfer in

Wireless Rechargeable Sensor Networks[J]. Sensors, 2017, 17(8): 1881 – 1904.

[39] XIE L, SHI Y, HOU Y T, et al. Multi-Node Wireless Energy Charging in Sensor Networks[J]. IEEE/ACM Transactions on Networking, 2015, 23(2): 437 – 450.

[40] LI X, ZHENG L, WANG Z, et al. Multi-node Energy Policy for Wireless Sensor Networks[C]. // Processddings of the 2018 IEEE International Conference on Smart Internet of Things (SmartIoT). Xi'an: China, August 17 – 19, 2018, 58 – 63.

[41] WANG P, CHENG Y H, WU B Y, et al. An Algorithm to Optimize Deployment of Charging Base Stations for WRSN[J]. EURASIP Journal on Wireless Communications and Networking, 2019, 2019, (1): 1 – 9.

[42] XIE L, SHI Y, HOU Y T, et al. Making Sensor Networks Immortal: An Energy-renewal Approach with Wireless Power Transfer[J]. IEEE/ACM Transactions on Networking, 2012, 20 (6): 1748 – 1761.

[43] PENG Y, LI Z, ZHANG W, et al. Prolonging Sensor Network Lifetime Through Wireless Charging[C]. //The 31st Real-Time Systems Symposium (RTSS), San Diego, Nov 30 – Dec 3, 2010, 129 – 139.

[44] 胡诚. 无线可充电传感器网络中充电规划及其可调度性研究[D]. 南京: 东南大学, 2015.

[45] FU L, LIU H, HE L, et al. An Energy Synchronized Charging Protocol for Rechargeable Wireless Sensor Networks[C] //The 15th ACM International Symposium on Mobile Ad Hoc NETWORKING and Computing, Philadelphia, Pennsylvania, USA , August 11 – 14, 2014, 411 – 412.

[46] REN X J, LIANG W F, XU W ZH. Maximizing Charging Throughput in Rechargeable Sensor Networks [C] //2014 23rd International Conference on Computer Communication and Networks, Shanghai, China. August 4 – 7, 2014, 1 – 8.

[47] 胡雯, 陈兵. 可充电传感器网络中改进的移动能量补充方案[J]. 辽宁工程技术大学学报: 自然科学版, 2016, 35(7): 759 – 764.

[48] GUO S T, WANG C, YANG Y Y. Joint Mobile Data Gathering and Energy Provisioning in Wireless Rechargeable Sensor Networks [J]. IEEE Transactions on Mobile Computing, 2014, 13 (12): 2836 – 2852.

[49] ZHANG Y, HE S, CHEN J. Data Gathering Optimization by Dynamic Sensing and Routing in Rechargeable Sensor Networks[J]. IEEE/ACM Transactions on Networking, 2016, 24(3): 1632 – 1646.

[50] ZHAO M, LI J, YANG Y. A Framework of Joint Mobile Energy Replenishment and Data Gathering in Wireless Rechargeable Sensor Networks[J]. IEEE Transactions on Mobile Computing, 2014, 13(12): 2689 – 2705.

[51] 丁煦, 韩江洪, 石雷, 等. 可充电无线传感器网络动态拓扑问题研究[J]. 通信学报, 2015, 36(1): 129 – 141.

[52] 刘创. 无线可充电传感器网络的移动充电机制研究[D]. 南京: 南京邮电大学, 2016.

[53] XU W, LIANG W, LIN X, et al. Efficient Scheduling of Multiple Mobile Chargers for Wireless Sensor Networks[J]. IEEE Transactions on Vehicular Technology, 2016, 65(9): 7670 – 7683.

[54] MADHJA A, NIKOLETESEAS S, RAPTIS T P. Distributed Wireless Power Transfer in Sensor Networks with Multiple Mobile Chargers [J]. Computer Networks, 2015, 80: 89 – 108.

[55] SHI Y, XIE L, HOU Y T, et al. On Renewable Sensor Networks with Wireless Energy Transfer [C]. //IEEE INFOCOM, Shanghai, April 10 – 15, 2011, 1350 – 1358.

[56] WU M, YE D, KANG J, et al. Optimal and Cooperative Energy Replenishment in Mobile

Rechargeable Networks[C] //83rd IEEE Vehicular Technology Conference, Nanjing, China, May 15 – 18, 2016, 1 – 5.

[57] WANG C, LI J, YE F, et al. A Novel Framework of Multi-hop Wireless Charging for Sensor Networks using Resonant Repeaters[J]. IEEE Transactions on Mobile Computing, 2017, 16(3): 617 – 633.

[58] WANG C, LI J, YE F, et al. A Mobile Data Gathering Framework for Wireless Rechargeable Sensor Networks with Vehicle Movement Costs and Capacity Constraints[J]. IEEE Transactions on Computers, 2016, 8(65): 2411 – 2427.

[59] ZHAO J D, DAI X L, WANG X M. Scheduling with Collaborative Mobile Chargers Inter-WSNs [J]. International Journal of Distributed Sensor Networks, 2015, 2015 (15): 1 – 7.

[60] DAI H P, WU X B, CHEN G H, et al. Minimizing the Number of Mobile Chargers for Large-scale Wireless Rechargeable Sensor Networks[J]. Computer Communications, 2014, 46(6), 54 – 65.

[61] Hu C H, WANG Y. Minimizing the Number of Mobile Chargers in a Large-scale Wireless Rechargeable Sensor Network[C]. //Wireless Communications and Networking Conference (WCNC 2015), New Orleans, LA, United states, March 9 – 12, 2015, 1297 – 1302.

[62] LEE S H, LORENZ R D. Development and Validation of Model for 95%-efficiency 220-W Wireless Power Transfer Over a 30-cm Air Gap [J]. IEEE Trans. on Industry Applications, 2011, 47(6): 2495 – 2504.

[63] 张献, 杨庆新, 崔玉龙, 等. 大功率无线电能传输系统能量发射线圈设计、优化与验证[J]. 电工技术学报, 2013, 28(10): 12 – 18.

[64] 李阳, 杨庆新, 闫卓, 等. 磁耦合谐振式无线电能传输方向性分析与验证[J]. 电工技术学报, 2014, 29(2): 197 – 203.

[65] 薛明, 杨庆新, 李阳, 等. 磁耦合谐振式无线电能传输系统存在干扰因素下的频率特性研究[J]. 电工电能新技术, 2015, 34(4): 24 – 30.

[66] 田子建, 杜欣欣, 樊京, 等. 磁耦合谐振无线输电系统不同拓扑结构的分析[J]. 电气工程学报, 2015, 10(6): 47 – 57.

[67] DYER M, BEUTEL J, KALT T, et al. Deployment Support Network-a Toolkit for the Development of WSNs [C]. In: Proc of the 4th European Workshop on Sensor Networks (EWSN2007), Delft, Netherlands, JAN 29 – 31, 2007, 195 – 211.

[68] 赵忠华, 皇甫伟, 孙利民, 等. 基于零打扰测试背板的无线传感器网络测试平台[J]. 软件学报, 2012, 23(4): 878 – 893.

[69] 张星辉, 何钰, 徐行可. 任意两共轴圆线圈间的互感系数及磁感线的分布[J]. 大学物理, 2007, 26 (7): 21 – 24.

[70] 冯慈璋, 马西奎. 工程电磁场导论[M]. 北京: 高等教育出版社, 2005.

[71] 倪光正. 工程电磁场原理[M]. 北京: 高等教育出版社, 2002.

[72] 刘修泉, 曾昭瑞, 黄平. 空心线圈电感的计算与实验分析[J]. 工程设计学报, 2008, 15(2): 149 – 153.

[73] 阎金铎, 姜璐, 崔华林. 中国中学教学百科全书[M]. 沈阳: 沈阳出版社, 1991.

[74] 皇甫国庆. 两圆线圈间互感及耦合系数讨论[J]. 渭南师范学院学报, 2015(14): 24 – 29.

[75] 陈俊斌, 朱霞. 任意同轴圆线圈互感系数的近似解析公式[J]. 后勤工程学院学报, 2010, 26(5): 86 – 91.

[76] 张波, 张青. 两个负载接收线圈的谐振耦合无线输电系统特性分析[J]. 华南理工大学学报: 自然科学版, 2012, 40(10): 152 – 158.

[77] 李荣华. 测定互感器互感系数的方法[J]. 实验技术与管理，2005，22(8)：33－35.

[78] 林新霞，郭建辉. 传感器技术发展与前景展望[J]. 工业仪表与自动化装置，2011(2)：107－111.

[79] 钟永锋. ZigBee 无线传感器网络[M]. 北京：北京邮电大学出版社，2011.

[80] 徐劲松，杨庚，陈生寿. 基于全局信息的协议改进算法[J]. 南京邮电人学学报：自然科学版，2009，29(4)：55－63.

[81] FU CH Y，WEI W，WEI A. Study on an Improved Algorithm Based on LEACH Protocol [J]. Information Technology Journal，2012，11(5)：606－615.

[82] SHIH E，CHO S -H，ICKES N，et al. Physical Layer Driven Protocol and Algorithm Design for Energy-efficient Wireless Sensor Network[C]. //7th Annual International Conference on Mobile Computing and Networking，Rome，Itlay，July 16－21，2001，272－286.

[83] 唐勇，周明天，张欣. 无线传感器网络路由协议研究进展[J]. 软件学报，2006，17 (03)：410－421.

[84] HAAS Z J，HALPERN J Y，LI L. Gossip-Based ad Hoc Routing[C]. //IEEE Infocom 2002. New York：NY, United states ，June 23－27，2002，1707－1716.

[85] 唐杜平，骆俊英. 无线传感器网络洪泛路由算法的研究[J]. 微计算机信息，2007，23(4)：175－179.

[86] 张小庆，李腊元. 无线传感器网络洪泛路由算法的改进模型[J]. 微计算机信息，2008，24(31)：122－124.

[87] 张帆. 城市场景下车载自组网中 GPSR 路由协议的研究[D]. 长春：吉林大学，2011.

[88] KARP B，KUNG H T. GPSR：Greedy Perimeter Stateless Routing for Wireless Networks[C]. // Proceedings of the Annual International Conference on Mobile Computing and Networking，MOBICOM，Boston，MA，USA，August 6－11，2000，243－254.

[89] 林观康，程良伦. 基于地理信息静态分簇的无线传感器网络路由算法[J]. 计算机应用与软件，2011，28(2)：37－39，86.

[90] 程晓伟. WRSNs 中 Sensor 节点设计与充放电策略研究[D]. 天津：天津工业大学，2016.

[91] STMicroelectronics Company. STM8s Datasheet. ［EB/OL］. 2016－10. http：//www. st. com/content/ccc/resource/technical/document/datasheet/ce/13/13/03/a9/a4/42/8f/CD00226640. pdf/files/CD00226640. pdf/jcr：content/translations/en. CD00226640. pdf.

[92] Aosong (Guangzhou) Electronics Co.，Ltd. 温湿度模块 AM2302 产品手册. ［EB/OL］. 2012－7. http：//www. aosong. com/pdf/AM2302 湿敏电容数字温湿度模块. pdf.

[93] Texas Instruments Incorporated. A True System-on-Chip Solution for 2. 4-GHz IEEE 802. 15. 4 and ZigBee Applications. ［EB/OL］. 2011－2. http：//www. ti. com. cn/ cn/lit/ds/symlink/cc2530. pdf.

[94] Fairchild Company. LM78XX/LM78XXA 3-Terminal 1A Positive Voltage Regulator. ［EB/OL］. 2014－9. https：//www. fairchildsemi. com/datasheets/LM/LM7805. pdf.

[95] NanJing Top Power ASIC Corp. TP4056 datasheet. ［EB/OL］. [2012－3]. http：//www. tp-asic. com/res/tp-asic/pdres/201203/TP4056_42. pdf.

[96] Fortune Semiconductor Corporation. One Cell Lithium-ion/Polymer Battery Protection IC DW01x Datasheet. ［EB/OL］. 2012－8. http：//www. ic-fortune. com. cn/upload/Download/DW01x-DS-15_EN_36886. pdf.

[97] Maxim Integrated Company. DS2438 Smart Battery Monitor. ［EB/OL］. 2012－8. https：//datasheets. maximintegrated. com/en/ds/DS2438. pdf.

[98] Alpha and Omega Semiconductor Company. AO4407 30V P-Channel MOSFET. ［EB/OL］. 2013－

7. http：//www. aosmd. com/res/data_sheets/AO4407. pdf.

[99] 周轶恒. 基于磁耦合谐振的 SenCar 节点设计及其能量分配研究[D]. 天津：天津工业大学，2016.

[100] International Rectifier. IR 2110 HIGH AND LOW SIDE DRIVER[EB/OL]. [2010 - 10]. http：//www. infineon. com/dgdl/ir2110. pdf? fileId=5546d462533600a4015355c80333167e.

[101] 王宜怀. 嵌入式系统原理与实践：ARM Cortex-M4 Kiis 微控制器[M]. 北京：电子工业出版社，2012.

[102] TEXAS INSTRUMENT. TLV702 LOW-Dropout Regulator[EB/OL]. [2015 - 5]. http：//www. ti. com/lit/ds/symlink/tlv702. pdf.

[103] Maxim_Integrated. DS2438Smart_Battery_Monitor. [EB/OL]. [2012 - 8]. http：//www. datasheets. maximintegrated. com/en/ds/DS2438. pdf.

[104] DIODES. Fixed Volt Miniture Voltage Regulators. [EB/OL]. [2013 - 3]. http：//www. Diodes. com/_files/datasheets/ZMRSERIES. pdf.

[105] 张平. 一种电池管理电路的分析[J]. 电子制作，2014，(10)：59 - 60.

[106] 许英杰，孙郅佶，李帆，等. 电动自行车锂电池组保护电路设计[J]. 现代电子技术，2012，35(16)：191 - 194.

[107] 曾宝国. 基于 TI Z - STACK 的智能小车调度系统设计[J]. 现代电子技术，2012，35(14)：16 - 18.

[108] 张永宏，曹健，王丽华. 基于 51 单片机与 nRF24L01 无线门禁控制系统设计[J]. 江苏科技大学学报：自然科学版，2013，27(1)：64 - 69.

[109] HOU Y T, SHI Y, SHERALI H D. Rate Allocation and Network Lifetime Problems for Wireless Sensor Networks [J]. IEEE/ACM TRANSACTIONS ON NETWORKING，2008，16(2)：321 - 334.

[110] KURS A, MOFFATT R, SOLJACIC M. Simultaneous Mid-range Power Transfer to Multiple Devices [J]. Applied Physics Letters，2010，Charging Utility Maximization in Wireless Rechargeable Sensor 96(4)：1 - 3.

[111] 严斌亭，刘军. 一种基于正六边形网格的 LEACH 协议改进[J]. 微电子学与计算机，2016，33(8)：97 - 101.

[112] WANG Q H, KONG F ZH, WANG M，et al. Optimized Charging Scheduling with Single Mobile Charger for Wireless Rechargeable Sensor Networks[J]. Symmetry-Basel，2017，9(11)：285.

[113] SHU Y CH, SHIN K G, CHEN J M，et al. Joint Energy Replenishment and Operation Scheduling in Wireless Rechargeable Sensor Networks[J]. IEEE Transactions on Industral Informatics，2017，13(1)：125 - 134.

[114] HEINZALMAN W B, CHANDRAKASAN A P, BALAKRISHNAN H. An Application-specific Protocol Architecture for Wireless Microsensor Networks[J]. IEEE Transactions on Wireless Communications，2002，1(4)：660 - 670.

[115] 林志贵，王风茹，杜春辉，等. 一种改进的 Leach 分簇路由算法[J]. 天津工业大学学报，2017.

[116] 朱金奇，冯勇，孙华志，等. 无线可充电传感器网络中能量饥饿避免的移动充电[J]. 软件学报，2018，29(12)：3868 - 3885.

[117] 刘晓峰. 一对多磁耦合谐振充电方式下 WRSNs 能量分配因素研究[D]. 天津：天津工业大学，2017.

[118] 张国焘. 一对一充电方式下 WRSNs 网络充电簇划分研究[D]. 天津：天津工业大学，2019.

[119] ASHISH C, HIMANSHU S. Lifetime Prolonging in LEACH Protocol for Wireless Sensor Networks. 2013 International Conference on Intelligent Systems and Signal Processing, Vallabh

Vidyanagar, Anand, Gujarat, India, March 1 - 2, 2013, 350 - 355.

[120] 杜春辉. 一对多 WRSNS 能量分配调度模型研究[D]. 天津：天津工业大学，2018.

[121] WANG J, XIONG X H, WU X M, et al. Revisiting Multi-node Wireless Magnetic Resonant Coupling Charging in Sensor Networks[C]. //2014 IEEE International Conference on Control Science and Systems Engineering (CCSSE), Yantai, China, December 29 - 30, 2014, 126 - 129.

[122] RAO X P, YANG P L, YAN Y B, et al. Optimal Recharging with Practical Considerations in Wireless Rechargeable Sensor Network[J]. IEEE Access, 2017, (5): 4401 - 4409.

[123] WANG L J, LIANG H T. Research and Improvement of the Wireless Sensor Network Routing Algorithm GPSR[C] //2012 International Conference on Computing, Measurement, Control and Sensor Network, CMCSN 2012, Taiyuan, Shanxi, China, July 7 - 9, 2012, 83 - 86.

[124] 吴凤慧，成颖，郑彦宁，等. K-means 算法研究综述[J]. 现代图书情报技术，2011(5): 28 - 35.

[125] ANAND R, JEFFREY D U. 大数据：互联网大规模数据挖掘与分布式处理[M]. 北京：人民邮电出版社，2015.

[126] 牛迎春，曾璐璐，包勇. 模拟退火算法在飞机巡航最佳路线问题中的应用[J]. 软件导刊，2015, (8): 94 - 96.

[127] 王凤茹. WRSNs 的剩余能量及能量调度模型研究[D]. 天津：天津工业大学学报. 2017.

[128] 陈雪寒，陈志刚，张德宇，等. C - MCC：无线可充电传感器网络中一种基于分簇的多 MC 协同充电策略[J]. 小型微型计算机系统，2014, 35(10): 2231 - 2236.

[129] MADHJA A, NIKOLETSEAS S, RAPTIS T P. Efficient, Distributed Coordination of Multiple Mobile Chargers in Sensor Networks [C]. //16th ACM International Conference on Modeling, Analysis & Simulation of Wireless and Mobile Systems. Barcelona, Spain. November, 3 - 8, 2013, 101 - 108.

[130] 叶晓国，程羽波. 无线可充电传感器网络中的移动充电调度算法[J]. 计算机应用. 2017, 37(S1): 13 - 17.

[131] 曲立楠. 磁耦合谐振式无线能量传输机理的研究[D]. 哈尔滨：哈尔滨工业大学，2010.

[132] 张晓慧. 电磁耦合谐振充电方式下的多 MC 分配模型研究[D]. 天津：天津工业大学，2017.

[133] 赵仕俊，孙美玲，唐懿芳. 基于遗传模拟退火算法的无线传感器网络定位算法[J]. 计算机应用与软件，2009, 26(10): 189 - 192.

[134] 吴意乐，何庆. 基于改进遗传模拟退火算法的 WSN 路径优化算法[J]. 计算机应用研究，2016, 33(10): 2959 - 2962.

[135] STEINBRUNN M, MOERKOTTE G, KEMPER A. Heuristic and Randomized Optimization for the Join Ordering Problem[J]. The VLDB Journal, 1997, 6(3): 191 - 208.

[136] ZHANG H T, BAI G, LIU C P. A Broadcast Path Choice Algorithm Based on Simulated Annealing for Wireless Sensor Network[C]. //2012 IEEE International Conference on Automation and Logistics, Zhengzhou, China, August 15 - 17, 2012, 310 - 314.

[137] 赵彤，郭田德，杨文国. 无线传感器网络能耗均衡路由模型及算法[J]. 软件学报，2009, 20(11): 3023 - 3033.